新型水磨石
生产与施工

汝宗林　侯建华　史学礼　编著

化学工业出版社
·北京·

内容简介

本书以新型水磨石的生产和施工为出发点，主要介绍了新型水磨石方面的一些专业基础知识，将新型水磨石的发展历史、原材料、设计方法、预制水磨石的生产、现制水磨石的施工、水磨石新技术的发展、水磨石的检测和试验依次进行了详细的介绍。

本书可用于水磨石生产、施工、设计，以及建筑从业人员的培训教材。

图书在版编目（CIP）数据

新型水磨石生产与施工/汝宗林，侯建华，史学礼编著．—北京：化学工业出版社，2021.9（2022.8重印）

ISBN 978-7-122-39384-5

Ⅰ.①新… Ⅱ.①汝…②侯…③史… Ⅲ.①水磨石-生产工艺②水磨石-建筑材料-工程施工 Ⅳ.①TQ177.1 ②TU521.2

中国版本图书馆 CIP 数据核字（2021）第 120527 号

责任编辑：邢启壮　窦　臻　　装帧设计：刘丽华

责任校对：张雨彤

出版发行：化学工业出版社（北京市东城区青年湖南街 13 号　邮政编码 100011）

印　　装：天津盛通数码科技有限公司

787mm×1092mm　1/16　印张 16½　字数 360 千字　2022 年 8 月北京第 1 版第 2 次印刷

购书咨询：010-64518888　　售后服务：010-64518899

网　　址：http://www.cip.com.cn

凡购买本书，如有缺损质量问题，本社销售中心负责调换。

定　　价：69.00 元

前言

在中国城市建筑装饰不断向高质量发展的今天，建筑装饰材料也得到了快速的发展。在绿色循环经济的推动下，作为新型绿色建筑装饰材料的水磨石，又重新成为建筑装饰材料的重要组成部分。如今，传统意义上的水磨石已不能满足人们的需要，它所用的材料主要还是各种石子、砂、水泥等；生产采用的设备和施工方式还仅以振动和现场湿法铺装为主；传统水磨石在产品性能、抗折强度、抗压强度、外观色彩等都显得较为落后。与传统水磨石相比，新型水磨石从材料、设计、美学、产品艺术性、生产工艺、加工设备、质量性能、施工方法等都有了较大变化，是建筑装饰装修向高质量发展的具体体现。

新型水磨石所用材料，除了各种矿物岩石、各种颜色的玻璃及陶瓷，还有贝壳、有机聚合物等；黏结材料有无机材料的白水泥、黑水泥、碱激发材料；更有有机黏结材料环氧树脂、不饱和聚酯树脂、甲基丙烯酸甲酯树脂等；还有粉料、化学外加剂、矿物外加剂、憎水剂、颜料等材料，它们都在新型水磨石中都得到了广泛的应用。新型水磨石的生产、加工设备种类也增加很多，有压板生产线、荒料生产线、现场摊铺制造；工厂预制也增加了很多功能，如抽真空、加压、挤压、高频振动；成型方式也已远超传统水磨石成型方式。新型水磨石的产品性能也较传统水磨石有了大幅提升，水泥基水磨石抗折强度甚至高于花岗岩；吸水率也由原来的8%降到现在1%；新型水磨石的外观更加漂亮，色彩更加艳丽、造型更加独特，适合个人定制，且抗污耐腐蚀、高强耐用、时尚经典。可以说，新型水磨石是在新材料、新技术、新工艺的发展中，较传统水磨石得到了跨越式的发展，一跃成为一种时尚、定制、个性化的绿色循环装饰建材。近年来其再次进入人们的视野。新型水磨石的市场占有率现在逐年大幅上升，已经由小范围的使用演变成为机场、写字楼、会所、商贸中心、学校、医院、银行、体验中心等建筑的新型装修方式，形成了又一种大范围、普遍性的装饰流行趋势。

在新型水磨石快速发展的同时，新型水磨石的生产与施工质量越来越受到人们的重视，对以往先进经验的借鉴也显得尤为重要，但目前新型水磨石生产与施工可供参考的资料相对较少。本书是在总结了国内外近年来的新型水磨石生产及施工的技术、经验，并吸收了国内外最新的相关成果和资料，在张兴国、史学礼等编著的《水磨石生产与施工》一书基础上，重新编著了《新型水磨石生产与施工》一书。全书共七章，分别从水磨石发展概述、水磨石生产原材料、水磨石的设计、预制水磨石的生产、现制水磨石的施工、预制水磨石的安装施工、水磨石的质量要求与测试进行了论述。通过这些章节系统地介绍了新型水磨石的生产和施工，给当今水磨石行业从业者提供一些启发和借鉴。

本书的编写是在《水磨石生产与施工》一书的作者史学礼先生和《人造合成石》一书的作者侯建华先生的悉心指导下完成的，期间得到上海典跃建材科技有限公司、宿州典跃新型建筑材料有限公司有关人员的支持。张家瑞、孙新华、周全等提出了修改意见和部分数据。书中还引用了上海朵颐新材料科技有限公司、湘潭炜达机电制造有限公司、佛山慧谷科技股份有限公司和东莞环球经典新型材料有限公司的技术资料。书中引用了部分出版文献和相关图片，这里表示诚挚的感谢！本书由汝宗林执笔编写，史学礼提出了修改意见并提供了相关资料，侯建华进行了技术加工。

由于新型水磨石生产和施工还处在快速的发展过程中，相应的技术、设备、设计、标准等还在持续优化中，加上作者水平有限、时间仓促，书中难免出现不妥之处，欢迎读者批评指正。

上海典跃建材科技有限公司董事长

2021 年 6 月

目录

第1章 水磨石发展概述 / 001

第2章 水磨石生产原材料 / 019

第4章 预制水磨石的生产 / 091

第1章

水磨石发展概述

绿色建筑，是人类进入21世纪面对资源、能源和环境方面的挑战，历经长期研究探索和工业实践，基于可持续发展、环境保护、节约能源和资源利用率最大化理念而提出的全新科学概念。其核心内容是人类对资源开发利用过程中相关物质和能量平衡的科学掌控。

图1-1 水磨石地面

绿色建筑材料，其科学内涵主要体现在对资源的利用。加工过程应当遵循四项基本原则，即永续利用、清洁利用、低碳利用和集约利用。提高资源利用率，减少尾矿排放，可显著减少对一次性资源的开采，有效保护自然植被与生态环境。

水磨石作为一种历久弥新的建筑材料，在新型的绿色建筑材料中被广泛使用。水磨石能充分展现现代建筑独特艺术风格的装饰性、艺术性。它可以灵活地选用再生透明玻璃、陶瓷颗粒、彩色玻璃颗粒、金属颗粒、玻璃镜片、天然贝壳、马赛克、天然彩砂、石英石及矿山尾料，是一种对材料的循环利用，能最大限度地发挥资源功能。将这些材料与黏结材料相混合，并经布料、研磨、抛光等多道工序而完成的建筑材料就是水磨石，图1-1为水磨石地面。

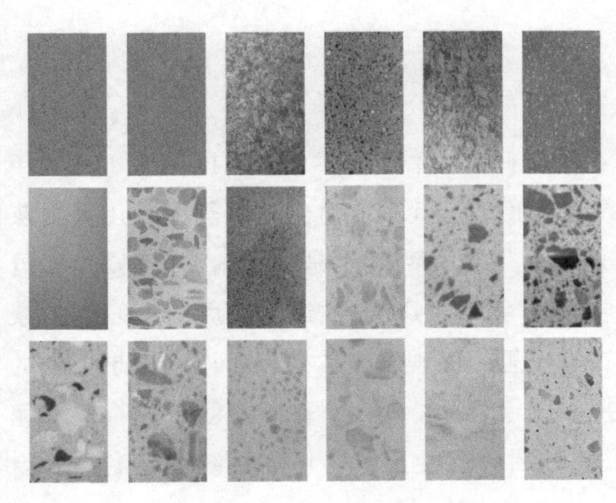

图1-2 矿山尾料及再生料制作的多种花色水磨石

由矿山尾料、再生料制作的水磨石，有大骨料、小骨料，有不同颜色、不同材质的尾料，可通过合理搭配制作出人们喜爱的水磨石产品。图1-2为采用矿山尾料、再生料制作的多种花色的水磨石。

水磨石这种材料既可以现场制作（图

1-3)，也可工厂预制（图 1-4)。

图 1-3 现制水磨石

图 1-4 预制水磨石

它有丰富的色彩、闪亮多变的骨料、平整光滑的表面，形成独特炫目的艺术效果。其可作任意的图案设计，更可将徽标和公司标识制作在其中。

水磨石具有极强的耐磨性和耐久性，即使在承受高流量的环境下，也可年复一年的承载磨损。此外，它还具有极强耐化学腐蚀和抗冲击性能，可用于商业地坪，可以多次翻新、清洗和保养。水磨石具有无与伦比的装饰性、再生性、安全性、防火性和差异性；卓越物化性使其可应用于大型公用建筑、办公楼、展示中心等场所，是现代建筑工程中不可缺少的装饰材料。

1.1 水磨石生产的历史和现状

1.1.1 水磨石生产的历史

水磨石属于人造石的一种，它是一种常用的建筑材料，水磨石技术传入中国已有 100 余年历史。传统意义上的水磨石是在混凝土基础上发展起来的，公元前 2 世纪，罗马人利用火山灰与石灰混合制成了世界上最早的混凝土。首次大规模使用这种混凝土是公元前 75 年修建庞贝城剧院，随后罗马万神殿以浮石为骨料建造轻质混凝土穹顶。到 16 世纪，威尼斯工匠们把豪宅装修剩下的大理石边角料带回家中，随意镶嵌在院子里，发现经简单处理后得到意想不到的效果。而现代的水泥混凝土是在 1824 年由英国建筑工人约瑟夫·阿斯普丁发明了波特兰水泥后不久出现的。1875 年，威廉·拉赛尔斯申请了一种预制混凝土低层住宅系统的专利，开启了现代混凝土建筑的历史。

我国古人于公元前 220 年修建长城时用石灰、砂、黏土配成三合土，洒水夯实修筑城墙。1861 年后，广州沙面原英国驻广州领事馆就使用了现制水磨石。1908 年，原湖北军政府楼（现武昌起义军政府纪念馆址）门厅的现制水磨石地面已有较高的水平。20 世纪 60 年代中国第一条地铁北京 1 号线就大量使用了水磨石地面。1982 年，北京市建材水磨石厂生产水磨石品种已达一百多种，年产量超过 220 万平方米。1983 年钻石牌水磨石荣获建材全国金质奖章。20 世纪 80 年代以后，作为"国民材料"的水磨石已经广为流传，常见的花花绿绿又光滑的地板是学校、医院楼道的标配，而它在公园、机关单位的地面以及生活中随处可见。水磨石已开始风靡全国，普及到普通人的身边。图 1-5 为传统水磨石。

由于矿山的大量开发，石材的大量应用，天然石材占据了大量市场。传统水磨石因制作过程污染大、光亮度低、风化影响等因素而不再为主流。然而随着石材的大量开采，矿山开采已经开始影响人们的生活环境。20 世纪 80 年代和 90 年代，聚合物改性混凝土已经成为一种重要的建筑材料。1971 年，美国混凝土协会下面成立了一个混凝土中的聚合物委员会：548 委员会。美国塑料工业协会（SPD）下也有一个聚合物混凝土委员会（Polymer Concrete Committee），它和 548 委员会一同从事混凝土聚合物复合材料方面的组织工作。548 委员会每隔 2～3 年召开一次学术讨论会，并出版论文集，同时还出版一些技术说明和使用指南，在第三届学术讨论会中，正式改名为亚洲混凝土中的聚合物国际会议。随着社会的进步，材料的应用，可持续性发展的需要，水磨石市场迎来新的发展时代。随着材料的丰富和制造工艺的进步，水磨石呈现出更丰富的色彩和图案，在设计师的创意应用和搭配下，水磨石细腻材质和纹理造型，使之又登上了国际的舞台，在商业空间、住宅都有它的身影。

图 1-5　传统水磨石

水磨石一般为预制生产和现场制作两种，预制水磨石可以由专门的水磨石企业生产，也可以由石英石面板企业制作，随着建筑业的不断发展，人民对居住环境的新要求和功能化要求逐步提高。国内外用户对水磨石的品种、质量和产量不断地提出新的更高的要求。我国水磨石生产规模巨大，无论从预制水磨石还是现制水磨石，质量和产量都有较大的跨越。无论智能化程度较高的大中型水磨石板材企业，还是智能化程度较低的小型水磨石企业，都在全面规划，讲究以优质多能的产品抢占世界建材市场。

1.1.2　新型水磨石

水磨石与天然石材相比较，前者不仅符合环保理念的要求，而且可以依据人们的需要自行设计产品和选择花色、形状、性能等。21 世纪初，欧美等国已开始使用有机树脂代替水泥作为聚合物混凝土，进而被广泛使用。经过在地面上摊铺打磨，形成了新型的水磨石。这种新型的水磨石具备传统水磨石所没有的一些特点，在继承我国传统建筑艺术的基础上，结合新型水磨石的特点，在全国各地出现了一些具有独特风格的水磨石装饰的标志性建筑物。

由上海典跃建材有限公司施工的环氧水磨石在港珠澳大桥澳门旅检大楼的地面（图1-3），扎哈设计的望京SOHO、凌空SOHO，长沙梅溪湖，苹果手机体验店等大量使用。新型水磨石可以做到大面积无缝，避免水磨石在使用过程缝隙中藏污纳垢，且色彩鲜艳，更大程度地发挥设计师无限设计空间。2010年时全国高端水磨石地面不到几千平方米，到2019年全国已有五百万平方米的使用量，发展成为时尚的标签。

（1）新型水磨石的材料　传统水磨石所用的材料主要有各种石子、砂、水泥，而且石子、砂、水泥的种类数量都非常单一。新型水磨石所用材料，除了各种类别的天然矿物岩石、人工生产的各种颜色玻璃、陶瓷，还有贝壳、木材、金属、有机聚合物等都可广泛地用作骨料；黏结材料，有无机的白水泥、黑水泥、碱激发材料；有机黏结材料有环氧树脂、不饱和聚酯树脂、甲基丙烯酸甲酯树脂等；粉料除使用碳酸钙、二氧化硅，还用具有水化活性的超细二氧化硅、偏高岭土、超白粉煤灰等超细活性粉末；改善界面性能的化学外加剂有消泡剂、流平剂、润湿分散剂、超塑化聚羧酸系减水剂、憎水剂、增强剂等；颜料的种类有无机的氧化铁系列、有机的酞菁系列；等等。

（2）新型水磨石的设备　传统水磨石生产加工设备种类少，功能简单。而新型水磨石生产有进行压板制造的压板机，有进行荒料生产的荒料机，使新型水磨石的密实度更高。也有进行现场摊铺制造的激光找平机、抹光机和研磨机。进行异型加工的雕刻机，针对平面进行异型表面磨抛的磨抛设备层出不穷，使得水磨石加工产品可用于家具装饰类。各种切、削、雕刻工具的出现拓展了水磨石的应用领域。磨具磨料的不断更新以及连续研磨设备的改进，使得新型水磨石表面研磨精度亮度更高。

（3）新型水磨石的生产工艺　新型水磨石的生产工艺是传统水磨石无法比拟的，新型水磨石产品的生产工艺根据产品的要求，有多种生产工艺。现制水磨石有干法施工工艺和湿法施工工艺。预制水磨石的生产工艺有四种，包括压滤法生产工艺、压板法生产工艺、荒料法生产工艺和挤出法生产工艺四种主要生产工艺。压滤法有两种，其一是两工位压滤法水磨石生产工艺，其二是旋转盘压滤法水磨石生产工艺；压板法有两种，其一是无机压板法水磨石生产工艺，其二是树脂压板法水磨石生产工艺；荒料法有两种，其一是荒料法树脂水磨石（也称人造岗石）生产工艺，其二是荒料法无机水磨石（也称方料法无机水磨石）生产工艺；挤出法主要是高性能无机水磨石生产工艺。

（4）新型水磨石的施工安装　新型水磨石的安装随着建筑结构形式、功能要求，出现不同的安装施工。常用预制水磨石的安装方式有四种。其一，地面、台面的铺贴安装，铺贴安装有半干湿法铺贴和薄底法铺贴。其二，墙面的安装，墙面铺贴安装有墙面干挂施工安装和墙面湿贴施工安装。其三，装配化部品的安装，装配化部品的安装包括L形楼梯、窗框等在混凝土上的安装和在钢结构上的安装。其四，架空板的安装。

（5）新型水磨石的功能　新型水磨石在新材料、新设备、新工艺、新安装的结合下，产品性能也得到了质的改变，水泥基抗折强度都大于12MPa，甚至有些已超过25MPa的强度。环氧基的抗折强度大于35MPa，水泥基吸水率小于0.5%，新型水磨石的外观更加漂亮，它色彩艳丽、造型独特、适合个人定制，且抗污耐腐蚀、高强耐用、时尚经典。新型水磨石除了这些特点之外，还强调它的功能化，如具有自清洁的高效抗污能力的水磨石、具有抗菌抑菌能力的水磨石、具有分解环境中有机小分子的负离子光触媒水磨石、具有防静电功能的防静电水磨石、具有抗腐蚀功能的水磨石等等。随着人们不断增长的需求，水磨石的功能也在不断地增加。

1.2 水磨石的分类

水磨石的种类繁多，根据不同标准可以进行不同的分类。水磨石分类如图 1-6 所示。按制作工艺方法，可分为预制水磨石和现制水磨石。

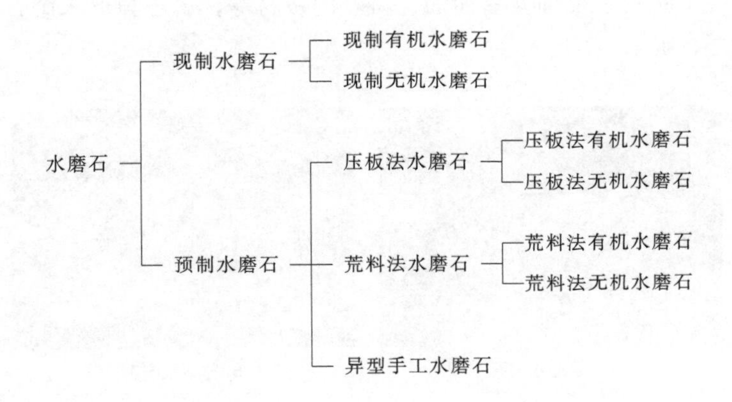

图 1-6　水磨石分类

预制水磨石是生产企业将各种原材料运送到工厂，按照一定的技术资料，通过相应的成型设备、磨抛设备和人工在工厂内部完成，然后运到现场进行安装的一种水磨石。

现制水磨石是生产企业将各种原材料在工厂调配好，按要求进行完整包装，运送到施工现场，采用现场施工设备和相应的辅助设备，配有良好的现场管理人员、技术人员，进行混料摊铺磨抛等多道工序来完成的一种水磨石产品。

预制水磨石根据采用成型设备不同，材料及工艺的差异将其又分为压板法水磨石、荒料法水磨石和异型手工成型水磨石三种。压板法水磨石是最常用的、也是运用最多的一种水磨石生产方式。荒料法水磨石不仅生产效率高，而且可以做大骨料水磨石，但资金占用较多。图 1-7 为预制水磨石的三种不同成型方式所生产的水磨石。

按水磨石混和胶黏材料，可分为有机水磨石和无机水磨石。用水泥制成的称为无机水磨石，用高分子聚合物制成的称为有机水磨石。无机水磨石的特点是耐候性相对较好，耐火性较好；有机水磨石的特点是机械性能高、装饰性好、施工效率高。

按骨料的大小形状，可分为小骨料水磨石和大骨料水磨石。

(a) 荒料成型

(b) 压板成型

(c) 手工成型

图 1-7 三种成型方式制成的水磨石

按设计要求，可分为普通水磨石和异型水磨石。正方形或长方形的地面，内外墙面等只由一个大面加工的板材，属于普通水磨石；多边形、曲线形、镶边、小面磨光的镶条、柱子板、柱础、踢脚板、阳角、踏步立板、三角板、压顶、扶手、门窗套、踏步、窗台板、台面、隔断板、圆柱形板材、曲面及多曲面、拼花的板材等，属于异形水磨石。普通水磨石和异型水磨石如图 1-8 所示。

(a) 普通水磨石

(b) 异型水磨石

图 1-8 预制普通水磨石和异型水磨石

按结构处理，可分为普通磨光水磨石、粗磨面水磨石、水刷石板、花隔板、大拼花板、全面层板、大坯切割板、聚合物面层板和聚合物表层人造花纹板等，如图 1-9 所示。

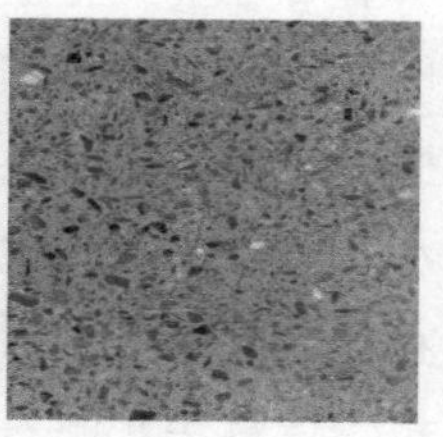

图 1-9 不同表面纹理的水磨石

按使用部位，可分为平板、踢脚板、墙面、柱面和门窗套、楼梯、窗台板、隔断板、台面板和花格、天花板等，如图 1-10 所示。

图 1-10 踢脚板、楼梯、柱面及窗台预制水磨石

1.3 水磨石的特点

水磨石是一种绿色环保、新型的装饰材料，它有着丰富的色彩、闪亮多变的骨料、平整光滑的表面，可形成独特炫目的艺术效果，在各个方面都有一定的优势。

① 产品的设计特点：可以人为设计颜色、尺寸、花色，并可加入非金属矿物，能使产品更加丰富多彩。

② 生产方式特点：可现场制作，也可预制；可荒料生产，也可大板压制。

③ 成品性能特点：成品尺寸准确，耐磨性好，有很高的弹性和抗冲击性，耐酸性强，耐候性优良，抗弯强度高，吸水率低。

④ 原料特点：骨料来源丰富，各种矿物尾料价格低廉、绿色环保；黏合剂种类较多，性能优异。

1.4 水磨石的应用

水磨石是建筑业常见的大宗装饰材料，它在居住建筑、公共建筑等民用建筑和工业建筑中得到了广泛的应用。它可用来做室内地面（图 1-11）、室外地面、门庭悬空地面（图 1-12）、内墙饰面、外墙饰面、厨房台面、浴室台面、家具台面等，能够产生无限的想象空间和独一无二的设计表达。

水磨石也可以用来做楼梯、栏板、隔断、窗台板、墙裙饰面、柜台等建筑工业使用材料。采用大规格的大板进行墙面铺装，可减少拼装接缝，使装饰效果更加大气美观。

图 1-11 某酒店现制水磨石

图 1-12 室内水磨石地面、室外水磨石地面及门厅悬空水磨石地面

1.4.1 现制水磨石的应用

以装饰作用为重心的商用公共区域，现制水磨石的应用受到大众欢迎，因为通过大面积的现场摊铺制作，可以实现整体的无缝，能够完美地表达设计意向，如用于奢侈品专卖店、各类体验中心及品牌专卖店、商务大楼及政府大楼、机场、餐饮、会所等场所。根据色彩和骨料的搭配也有很多用于学校、医院、图书馆、博物馆和文化场馆等。以耐磨、抗压和洁净为重心的工业公共区域，现制水磨石的应用也受到大众欢迎，如用于高端的车库、加工车间和工业厂房。

现制水磨石可以根据要求对结构、造型、骨料、色彩进行定向制作，表面哑光、亮光效果可通过罩面来完成。现制水磨石装饰分格灵活应用，分格条间无需间隙，连接密实，整体美观性好。商业水磨石可任意设计图案，达到美观装饰效果，在这个定制的时代，使得它的应用领域不断地拓宽。如图 1-13 所示为现制装饰性水磨石地面。

1.4.2 预制水磨石的应用

预制水磨石可以分为标准型平板水磨石、非标准型平板水磨石和异型曲面水磨石。根据需要应用在室内地面、室外地面、门庭悬空地面、内墙饰面、外墙饰面、厨房台面、浴室台面、家具台面等处，如图 1-14 所示。

(1) 标准型平板水磨石用于常规尺寸的地面或墙面装饰 主要用在建筑物的地面和楼面。地面和楼面是水平方向的承重构件，承受着人群、家具、设备等的重量，并把这些荷载

图 1-13 室内现制无分隔拼花、分隔条拼花水磨石地面及室内现制楼梯

图 1-14 内墙饰面及楼梯扶手用水磨石

传递给墙或柱，同时还对墙起着水平支撑作用。地面和楼面由承重构件和非承重构件组成，大多数水磨石平板属于非承重构件，仅将使用荷载传递到承重构件上，同时具有一定的隔热、隔声、防潮等性能，也有一部分水磨石属于承重型构件，如架空地板。平板也可用在室外地面、道路、园林和游泳池等处，薄型平板还可用在墙面上。

墙是建筑物的承重和围护构件。按其所在位置及作用，分为外墙和内墙；按其本身结构，分为承重墙和非承重墙。为了扩大空间或满足结构要求，有时不采用墙来承重，而采用柱来承重。水磨石墙面和柱面则是墙体和柱体的立面装饰材料，如图 1-15 和图 1-16 所示。

当然，水磨石墙面和柱面除主要起装饰作用外，还需要具有一定的隔热、隔声、防潮等性能。不同形状的立面装饰效果及水磨石柱面分块，应考虑建筑物周围环境及相邻部位，要使其互相呼应、尺度适当、匀称协调。

门和窗是建筑物围护结构中的两个部件。门主要用作交通，有些还兼做通风、采光之用；窗主要用作采光、通风和眺望等。它们在不同情况下，有分隔、保温、隔声、防水和防火等要求。水磨石门套、窗套是门窗的组成部分，要适应门窗的功能和要求，在造型、比例

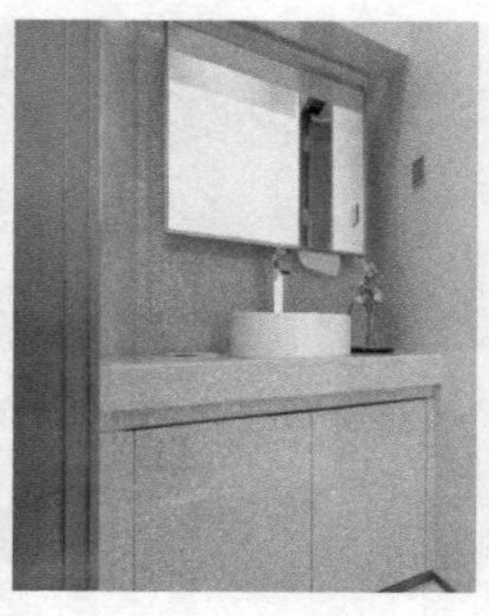

图 1-15 外墙用预制水磨石及洗手台、卫生间用水磨石

图 1-16 预制水磨石柱子

上力求美观、大方。

（2）非标准型平板水磨石用于定制的地面或墙面装饰 平板的形状主要呈方形、长方形，也有呈其他形状的。表面不加工的花格平板，其花纹也是多种多样的。平板的规格厚度有 1.5cm、2.0cm、2.5cm、3.0cm、4.0cm 和 6.0cm。使用预制水磨石平板做地面和楼面，可依设计要求，拼成各种图案。现制水磨石可用铜条、铝条、合金和塑料类分格条，分格大小和花纹图案随设计要求而异。

窗台板设于窗户下槛内侧，板的两端伸出窗头线稍许。水磨石窗台板，台面均以一个大面、一个或两个小面作为装饰面。水磨石窗台外栏板和阳台栏板形式多样，可根据要求确定式样。水磨石台面中另有带孔的台面，孔的部位可安装洗面盆，用于卫生间；其合成石台面，用作化验室台面时可用雕刻机加工成型。

在园林建筑中，用水磨石（主要水泥基磨石）做路面和小品越来越广泛，我国古典园林建筑中，有利用天然卵石或其他石渣做地面装饰的传统。构图有几何纹样和动植物纹样等，可用一种材料或几种材料组成，形式繁多、艺术古朴，至今仍在沿用。此外，水磨石躺椅、坐凳、环凳、条凳和河光石地面等，在各地公园、动物园、植物园及其他游览胜地也颇受欢迎。图 1-17 为条凳及花盆。

水磨石花格具有分隔、遮阳兼通风的作用，可用于围墙、隔墙、遮阳、窗栅、门罩、门

图 1-17　水磨石条凳、花盆

扇和栏杆等。既可用于室内，又可用于户外，既可满足使用功能的要求，又可丰富建筑的装饰处理，一般以几何图案居多。

（3）异型曲面水磨石用于空间弧形装饰　单曲面或者多曲面异型水磨石是具有立体装饰一体化要求的新型装饰材料。在现代时尚的公共领域使用的装饰构件，需要采用定制模具。对于特殊的铺装制作工艺，经加工中心设备进行磨抛处理后可得到异型装饰构件，如图 1-18 所示。

图 1-18　曲面楼梯扶手、曲面吧台用水磨石

踢脚板分标准型踢脚板和非标准型踢脚板。其作用，一是保护墙身，防止受潮或因外界机械性破坏而受损；二是使建筑物立面处产生一定的艺术效果。踢脚板的规格有小弧形、中弧形、大弧形和直角形。图 1-19 为弧形水磨石踢脚板。

图 1-19　弧形水磨石踢脚板

楼梯主要用来解决楼层间的上下交通问题，还可以加强建筑物的艺术效果。台阶包括平台和踏步，有的设有栏杆。水磨石楼梯，台阶的布置和构造较多，有用矩形踏步组成的楼梯，有用扇形踏步组成的楼梯，也有用这两种形状踏步组成的楼梯。有“L”形异型水磨石楼梯，也有“U”形异型水磨石楼梯。这些不同形状的楼梯，踏步可共同组成楼梯，有带栏板的，也有不带栏板的，可以全部预制，也可以踏步板和踏步立板预制、栏板现制，还可以全部现制。

水磨石楼梯和台阶的前缘部位易于磨损，常采用防滑和耐磨措施，一般于踏步边缘内做宽 15mm 金刚砂或铁屑防滑条两道，也可做宽 30mm 金刚砂或铁屑防滑条一道。稍许高出踏步，并可用特制顶面凹凸的折角缸砖，或嵌置橡皮或塑料防滑条，如图 1-20 所示。

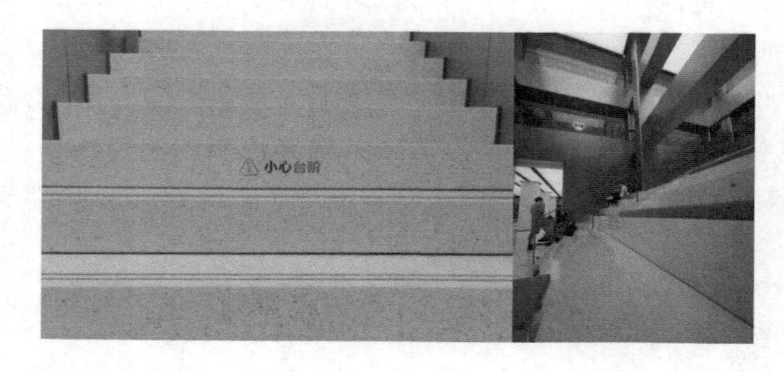

图 1-20 预制 L 形水磨石楼梯和休息台阶

目前现制水磨石主要应用在室内地面、室外地面（图 1-21）、门庭悬空地面、内墙饰面、外墙饰面、厨房台面、浴室台面、家具台面处，偶有现制的楼梯。而预制水磨石的应用非常广泛，如地面墙面、台面、楼梯、椅子、桌子、家具和橱柜等。

图 1-21 室外预制水磨石地面

（4）室内分隔条拼花地面（图 1-22）

（5）室内地面工程（图 1-23）

（6）拼接式楼梯项目（图 1-24）

图 1-22　室内地面分隔条拼花水磨石

图 1-23　室内现制水磨石造型装饰地面

图 1-24　压板拼接楼梯

（7）室内装饰项目（图 1-25）

图 1-25　室内水磨石装饰

（8）产品服务大型商场（图 1-26）

图 1-26　水磨石地面流线形图案

（9）水磨石墙面（图 1-27）

图 1-27　水磨石墙面

（10）水磨石长桌（图 1-28）

图 1-28　水磨石长桌

（11）水磨石吧台（图 1-29）

（12）水磨石弧形台阶（图 1-30）

图 1-29 水磨石吧台

图 1-30 水磨石弧形台阶

（13）水磨石圆桌（图 1-31）

图 1-31 水磨石圆桌

（14）卫生间水磨石台面（图 1-32）

图 1-32 卫生间水磨石台面

（15）其他水磨石产品（图 1-33）

图 1-33　水磨石其他应用

1.5 水磨石新技术的发展

水磨石经过了150多年的发展，从最初水泥混凝土水磨石，到现在的新型水磨石，发生了很大的变化。而每一次的变化，都是通过对新材料、新工艺、新配方、新设备的应用来实现的。而功能性水磨石则是未来水磨石新技术发展的方向。比如防静电水磨石、纳米水磨石、除菌水磨石、光催化水磨石、防火阻燃水磨石、装配式水磨石等，虽然它们目前还没有规模化量产，但作为新技术，水磨石行业仍要把它们作为高质量、个性化发展来支持，使水磨石产品更加丰富多彩。

1.5.1　防静电水磨石

防静电水磨石是具有传导电流和排除积累静电荷能力的一种无机或有机水磨石材料，具有导体和半导体的性能，组分中至少有一种材料具有导电性，以保证形成的材料为导体或半导体。防静电水磨石由骨料、防静电材料、胶黏剂、颜料、助剂构成，使导电填料之间彼此接触产生导电通道，形成连续导电网络，供电子流通，这种导电原理属于电子传递型，通过自由电子沿外加电场方向移动形成电流。除导电粒子间的接触外，电子在分散于聚合物母体中的导电粒子间隙里迁移会产生电子导通，即“隧道效应”。或由于导电粒子间的高强度电场，产生电流发射。

在水磨石中添加防静电材料来改善水磨石表面的导电能力，从而使电荷通过表面释放出去，减少了电荷的积累。概括地说，防静电作用表现在两个方面：其一，降低制品的电阻、增加导电性、加快电荷的漏泄；其二，减少摩擦电荷的产生。进而消除工作场所因静电产生的危险，保证工作场所安全。

1.5.2 防霉防菌水磨石

防霉防菌水磨石作为公共空间的商场、机场、车站、学校、医院、商用写字楼地面以及高端私人空间装饰地面材料，产品应用范围日益广泛。防霉防菌水磨石是通过物理掺合法或者化学结合法来制作水磨石产品，以达到防霉防菌的目的。

物理掺合法是一种通常使用的方法，防霉杀菌剂以粉末状、固体、液体或者分散液的形式加入到水磨石中，通过高速分散进行物理混合，它的防霉杀菌效果除了与本身的药效有关外，还与自身颗粒大小、分散程度密切相关。防霉杀菌剂无论是以何种方式达到杀死霉菌孢子或抑制孢子的萌芽，都必须与孢子相接触。所以，防霉杀菌剂在使用体系中分散越好，则抗菌效果就越好。那么，防霉剂在润湿情况下的扩散，颗粒越大，分散越差，扩散也就越慢。若侵入的霉菌孢子在防霉杀菌剂尚未扩散到来之前萌芽，那就会失去防霉效果。因此，同一种杀菌剂的杀毒性能，随着颗粒度的减小而增加。据有关资料报道，达到最高防霉效果的最小颗粒度为 5～6μm。

因为物理掺和方式制成的抗菌水磨石，由于天天暴露于阳光、雨淋中，经洗涤、挥发和迁移会引起抗菌能力的减弱，所以需要采用化学结合法。把防霉杀菌剂固定在粘接材料上，成为聚合物的一个组成部分，就能改善因其溶解、挥发和迁移所引起的防霉性失效。

1.5.3 光触媒水磨石

光触媒水磨石是将光触媒附着在水磨石的表面，并通过其他材料增强表面的耐磨性能，从而使光触媒水磨石能够长时间的发挥降解有害物质的作用。

其作用原理是能在水磨石表面形成一层光触媒薄膜，在有害气体接触时，快速分解清除甲醛、苯、氨和 VOCs 等室内污染物，把它们分解为二氧化碳和水，实现无害化处理且无二次污染，以避免这些有害物质对人体的伤害。

在水磨石表面上通过某些载体，与光触媒进行混合涂覆在水磨石的表面上，并且不影响水磨石的外观效果及耐磨性能。又能让光触媒充分接受光照，产生的氢氧自由基又能与空气接触降解有毒物质，目前这还是一种试验科学，需要不断地探索。

1.5.4 防火阻燃水磨石

防火阻燃水磨石主要针对有机胶黏材料作为粘接体的有机水磨石，这种现浇水磨石在公共领域应用非常广泛。虽然大部分材料是无机不燃材料，但是少量树脂仍然是能够燃烧。为了达到防火阻燃的效果，一般采用添加阻燃剂和用阻燃胶黏剂作为水磨石的胶黏体系。目前在多个工程已经在应用。

1.5.5 装配式多功能水磨石

装配式多功能水磨石是一种环保、多功能、造型独特的装配式水磨石。该水磨石通过金属构件，可任意设计和组装造型图案、表面纹理、颜色等，可进行个性化定制，在 240cm×300cm 之间可以任意改变尺寸，它可以用于墙面、地面、隔断、围墙、天花板等。

装配式多功能水磨石在工厂集约化生产，原材料大量使用粉煤灰、废玻璃、建筑垃圾、石材加工过程产生的废弃泥浆等。成品保温、隔声，可循环使用。装配式多功能水磨石压缩强度较高，安全系数提高，抗震性能优异。装配式多功能水磨石密度在 2000～2200kg/m^3，远远低于天然石材，成品板材质量小，减少建筑的负荷，耐久性好，符合国家产业政策。

第2章

水磨石生产原材料

水磨石主要由骨料、粉料、胶黏材料、颜料、辅助材料等组成。如图2-1所示为常用原材料。骨料又分为粗骨料和细骨料，粗骨料决定水磨石花色品种，骨料在水磨石中占总体积的50％～75％；胶黏材料占总体积的25％～50％；辅助材料占总体积的量较小，但作用非常大，种类相对较多。胶黏材料有无机材料和有机高分子材料。辅助材料有矿物外加剂、化学外加剂及颜料，如果水泥基水磨石、水和水泥共同构成胶黏材料，其中比例如图2-2所示。黏结材料凝结硬化后，粗细骨料、粉料、颜料将黏结成坚硬的水磨石。

图2-1　水磨石常用原材料

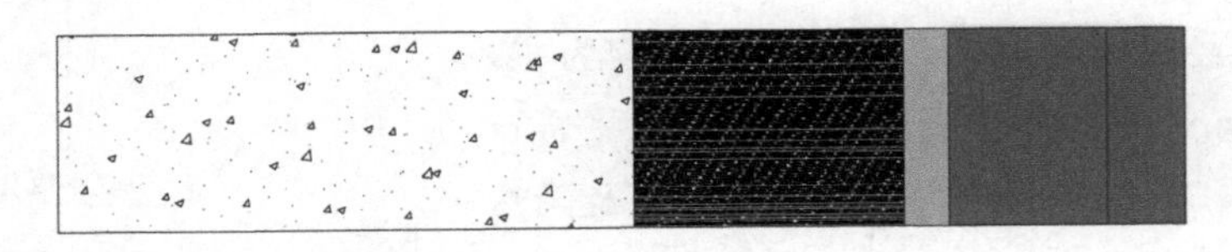

图2-2　无机水磨石组成材料体积比例

注：从左至右，粗骨料51％，细骨料24％，外加剂4％，水泥14％，水7％。

2.1 水磨石的基本原材料

由于各种水磨石的生产方式、设备的不同，则生产水磨石所用原材料有不同，如图2-3所示。下面就水磨石所用原材料分别进行叙述。

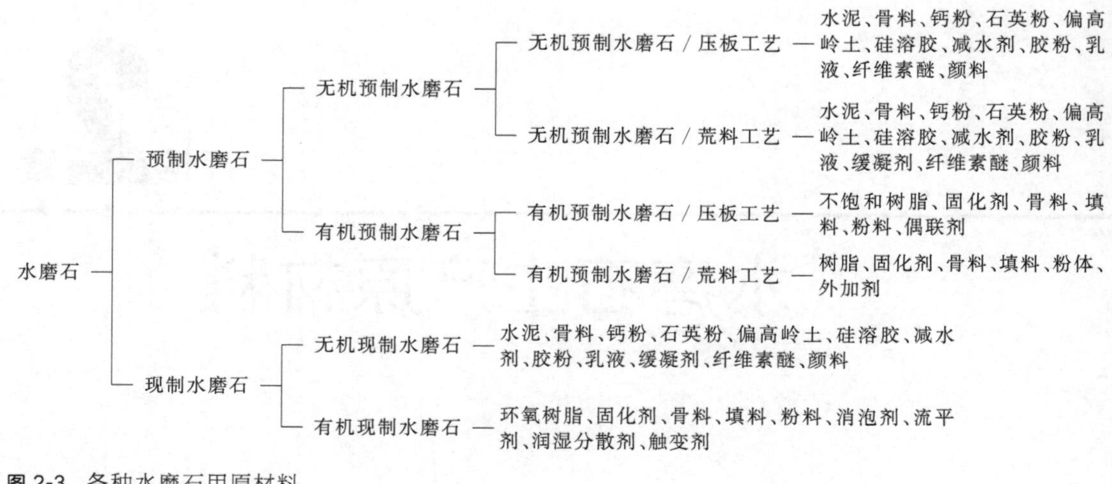

图 2-3 各种水磨石用原材料

2.2 骨料

2.2.1 骨料的品种和性能

骨料是水磨石的主体，占有水磨石总体积 65%以上，对水磨石各项性能都有很大的影响。新型水磨石对骨料的选择已经放宽了视角，之前是以矿物为主，以矿物制品为辅，来制作水磨石。现在不仅可将岩石和矿物用作骨料，矿物制成品、高分子聚合物及天然有机质也用作水磨石的骨料。骨料在水磨石中不仅有骨架的作用，而且是花色的重要组成部分。首先，为了调整制品颜色，加入一种或多种彩色的骨料，能大大增加美观效果，装饰效果非常明显；其次，它可以抑制各种胶黏剂由于各种原因引起的体积变化，从而减少由此产生的应力和裂纹，保证水磨石的稳定性；第三，骨料的抗压强度和耐磨强度一般均比胶黏材料高，能起骨架作用，从而提高水磨石承受荷载和传递应力的能力。常用骨料如图 2-4 所示。

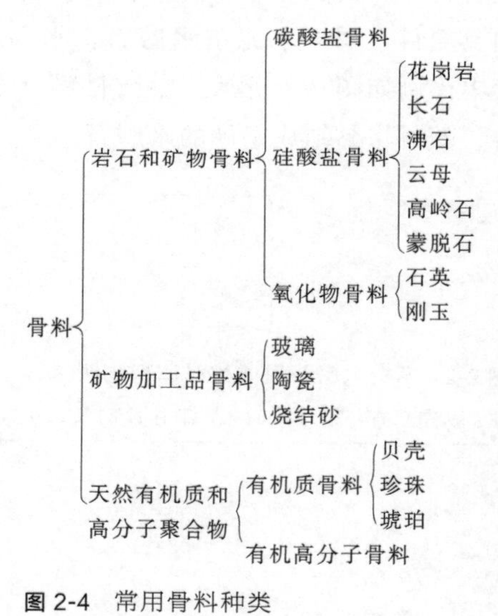

图 2-4 常用骨料种类

2.2.2 岩石和矿物骨料

地球内部的运动从未停息，地球内部的岩浆经过地壳运动而缓慢上升，岩浆岩就在这上升冷却的过程中形成。之后地球运动使一部分岩浆岩上升到地表，在冰川流水和风的侵蚀作用下，岩石破碎成颗粒，再被冰川河流和风力搬运，逐渐在湖泊三角洲和沙漠中沉积下来，形成沉积岩。此外，在大规模的造山运动中，经过高温高压的作用，部分岩浆岩和沉积岩变成变质岩。不同种类的岩石构成了不同的矿物骨料原料，如图 2-5 所示。

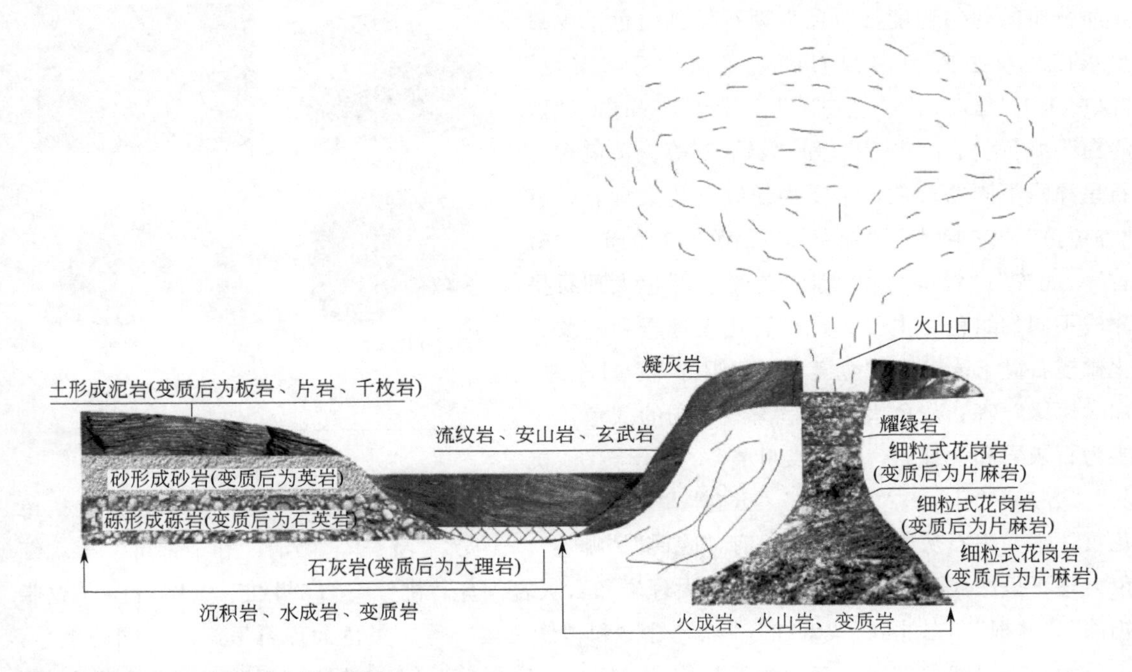

图 2-5　矿物骨料的形成过程示意图

天然岩石在自然界极为丰富，据初步统计，已达 2000 余种。矿物的种类有：硅酸盐、碳酸盐矿物、硫酸盐矿物、氧化物、氢氧化物、卤化物、有机矿物、硼酸盐、硝酸盐、砷酸盐、磷酸盐、钒酸盐、铬酸盐、钨酸盐、钼酸盐等。

常用矿物特性有颜色、光泽、解理、断口、韧性、硬度、折射率等。针对不同的矿物和岩石，根据它的存在方式、物理性能进行开采，然后进行针对性的加工破碎，形成能够满足使用要求的粒径级配骨料。

2.2.2.1　碳酸盐骨料

碳酸盐骨料主要是指大理石骨料，它是水磨石最常用的骨料，见图 2-6。大理石是由我国云南省大理县出产的石材而得名的。从岩石学上看，大理岩是一种变质岩。它主要是石灰岩或白云岩接触区域变质作用而重结晶的产物。但是，水磨石工业中的大理石的概念要广泛得多，凡是易于磨光且有装饰性能的各种碳酸盐岩石、橄榄石硅卡岩等都可以归入其中，包括石灰岩、白云岩、大理岩、白云大理岩、蛇纹石化大理岩、蛇纹石化橄榄石硅卡岩等。大理石的主要造岩矿物有方解石和白云石。方解石的化学成分为碳酸钙，它能够在酸中溶解，分解成二氧化碳。白云石的化学成分为碳酸钙和碳酸镁组成的复盐。大理石的化学成分比较稳定。

大理石依基本颜色可分为白、黄、绿、灰、赭、红和黑等七类。以纯色为主的白、黑两类大理石，和以花色为主的黄、绿、灰、赭、红五类大理石都是水磨石工业常用的原料。一般的大理石或多或少要加些杂质，而大理石的颜色，同杂质的成分密切相关，甚至取决于杂质。彩色花纹取决于杂质分布的均匀程度。白色大理石呈乳白色，少量呈灰白色，主要为白云岩和大理岩，有“雪花”“汉白玉”“雪花白”“苍白玉”“雪浪”“晶白”“蕉岭白”“河南白”“粉荷”和“奶油”等。黄色大理石呈深浅不同的黄色，主要为蛇纹石化大理岩，有“香蕉黄”“芝麻黄”“锦黄”“稻香”“晚霞”“凝香”“虎皮”“锦屏”和“脂香”等。绿色大理石呈深浅不同的绿色，主要为蛇纹石化大理岩和蛇纹石化橄榄石硅卡岩，有“金玉”“莱阳绿”“丹东绿”和“斑绿”等。灰色大理石呈深浅不同的灰色，主要为石灰岩和大理岩，有“艾叶青”“螺丝转”“杭灰”“齐灰”“化雨”“灰皖螺”“云花”“银荷”和“咖啡”等。赭色大理石呈红褐色或红褐色花纹，主要为石灰岩和大理岩，有“晚霞”“咖啡”“虎皮”“凝香”“奶油”和“锦屏”等。红色大理石呈深浅不同的红色，主要为大理岩和石灰岩，有“桃红”“广州红”“铁岭红”“纹脂奶油”“林枫”“东北红”“紫红”“红皖螺”和“紫豆瓣”等。黑色大理石呈深浅不同的黑色，主要为石灰岩和大理岩，有“墨玉”“大连黑”“黑底白花”“河南黑”“墨碧”和“龟壁”等。杂质不仅同大理石的颜色密切相关，而且对大理石的性能也有不同程度的影响。如石英和玉髓质地比较坚硬，若含量大会使开采和加工发生困难；黄铁矿氧化后生成锈黄色或褐色的斑点，会降低颜色和花纹的质量；绿泥石呈薄夹层状分布，会引起大理石板的分裂，并降低其机械性能；赤铁矿和褐铁矿，有时能增加色彩，有时又能影响装饰等。

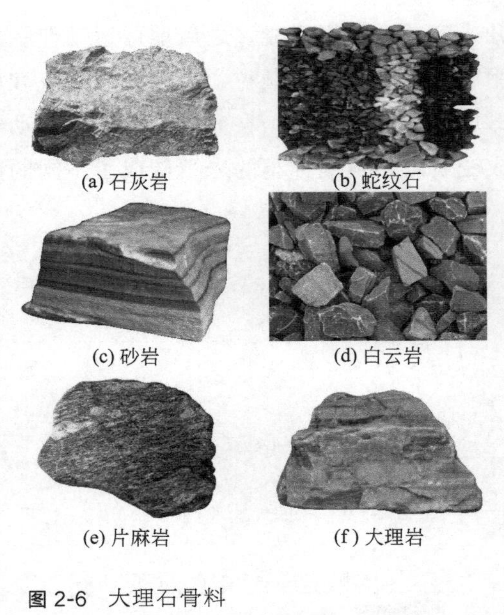

图 2-6 大理石骨料

大理石的物理性能包括解理、断口、相对密度、容重、孔隙率、强度、硬度、磨耗量和光泽度等。

解理是矿物晶体受外力作用时，沿一定晶面方向裂开呈平面的性质，大理石的解理比较完全。断口是矿物晶体受外力的作用后，产生无一定方向的不规则破裂面的性质，大理石的断口比较平坦。相对密度是物体单位体积的质量和同体积4℃水的质量的比值，大理石的相对密度约为2.6～2.9。孔隙率也称孔隙度，它是在松散的岩石颗粒间的孔隙总体积对于岩石整个体积之比，大理石的孔隙率约为0.3～1.5。强度是大理石破坏时的应力值，根据外力的类别，分为抗压强度和抗折强度。为了适应大理石的非均质性和解理性，对每种大理石抗压强度都进行了三个方向的测试。实验说明，大理石三个方向的

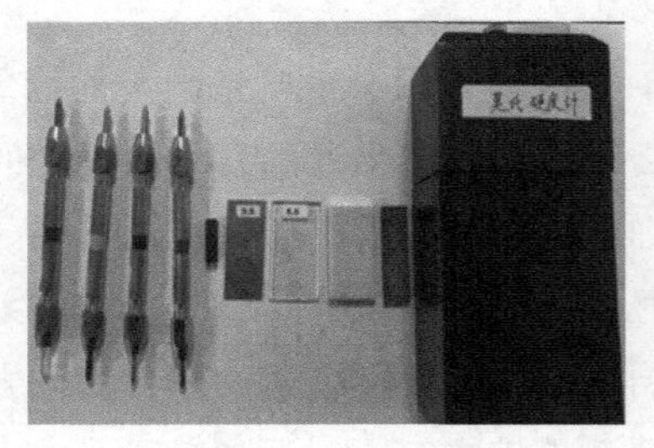

图 2-7 莫氏硬度计

抗压强度不完全相同。硬度是大理石抵抗外来机械作用，特别是抵抗刻划作用的能力。可用莫氏硬度计（图 2-7）在抛光了的大理石表面进行测试。磨耗量是以单位时间内磨耗大理石的体积来表示的。光泽度是由反射光线的性能决定的，是大理石装饰性的重要因素之一。水磨石中碳酸钙骨料主要性能指标见表 2-1。

表 2-1　水磨石中碳酸钙骨料主要性能指标

序号	项目		技术要求	试验方法
1	外观,色泽		符合样板的颗粒	目测
2	粒径合格率/%		≥75	按 GB/T 14684—2011 中规定试验
3	含水率/%		≤0.2	烘干法
4	含泥率/%		<0.5	按 JGJ 52—2006 中规定试验
5	0.1mm 以下细粉		<5.0%	筛分
6	打板颜色		$\Delta E^*_{ab} \leqslant 2.0$	以供需双方共同确定的样板为标准板，来样按流程试制小板后，按 GB/T 11942—1989 中规定试验测量色差
7	粒度	4～6 目	大于 2 目的为 0；大于 4 目且小于或等于 2 目的≤10%；小于 6 目的≤15%	按 GB/T 14684—2011 中规定试验
		6～8 目	大于 4 目的为 0；大于 6 目且小于或等于 4 目的≤10%；小于 8 目的≤15%	
		8～16 目	大于 6 目的为 0；大于 8 目且小于或等于 6 目的≤10%；小于 16 目的≤15%	
		16～26 目	大于 8 目的为 0；大于 16 目且小于或等于 8 目的≤10%；小于 26 目的≤15%	
		26～40 目	大于 16 目的为 0；大于 26 目且小于或等于 16 目的≤10%；小于 40 目的≤15%	
		40～70 目	大于 26 目的为 0；大于 40 目且小于或等于 26 目的≤10%；小于 70 目的≤15%	
		70～120 目	大于 40 目的为 0；大于 70 目且小于或等于 40 目的≤15%；小于 120 目的≤3%	

2.2.2.2　硅酸盐骨料

硅酸盐骨料是仅次于碳酸盐骨料在水磨石中主要使用的骨料，它的硬度、耐磨性都要比碳酸盐骨料高。所谓硅酸盐指的是硅、氧与其他化学元素（主要是铝、铁、钙、镁、钾、钠等）结合而成的化合物的总称。它在地壳中分布极广，是构成多数岩石和土壤的主要成分，其占已知矿物 25%，常见矿物的 40%。常见的硅酸盐骨料有花岗石、长石。常用硅酸盐骨料的种类如下。

（1）花岗石　花岗石也称花岗岩，俗称“麻石”。它是水磨石高性能骨料的主要类别，是分布较广的深成酸性岩。它是由晶莹透明的石英、肉红色的钾长石、灰白色的斜长石以及少量的云母组成，有时有少量的角闪石或辉石等矿物。石英、长石、角闪石等矿物都很坚硬，用一般的钢刀都不能刻动，云母硬度差一些，但却比较耐风化。在显微镜下，可以看到这些矿物互相紧密相嵌，形成致密的花岗结构，因而使花岗岩具有坚硬的性能。如图 2-8 是不同种类的花岗岩。

(a) 花岗闪长岩　(b) 粗粒花岗岩　(c) 紫苏花岗岩

图 2-8　不同种类的花岗岩

花岗石具有等粒状结构和块状构造，常成巨大岩体产出。按次要矿物成分的不同，可分为黑云母花岗岩、二云母花岗岩和角闪石花岗岩等。

花岗石颜色较浅，以灰白色和肉红色为最常见。灰白色花岗石呈灰色、灰白色，有“厦门石”“牟平石”“日照石”“大黑白点”“笔山石”“峰白石”和“田中石”等；肉红色花岗石呈浅红色、红灰色、肉红色，有“南口红”“白虎涧”“柳阜红”“长清花”“古山红”“汕头石”“南安石”“砻石”和“崂山石”等。

花岗石由于其本身成分中含有高硬度的矿物，加工十分困难，但对气候具有很高的稳定性，它可使饰面维持长久的时间，并在很大程度上延长建筑物的使用年限。但因开采加工费用较昂贵，用花岗石碎料做水磨石原料耐磨性更好。花岗岩碎料主要性能指标见表 2-2。

表 2-2　水磨石中花岗岩碎料主要性能指标

序号	项目	技术要求	试验方法
1	外观	应符合产品板面花色开发要求	目测
2	粒径合格率/%	≥75	按 GB/T 14684—2011 中规定试验
3	含水率/%	≤0.2	烘干法
4	打板颜色	与标准板对比基本一致	按流程试制小板后目测颜色
5	耐酸度/%	≥99	按 GB/T 8488—2008 中规定试验

（2）长石　长石是架状硅酸盐，是组成地壳最主要的矿物，也是性能优异的一种水磨石骨料。按体积计，占地壳组成的 43.1%；占花岗岩和变质岩的 52.2%；沉积岩的 17.3%；在大洋和大陆玄武岩中分别占 34.3%和 45.7%。纯净的长石主要来源于花岗岩、正长岩和伟晶岩。伟晶岩在岩浆作用的阶段，可结晶出粗大的长石晶体，是长石的重要矿床类型。长石的化学通式 M(T_4O_8)，其中，M 为 Na、Ca、K、Ba 及少量 Li、Rb、Cs、Sr 等。T 为 Si、Al 及少量 B、Fe、Ge 等。主要有碱性长石、斜长石，如图 2-9 所示。

(a) 玄武岩浮岩　(b) 灰长岩

图 2-9　玄武岩浮岩和灰长岩

（3）沸石　沸石是水磨石功能材料的良好载体，也可以作为低密度水磨石骨料被使用。它是由 SiO_2 和 Al_2O_3 四面体通过共角顶彼此连接而形成的三维骨架。沸石与其他架状硅酸盐间最重要的区别是架间空穴的维数和它们间的连接通道。长石结构中空穴较小，而沸石的骨架更膨大，含有更大的空穴并被较宽的通道相联系，水分子可通过通道在沸石结构中进出而不破坏基本结构，作为一种功能材料在环保处理中得以应用。也可作为环境中有害物质的吸附剂或功能材料的载体使用。例如沸石磨细后用有机硅处理，作为防水材料加入水磨石中；沸石磨细后用银离子处理后，可用作水磨石的抗菌剂等。

(4) 云母　云母主要用作水磨石功能材料载体。例如导电云母，作为导电材料的载体；绢云母作为负离子水磨石中功能材料的载体。云母主要分为白云母和黑云母，白云母包括了钠云母、白云母、海绿石。主要产于白云母花岗岩、二云母花岗岩、伟晶岩中，还常出现在云英岩、片岩、片麻岩中；黑云母包括金云母、黑云母、铁锂云母、锂云母。黑云母主要产于中酸性火成岩、碱性岩、伟晶岩、结晶片岩、片麻岩等变质岩中。其中应用最广的是白云母，其次是金云母。它们的化学通式 $XY_3(Z_4O_{10})(OH)_2$，Z 为 Si、Al，Y 主要是 Al、Fe、Mg，X 主要是 K。

(5) 高岭石　高岭石经过加工后可增加水磨石活性粉末的填充性，使水磨石更致密，降低吸水性。它属于层状硅酸盐，是一种黏土矿物，理论组成 Al_2O_3 为 41.2%，SiO_2 为 48%，H_2O 为 10.8%。高岭石分布很广，主要是由富铝硅酸盐在酸性介质下，经风化作用或低温热液交替变化的产物。高岭石矿床分原生和次生两类。原生高岭石矿床是铝硅酸盐破坏的产物，停积在原岩当中。高岭石常与石英，褐铁矿等混杂。当原生高岭石遭受冲洗，被水携带搬运至低地沉积，则生成次生高岭石矿床。

(6) 蒙脱石　蒙脱石主要增加水磨石磨抛细腻感，改善水泥基拌和料的操作性。它属于层状硅酸盐，以蒙脱石为主要矿物成分的黏土称为膨润土。它主要由基性岩在碱性环境下风化形成，亦有沉积的火山灰分解的产物。膨润土在我国辽宁、黑龙江、吉林、河北、浙江等地均有产出。

2.2.2.3　氧化物骨料

氧化物骨料，这类矿物中的氧原子紧密结合，氧原子中间结合金属或半金属原子，可分为简单氧化物和复合氧化物。氧化物主要存在于许多火成岩和伟晶岩中。其质地坚硬，在水磨石中用于高耐磨、高耐温要求的产品中。

(1) 刚玉　刚玉（图 2-10）主要是增加水磨石的硬度和耐磨性，使水磨石经久耐用。它是一种铝离子结合氧离子而成的简单氧化物，有色离子含量较小，如红宝石中的铬离子或蓝宝石中的钛离子。蓝宝石、红宝石就是人们所说的刚玉。它是氧化铝的六方晶系（或三方晶系），化学成分为 Al_2O_3；颜色多种多样；形态有锥体状、柱状、桶状；莫氏硬度为 9；无解理；断口为贝壳状；有金刚光泽或玻璃光泽；相对密度为 4.0～4.1；折射率为 1.76～1.77。

图 2-10　刚玉

(2) 石英　石英主要是增加水磨石的硬度和耐磨性，使水磨石经久耐用。它均匀的颗粒度也是水磨石常选用调整花色的很好骨料。自然界已发现八种同质多象变体二氧化硅，如石英、鳞石英、方石英、柯石英、斯石英等。它是地壳上第三大常见矿物，储量仅次于冰和长石。按体积计，占整个地壳的11.9%；占花岗岩和变质岩的22.5%，沉积岩的18.4%。在热液矿脉中，石英常呈长柱状晶体，往往排成节状构造。在伟晶岩晶洞中，石英的柱状晶体常聚合成为晶族出现，常见的有石英、鳞石英、方石英、蛋白石等。这些石英的类别是硅酸盐-架状硅酸盐。晶系为六方或三方晶系。化学成分为SiO_2；形态或习性为柱状；莫氏硬度为7；无解理；断口为贝壳状；有玻璃光泽；相对密度为2.7。图2-11为石英砂和石英。

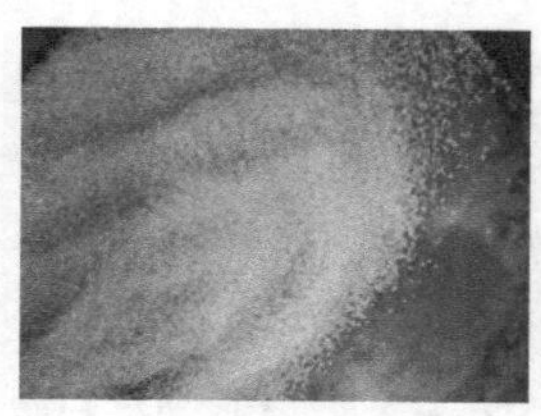

图 2-11　石英砂和石英

石英在中国分布很广，最有规模的是连云港的东海，湖北的蕲春，内蒙古的赤峰、包头、巴彦淖尔，甘肃瓜州，广东河源、佛山，河北灵寿、陕西商洛。

人造石中石英石的要求指标见表2-3。

表 2-3　人造石中石英石的要求指标

序号	项目		技术要求	试验方法
1	外观,色泽		白色或者半透、透明颗粒	目测
2	杂质含量/(个/200g)		黄杂质≤10个;黑点≤10个;白点≤20个	目测
3	粒径合格率/%		≥75	按GB/T 14684—2011中规定试验
4	含水率/%		≤0.2	烘干法
5	含泥率/%		<0.5	按JGJ 52—2006中规定试验
6	耐酸度/%		>99	按GB/T 8488—2008中规定试验
7	形状		无明显的针片状颗粒	目测
8	140目以下细粉		≤5.0%	筛分
9	粒度	4～6目	大于2目的为0;大于4目且小于或等于2目的≤10%;小于6目的≤15%	按GB/T 14684—2011中规定试验
		6～8目	大于4目的为0;大于6目且小于或等于4目的≤10%;小于8目的≤15%	
		8～16目	大于6目的为0;大于8目且小于或等于6目的≤10%;小于16目的≤15%	
		16～26目	大于8目的为0;大于16目且小于或等于8目的≤10%;小于26目的≤15%	
		26～40目	大于16目的为0;大于26目且小于或等于16目的≤10%;小于40目的≤15%	
		40～70目	大于26目的为0;大于40目且小于或等于26目的≤10%;小于70目的≤15%	
		70～120目	大于40目的为0;大于70目且小于或等于40目的≤15%;小于120目的≤3%	

2.2.2.4 矿物加工品骨料

（1）玻璃　玻璃在水磨石中往往能够产生很好的装饰性，它晶莹剔透，闪闪发亮，让水磨石显得高贵很多。玻璃是非晶无机非金属材料，一般是用多种无机矿物如石英砂、硼砂、硼酸、重晶石、碳酸钡、石灰石、长石、纯碱等，为主要原料，另外加入少量辅助原料制成的。它的主要成分为二氧化硅和其他氧化物。普通玻璃的化学组成是 Na_2SiO_3、$CaSiO_3$、SiO_2 或 $Na_2O \cdot CaO \cdot 6SiO_2$ 等，主要成分是硅酸盐复盐，是一种无规则结构的非晶态固体，广泛应用于建筑物，用来隔风透光。另有混入了某些金属的氧化物或者盐类而显现出颜色的有色玻璃，和通过物理或者化学的方法制得的钢化玻璃等。图 2-12 为各种玻璃骨料。

图 2-12　玻璃骨料

有色玻璃是在普通玻璃制造过程中加入了一些金属氧化物。如加入 Cu_2O 呈红色，加入 CuO 呈蓝绿色，加入 CdO 呈浅黄色，加入 Co_2O_3 呈蓝色，加入 Ni_2O_3 呈墨绿色，加入 MnO_2 呈蓝紫色，加入胶体 Au 呈红色，加入胶体 Ag 呈黄色。变色玻璃是用稀土元素的氧化物作为着色剂的高级有色玻璃。

（2）陶瓷　陶瓷让骨料定制变得很有特色，它的致密性、色泽、强度以及可重复性在水磨石骨料中的应用占有独特地位。陶瓷是以黏土为主要原料以及各种天然矿物经过粉碎混炼、成型和煅烧制得的材料以及各种制品。由最粗糙的土器到最精细的精陶和瓷器都属于它的范围。

用含有着色金属元素的原料配制釉料，在一定温度与气氛中烧成，会呈现不同色泽的釉，成为颜色釉。其结构，使面板具有极强的抗击性；特殊的表面结构，使其具有耐刻刮性，即使受各种硬物作用也能长期保持外形不受损伤。陶瓷有很强的耐磨性，适用于有重物放置处或需频繁清洗处。抗紫外线，不管是日晒雨淋，还是气温急剧变化，陶瓷板的核心和外观都不会改变。另外，陶瓷板还有很强的耐化学腐蚀的特性。

（3）烧结砂　烧结砂（图 2-13）是一种将彩色釉料烧结在天然砂表面的骨料。它的颜色可随意调整，但在水磨石行业中烧结砂用在透明的骨料上才有很好的效果。

图 2-13　烧结砂

以上便是常见的矿物加工品骨料，水磨石中矿物加工品骨料质量要求见表 2-4。

⊡ 表 2-4 水磨石中矿物加工品骨料质量要求

序号	项目		技术要求	试验方法
1	外观	玻璃	无杂色颗粒，无胶皮、纸皮、塑料、树皮、泥砂等异物，不同批次之间颜色基本一致，表面不允许有裂纹	目测
		陶瓷		
		烧结砂		
2	粒度		颗粒尺寸与标准板对比基本一致	目测，筛网
3	pH 值		6～8	pH 试纸

2.2.2.5 天然有机质和高分子聚合物骨料

(1) 有机质骨料　有机质骨料主要是水磨石产品的点缀，使水磨石有了灵气。它指有机生物在生命过程中相关的一种物质，可能是无机物或有机物。目前应用比较多的有贝壳、动物的骨骼、牙齿等，如图 2-14 所示。

图 2-14 水磨石用贝壳

贝壳是由大量的海螺等壳类海生动物而产生的，在近海区大量存在，价格低廉。而且贝壳在水磨石中磨抛后有美丽的珍珠光泽，以及自然的流线形给人以和谐的自然美感。一些动物的骨骼、牙齿在很多地方用于装饰品已有几千年的历史。在水磨石中加入这些材料，也是有一部分人为了要表达一种特殊的感情而运用。

琥珀是一种树脂化石，琥珀用于装饰品已经有很久的历史，用于建筑物中的典型例子是俄罗斯叶卡捷琳娜宫内的整个大厅是用打磨的琥珀装饰而成。琥珀作为一种神秘的寓意材料，被应用在一些特殊的领域。现在也有人把它用于水磨石中作为骨料，大多是以人造琥珀为主。珍珠骨料、珊瑚骨料、煤精骨料，是一种有机质的古老的装饰品，应用在水磨石行业中被赋予了更高的价值。

图 2-15 聚合物骨料

(2) 有机高分子胶结骨料　有机高分子胶结骨料是通过高分子聚合物与矿物细粉料按不同比例加工而成的。它通过比例调整可以改变骨料密度，可以满足不同场所对骨料性能的要求，如热固性树脂胶结骨料、热塑性树脂胶结骨料、橡胶材料胶结骨料，如图 2-15 所示。

2.2.3 骨料规格和加工

2.2.3.1 骨料规格

水磨石的骨料是由上述各种骨料原料破碎而成的，主要有尖骨料和圆骨料，另外还有片骨料和粒骨料。水磨石用骨料要求基本一致，不能含有风化、山皮、水锈和其他杂石，组织疏松容易渗色的石料一般不宜选用。水磨石常用骨料规格 0.045～5mm 不等，例如石英为 20～40 目、40～70 目、70～140 目、325 目，水晶黑为 20～40 目、40～80 目、80～120 目，玻璃为 4～6 目、6～8 目、8～16 目，黑、白石子为 3～6 目、6～9 目，白瓷为 4～6 目、6～8 目，贝壳为 6～12 目。其外形规格如图 2-16 所示。

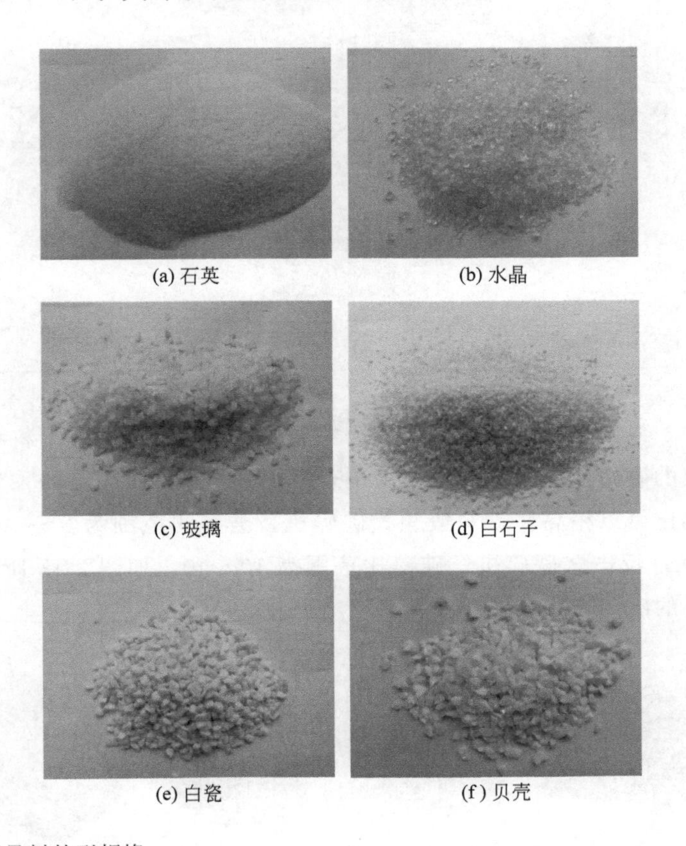

(a) 石英 (b) 水晶 (c) 玻璃 (d) 白石子 (e) 白瓷 (f) 贝壳

图 2-16 水磨石常用骨料外形规格

2.2.3.2 骨料的加工

进厂的骨料原料是大块的石料，要经过破碎、筛分和洗选，达到工艺要求后才能使用。图 2-17 为骨料加工的流程图。

(1) 破碎 破碎是将大块的石料变为不同粒径骨料的过程。水磨石厂主要采用机械方法，即用破碎机进行破碎。石料是脆性材料，当它受到抗压强度以上的外力作用时，即被破坏。石料常用的破碎方式有挤压、劈裂、折断和磨碎四种。骨料一般呈不规则块状，对于石料的大小，常用一边的长度来表示，也有用两边或三边的算术平均长度或几何平均长度来表示。这种用一个尺寸来表示的大小，就叫做石料的粒度。

破碎机的进料粒度，是破碎机所能允许进入的最大粒度。它是按团块料考虑的，如为长块料，这个数字还可以略大些。不同形式和规格的破碎机，均有其一定的最大粒度限制，不宜超过该值，否则会使破碎机出现过负荷、堵塞或卡料等故障。破碎机允许的最大进料粒度一般为进料口宽度的 80%～85%。

破碎机的出料粒度，是破碎机破碎后的石料粒度，一般以 80%通过的筛孔尺寸表示。

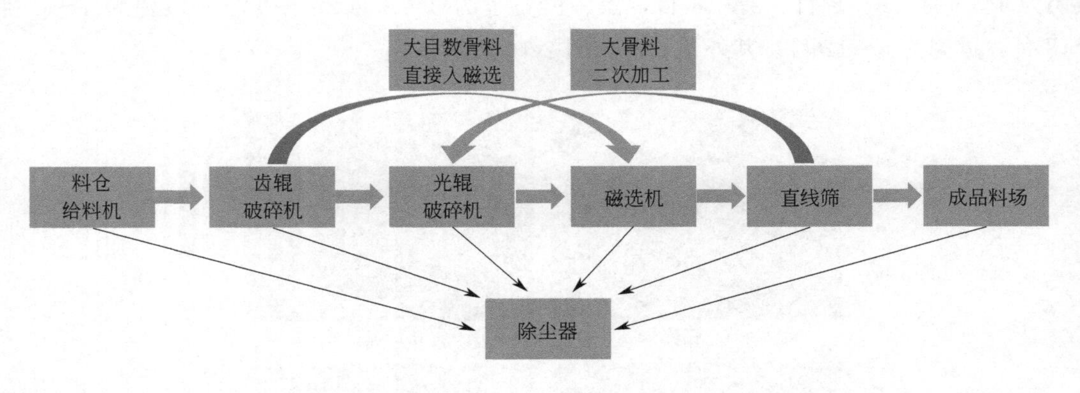

图 2-17　骨料加工流程

在石料破碎作业中，经常遇到“破碎比”这个术语。它是进料粒度和出料粒度之比。各种破碎机只能在其一定的破碎比范围内工作。这是采用开路循环系统操作的，当采用闭路循环系统操作时，其破碎比可以稍高些。一般颚式破碎机，破碎比范围为 3～5；锤式破碎机，破碎比范围为 10～30；反击式破碎机，破碎比范围为 10～40，如图 2-18 所示。破碎的段数，主要是由石料需要的破碎比决定。

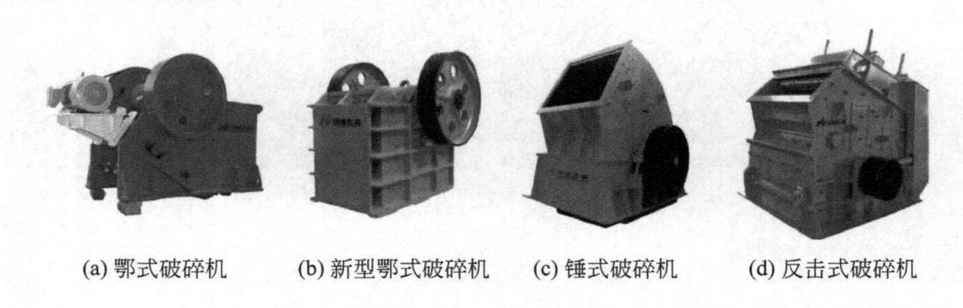

(a) 鄂式破碎机　(b) 新型鄂式破碎机　(c) 锤式破碎机　(d) 反击式破碎机

图 2-18　破碎机

如石料的最大粒度为 800mm，用做水磨石的骨料的粒度为 20mm，则要求的破碎比为 800/20＝40。如选用颚式破碎机做粗碎，其破碎比选 4，再选用反击式破碎机做中碎，其破碎比选 10，则总破碎比为 4×10＝40。这就是两段破碎，通常骨料的破碎一般为两段破碎。其加工流程如图 2-19 所示。

同破碎有关的主要物理性能为抗压强度。当抗压强度超过 160MPa 时，称为高硬石料；当抗压强度在 80～160MPa 时，称为中硬石料；当抗压强度不足 80MPa 时，称为低硬石料。我国大理石多数为中硬石料，少量为低硬石料，个别的属于高硬石料。一般以颚式破碎机、锤式破碎机和反击式破碎机为主。有时出现燧石和石英，其主要成分为二氧化硅，绝大部分呈游离状态，这些矿物对破碎机的齿板、锤头、衬板等部件的磨蚀性较强。

颚式破碎机的主要工作机件是动颚和定颚。动颚和定颚之间有一定距离，上宽下窄，上部为进料口。石料自上部投入，靠动颚往复向定颚运动。当动颚摆向定颚时，石料就受到挤压而被破碎成小块。当动颚离开定颚时，被破碎的石料就从排料口排出。其动颚和定颚上镶

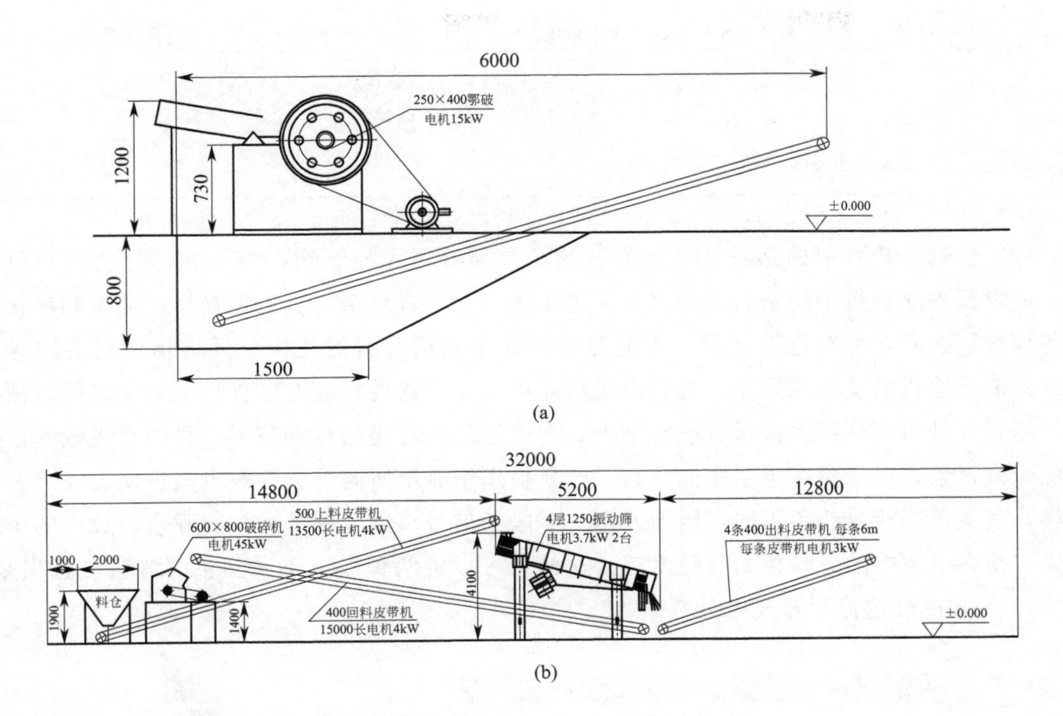

图 2-19 颚式破碎，筛分及二破制砂机骨料加工示意图

有锰钢齿板。颚式破碎机的规格通常以进料口的长度和宽度表示。颚式破碎机适于破碎大理石、石灰石等。

锤式破碎机的主要工作机件是转子、锤子和卸料筛板。转子是由一组锤子利用活动关节固定在圆盘或臂杆上。当转子高速回转时，由于离心力的作用，锤子呈辐射状，石料碰到高速运动的锤子，便被击碎。破碎后的料块，被锤子摔到破碎机机壳的衬板上再次被击碎。落到筛板上的料块，则被锤子再次破碎。锤子与筛板之间的距离可以调节。当锤子磨损后，锤子与筛板间距离增大时，可将筛板的一端向上提起，以减小两者之间的距离。筛板除可利用其进一步磨碎石料外，还可保证其规格。锤式破碎机的规格通常以转子直径和长度表示。锤式破碎机也适宜于破碎大理石、石灰石等。

反击式破碎机的主要工作机件是转子、反击板和打击板。石料从入料口加入，经导板落在高速转动的转子上，受固定在转子上的打击板打击，冲向反击板上，再受反击板的反击而落下，与连续打击上去的料块互相撞击，又落到转子上，再受打击向另一块反击板冲击。石料在转子、反击板、导板之间反复运动，受强烈打击和反击而破碎。当石料粒径小于反击板和打击板之间的缝隙时，就能离开机腔，从卸料口排出。反击式破碎机的规格通常以转子直径和宽度表示。反击式破碎机亦适宜于破碎大理石、石灰石等。

石料的准备应符合下列规定：挑选适合用于生产的原石或固体废弃物，使用颚式破碎机、锤式破碎机及筛分设备进行破碎和筛分。破碎和筛分流程如图 2-20 所示。

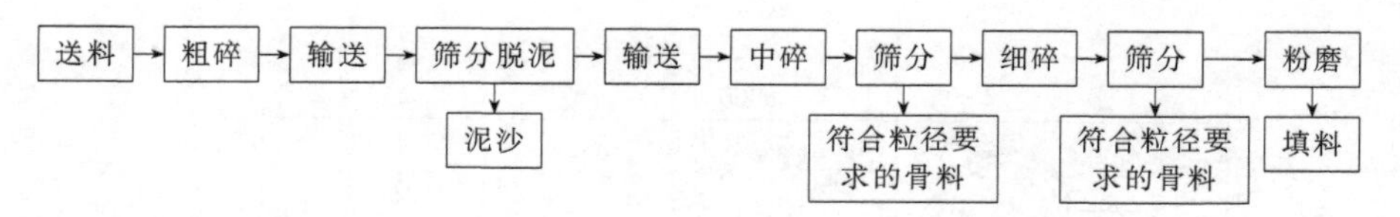

图 2-20 石料破碎和筛分流程

（2）色选　骨料中的杂石，对水磨石的花色会有很大的影响，为了满足骨料的花色要求，通常要去除骨料中的杂石。用光电分选机进行分选骨料杂石。各种骨料，甚至同种骨料的各种级别之间，都有色度差异。光电分选机即是利用骨料的色度差异选出所需要的骨料的。光电分选机的基本原理是当骨料由进料斗进入振动式进料盘上，骨料上的尘埃同时被除去。随后，骨料落到槽式输送带或滑槽上，并被送到有灯光的检查箱内。箱内有光电管，并以色板做背景，以观察在半空中的骨料。背景板用于显示所需骨料的颜色或色调。要除去的骨料，其颜色同背景颜色不同，因而发出一个电子信号。这个信号是气阀开启，放出的压缩气流，使在半空中的骨料偏离自然轨道。这样，可以将两种以上不同颜色的骨料分选出来。图 2-21 为光电分选流程及光电分选机。

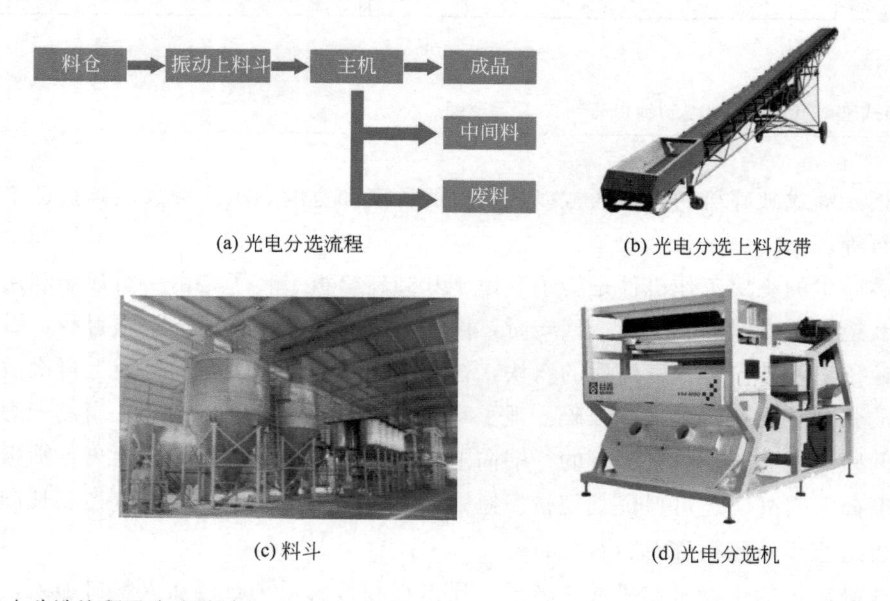

(a) 光电分选流程　(b) 光电分选上料皮带　(c) 料斗　(d) 光电分选机

图 2-21 光电分选流程及光电分选机

（3）筛分　利用筛子将粒度范围较宽的骨料颗粒群按粒度分成级别的作业，称为筛分。通过筛孔的粒级称为筛下物，留在筛上的称为筛上物。粒级是用下列方法表示，例如小于 25mm 而大于 18mm 的，常以－25＋18mm 表示，亦可用 25-18mm 或 25/18mm 表示。

筛分机械的种类很多，有格筛、摇动筛、振动筛和滚筒筛等。常用振动筛如图 2-22 所示。振动筛一般为偏心振动筛。它是由筛框、振动器、弹簧和筛架组成。筛框支承在振动器的偏心轴上，并装有筛网或筛板。偏心轴旋转时，筛子做圆形振动，振动方向与筛面垂直或接近垂直。其优点是效率高，应用范围广，检修方便，缺点是当筛框的惯性力不能得到平衡时，会引起强烈的振动，会缩短厂房使用年限，且噪声也很大。

图 2-22　振动筛

(4) 求圆　为了满足设计需要，有时要用圆骨料。圆骨料分天然圆骨料和人工圆骨料，后者是用尖骨料在求圆骨料机内制备而成，制备时要加少量水。当求圆骨料机转动时，由于尖骨料互相撞击、摩擦以及同机壁的撞击、摩擦而去掉棱角，呈现圆石状。图 2-23 为求圆骨料的变化。在求圆制备时，每次加料量多少，由求圆骨料机大小而定。求圆时间由骨料本身的硬度而定，一般磨损率达 20%～30%。

(a) 求圆前的骨料

(b) 求圆后的骨料

图 2-23　求圆骨料的变化

(5) 洗选　骨料筛分后，就要进行洗选。洗选的目的在于除去杂物和杂石，使骨料符合工艺规定的颜色、粒度和形状。骨料的杂物有黏土、泥灰、动植物腐质等，一般用清水冲洗即可除去。黏土和泥灰润湿时体积膨胀，干燥时体积缩小，比表面积较大，就会影响水磨石混合物的黏稠度。它粘附在骨料表面，会降低骨料和胶结材料之间的黏结力，降低水磨石的强度、抗渗性和耐久性。骨料中不允许含有黏土和泥灰。

(6) 表面处理　骨料的表面处理是为了改善或者完全改变材料表面的物理性能或表面化学特性。按照水磨石行业处理工艺和目的，表面处理与改性可分为两种工艺。

① 润湿与浸渍。通过对要处理的骨料进行浸泡、捏合等工艺，使骨料表面吸附、包覆或渗透相应的物质以改善界面性能或分散能力。例如，用偶联剂对骨料浸泡，改善无机矿物与有机高分子之间粘接性能。

② 涂层处理。将骨料表面进行涂刷，喷涂化学反应涂层，使深加工颗粒或骨料表面涂覆相应物质，使骨料具有相应的装饰功能和物理性能。例如表面涂覆活性或惰性材料，使骨料改性为活性或惰性材料。防静电水磨石往往采用表面涂覆导电层的骨料，这样可以得到稳定的导电水磨石。

2.2.4 骨料的特性

2.2.4.1 骨料的级配

水磨石骨料的组成材料粒度分布范围越宽，堆积效率越高。天然或人工加工的一种骨料，往往很难完全符合某一级配范围的要求，为此原材料选择上要合理选用不同粒度的材料，采用多粒级的骨料、不同细度的粉体料，通过不同材料的搭配使用，配制出符合要求的骨料。

骨料中各级粒径颗粒的分配情况称为级配。良好的骨料级配可制得良好的混合料，并能在相应的成型条件下，得到均匀密实的效果。细骨料的各级粒径颗粒通常用筛分法确定。骨料的标准筛筛孔尺寸按相关规范执行。如图 2-24 为不同等级的骨料。

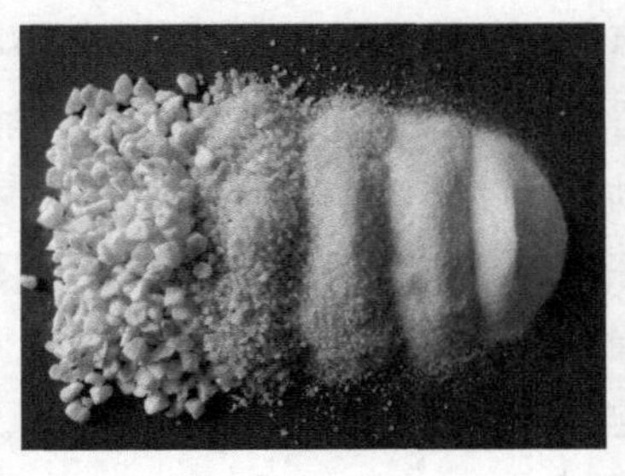

图 2-24 骨料的级配

水磨石骨料往往通过将各种不同粒度的材料，按一定比例搭配起来，使得颗粒之间的空隙由不同粒径的颗粒填充，以达到较高的堆积效率，从而得到工作性能较好的拌合物。水磨石可以视为各种粒度的骨料颗粒堆积构成，采用颗粒级配优化的方法，能使骨料颗粒堆积效率提高，最大限度地使用骨料，同时，骨料颗粒间的空隙率降低，可使填充骨料空隙的浆体用量减少。细骨料的级配用试样在各号筛上的累计筛余的质量百分数表示。将细骨料试样的筛分结果绘制成曲线称为级配曲线。细骨料不得含有超过规定的杂质，粉尘含量过多，会增加吸水率，云母表面光滑，黏结力较差，且易解理成碎片，影响产品最终性能。

2.2.4.2 骨料的颜色

由于骨料的地质分级和岩石类型的不同，其颜色的变化相当大。导致颜色不同的骨料种类很多，有透明、白色、黄色、绿色、灰色、浅色和玫瑰红色。这些颜色与其他骨料混合使用，可补充表面颜色效果。花岗石的颜色有粉红色、红色、灰色、深蓝色、黑色和白色。玄武岩的颜色有灰色、黑色和绿色。陶瓷骨料和玻璃骨料由于是人工制造，颜色可以人为调配，所以是颜色最多的。图 2-25 为不同颜色的大理石、玄武岩、陶瓷、玻璃骨料。

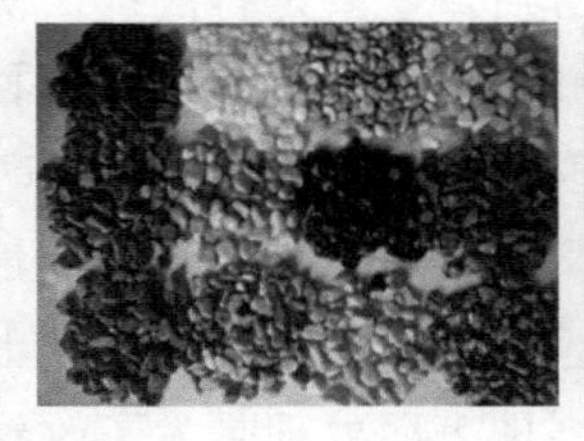

图 2-25 不同颜色的骨料

2.2.4.3 表观密度

在自然状态的骨料，其质量与其体积之比，称为表观密度，按下式计算。

$$\rho_0=\frac{m}{V_0}$$

式中 ρ_0——表观密度，g/cm^3 或 kg/m^3；

m——骨料的质量，g 或 kg；

V_0——骨料在自然状态下的体积，或称表观体积，cm^3 或 m^3。

骨料的表观体积是指包含骨料内所有孔隙（开口、闭口）在内的体积，在自然状态下，当骨料中含有水分时，测定的表观密度应注明含水情况，而一般情况下，是指干燥状态下的表观密度。

在自然状态下，骨料体积内常含有各种不同的孔隙。一些孔之间相互连通，且与外界相通，称为开口孔。绝对的闭口是不存在的，在建筑材料中，从实际出发常以在常温常压下水能否进入孔中来区分孔的开口与闭口。

在水磨石产品中，当骨料与水相接触时（如制作无机水磨石时），其内部的开口孔将被水所填充，因此其表观体积将减小，骨料的表观密度值将增大。为了区分，可以把只包含闭口孔在内时的表观密度称为视密度。即把这种只包含闭口孔时的骨料视为密实状态。由于骨料内部相当密实，因此在配制水磨石时，常采用其表观密度来代替视密度。在进行骨料的研究时，有时视密度也有着特殊的实用意义。视密度计算式为：

$$\rho'=\frac{m}{V'}$$

式中 ρ'——骨料的视密度，kg/m^3；

m——骨料的质量，kg；

V'——骨料内只含闭口孔时的体积，m^3。

2.2.4.4 堆积密度

粉状或颗粒状骨料在堆积状态时，其质量与堆积体积之比，称为堆积密度，计算公式如下所示：

$$\rho_0'=\frac{m}{V_0'}$$

式中 ρ_0'——骨料的堆积密度，kg/m^3；

m——骨料的质量，kg；

V_0'——骨料的堆积体积，m^3。

骨料在堆积状态时，其堆积体积除包含所有颗粒的表观体积外，还包含颗粒之间的空隙。堆积密度值的大小，反映了骨料堆积的疏密程度。因此它不但取决于骨料颗粒的表观密切，还取决于堆积时的疏密程度。

2.2.4.5 孔隙率

骨料的孔隙率是指材料体积内，孔隙体积所占的比例，以 P 表示，并按下式计算：

$$P=\frac{V_0-V}{V_0}\times 100\%$$

式中 V_0——骨料的堆积体积；

V ——骨料的表观体积；

P ——孔隙率。

密实度与孔隙率从两个不同侧面来反映材料的疏密程度，即两者之和等于 1。

水磨石的许多性质如强度、抗渗性、抗冻性、导热性、吸声性等都与骨料的疏密程度有关。特别作荒料型水磨石时骨料的疏密，与反应放热的均衡有很大关系。这些性质除取决于材料孔隙率的大小外，还与孔隙的构造特征密切相关。孔隙特征主要指孔隙的种类（开口孔与闭口孔）、孔径的大小及孔的分布等。生产中，常采用改变骨料的孔隙率和孔隙特征的方法来改善水磨石料的性能。例如对现制无机水磨石精心施工，提高密实度。引入一定数量的闭口孔，可以提高水磨石的抗渗及抗冻性能和机械强度。

2.2.4.6 吸水性

骨料在水中吸收水分的性质，称为吸水性。骨料的吸水性用吸水率表示，吸水率常用质量吸水率表示，即骨料在水中吸入水的质量与干燥状态时材料质量之比，并用下式计算：

$$W_m=\frac{m_w}{m_0}\times100\%$$

式中 W_m——骨料的质量吸水率，%；

m_w——吸水后骨料中所吸收的水分，g；

m_0——干燥状态骨料的质量，g。

有时，骨料的吸水率用体积吸水率表示，即骨料内吸入水的体积与骨料的表观体积之比，并用下式表示：

$$W_V=\frac{V_w}{V_0}\times100\%$$

式中 W_V——骨料的体积吸水率，%；

V_w——吸水饱和后骨料中所含水分的体积，cm^3；

V_0——骨料的表观体积，cm^3。

在自然状态下（常温常压下），吸入的水充满了开口孔隙，即吸入水的体积与开口孔体积相等，因此骨料的体积吸水率与开口孔隙率在数值上相等。上式变换可导出体积吸水率与质量吸水率的关系：

$$W_V=W_m\rho_0\times\frac{1}{\rho_w}$$

式中 ρ_0——骨料的表观密度，g/cm^3；

ρ_w——水的密度，g/cm^3。

骨料吸水率的大小，不仅取决于骨料对水的亲憎性，还取决于材料的孔隙率及孔隙特征。密实的骨料、具有极细小孔或封闭孔的骨料在自然环境中是不吸水的；具有较粗大孔或空腔的材料由于水不易在其内部留存，在空气中，水分进入能润湿孔隙的内壁，因而其吸水率也常小于其开口孔隙率；而那些孔隙率较大，且具有细小开口连通孔的亲水骨料往往具有较大的吸水能力。

骨料的特性是判断骨料质量的依据，这些特性指标是对骨料进入工厂或现场进行检验的指标，能否做出优质水磨石产品这些特性指标至关重要。在通过对这些指标进行检验时，需按标准进行取样、检验、验收。细骨料的存放方式根据供应情况、来料方式、存放数量和地形条件，进行料仓贮存，或者在特定仓库堆放。

2.3 活性粉料

活性粉料主要包括各种填充细粉料和各种粉类的矿物添加剂。

2.3.1 粉料

2.3.1.1 粉料的作用

水磨石除应用各种矿物骨料、胶粘剂等组成外，粉料及矿物外加剂成为水磨石中重要的原材料。它不仅是水磨石骨料的密实堆积的关键，还是水磨石超高性能的决定者。粉料不仅影响水磨石外观的细腻感、色彩的立体饱满感，还可增加水磨石的抗压强度、抗折强度、抗冲击强度，还可降低成本。常用的填充粉料有碳酸钙粉、石英粉，如图 2-26 所示。这种粉料的主要作用如下。

(a) 石英粉(600目)

(b) 碳酸钙粉(800目)

图 2-26 石英粉和碳酸钙粉

第一，能节约胶黏剂用量，调解水磨石的强度。经验证明，如果水泥基水磨石不掺加粉料，则水泥用量高，体积变形大，表面龟裂现象发生普遍，还会出现变形裂缝等。掺加粉料，可以明显地减轻这种现象。

第二，可以改善水磨石混合料的和易性，提高其流动度。

第三，可以降低黏度，有利于浆体在振动时上浮，使得水磨石混合料中的孔隙率得以减少，增加了密实度。

第四，可以减少成型过程中跑浆现象，改善成型条件。

第五，对纯白水磨石制品还可以提高制坯的白度、细腻度。

当然，水磨石制品的花色品种和装饰效果主要还是靠组合骨料和浆体色泽来实现。作为填充作用的粉料，选择时白度不应过低，粒径不建议过粗，以免影响符合样板要求的骨料的组合。

2.3.1.2 粉料的种类和性能

粉料主要是由矿物骨料在破碎加工过程中产生的，是细度小于 1mm 的细小颗粒。而粉料由细度大小分为细粉、超细粉，通常用目数来表示。目数与粒径的对照如表 2-5。而粉料在生产时是粗细混合的，通过风选的方法来将不同粒径的粉料分开。根据风力大小、收集料仓的间距，可用来确定目数范围。

表 2-5 我国通常使用的筛网目数与粒径对照表

目数	粒径/μm	目数	粒径/μm	目数	粒径/μm	目数	粒径/μm
2.5	7925	12	1397	60	245	325	47
3	5880	14	1165	65	220	425	33
4	4599	16	991	80	198	500	25
5	3962	20	833	100	165	625	20
6	3327	24	701	110	150	800	15
7	2794	27	589	180	83	1250	10
8	2362	32	495	200	74	2500	5
9	1981	35	417	250	61	3250	2
10	1651	40	350	270	53	12500	1

粉料大多是由大理石、石英石制成的。大理石是碳酸盐岩石，一般由白云石、方解石、黏土矿、菱镁矿、碳酸铁和碳酸锰等杂质组成。白石粉由于这些杂质的组成和数量的不同，颜色呈白色至灰色。密度约为 2.86t/m^3，容重约为 1.92t/m^3（振实）和 1.52t/m^3（松散）。石英石粉主要是石英或熔融石英粉磨而成。石英粉的硬度高、耐磨性好，但由于石英石当中杂质的含量而呈现色差，通常都要进行白度测试，如图 2-27 所示。

(a) 粉料的白度测试

(b) 粉料的含水率测试

图 2-27 粉料的白度和含水率测试

粉料的粒径比普通混凝土用的特细砂（平均粒径为 0.25mm 以下）要细得多。水磨石中粉料的质量要求如表 2-6 所示。

表 2-6 水磨石中粉料的质量要求

序号	项目		技术要求		试验方法
1	外观		应符合产品板面花色开发要求		目测
2	白度		指定值	±2	按 GB/T 5950—2008 中规定试验
3	粒径	D50/μm	指定值	±5	按 GB/T 19077—2016 中规定试验
		D90/μm		±10	
4	含水率/%		≤0.2		烘干法
5	耐酸度/%		≥99(指石英粉)		按 GB/T 8488—2008 中规定试验　碳酸钙不作要求

2.3.1.3 粉料在水磨石中的应用

在无机水磨石中，粉料与水泥共混可改善操作性和体系的密实性，从而影响水磨石的性能。在有机水磨石中，粉料与树脂共混可改善表面细腻感和体系的操作性。在树脂中粉料不能太粗，否则树脂在存储过程中会产生沉降。

2.3.2 偏高岭土

偏高岭土作为无机水磨石中的矿物外加剂，辅助水泥水化，提高水磨石的性能。它也是一种胶凝材料。偏高岭土是以高岭土（$Al_2O_3 \cdot 2SiO_2 \cdot 2H_2O$）为原料，在适当温度下（600～900℃）经脱水形成的无水硅酸铝（$Al_2O_3 \cdot 2SiO_2$）。图 2-28 为两种不同颜色的偏高岭土。高岭土属于层状硅酸盐结构，层与层之间由范德华键结合，OH^- 离子在其中结合得较牢固。高岭土在空气中受热时，会发生几次结构变化，加热到大约 600℃时，高岭土的层状结构因脱水而破坏，形成结晶度很差的过渡相——偏高岭土。由于偏高岭土的分子排列是不规则的，呈现热力学介稳状态，在适当激发下具有胶凝性。偏高岭土是一种高活性矿物掺合料，是超细高岭土经过低温煅烧而形成的无定型硅酸铝，具有很高的火山灰活性，主要用作水泥基水磨石的外加剂，也可制作高性能的地质聚合物。

图 2-28 两种不同颜色的偏高岭土

偏高岭土是一种高活性的人工火山灰材料，可与 $Ca(OH)_2$ 和水发生火山灰反应，生成与水泥类似的水化产物。处于介稳状态的偏高岭土、无定型硅铝化合物，经碱性或硫酸盐等激活剂及促硬剂的作用，硅铝化合物由解聚到再聚合后，会形成类似于地壳中一些天然矿物的铝硅酸盐网络状结构。其在成型反应过程中由水作传质介质及反应媒介，最终产物不像传统的水泥那样以范德华键和氢键为主，而是以离子键和共价键为主、范德华键为辅，因而具有更优越的性能。所以偏高岭土能够显著提高抗折抗压强度，尤其是早期强度；能够减少泛碱现象；能够提高抗渗透能力；提高水磨石的耐久性，增强抗化学侵蚀能力。

2.3.3 粉煤灰

粉煤灰是无机水磨石的一种矿物外加剂，能够与体系的氧化钙形成水合硅酸钙，改善水磨石的性能。粉煤灰的主要来源是火电厂煤燃烧后尾气收集物（图 2-29），主要成分以二氧化硅为主，其中氧化铝、氧化钛来自黏土、页岩；氧化铁主要来自黄铁矿；氧化镁和氧化钙来自与其相应的碳酸盐和硫酸盐。

2.3.3.1 粉煤灰的类别和性能

由于煤的灰量变化范围很广，而且这一变化不仅发生在来自世界各地或同一地区不同煤层的煤中，甚至也发生在同一煤矿不同部分的煤中。因此，构成粉煤灰的具体化学成分含量，也就因煤的产地、煤的燃烧方式和程度等不同而有所不同。

（1）粉煤灰的矿物组成　由于煤粉颗粒间的化学成分并不完全一致，因此燃烧过程中形成的粉煤灰在排出的冷却过程中，形成了不同的物相，比如氧化硅及氧化铝含量较高的玻璃珠。另外，粉煤灰中晶体矿物的含量与粉煤灰冷却速度有关。一般来说，冷却速度较快时，玻璃体含量较多，反之玻璃体容易析晶。可见，从物相上讲，粉煤灰是晶体矿物和非晶体矿物的混合物，其矿物组成的波动范围较大。一般晶体矿物为石英、莫来石、氧化铁、氧化镁、生石灰及无水石膏等，非晶体矿物为玻璃体、无定形碳和次生褐铁矿，其中玻璃体含量占50%以上。

图 2-29 粉煤灰

(2) 粉煤灰的性能 粉煤灰的物理性质包括密度、堆积密度、细度、比表面积和需水量等，这些性质是化学成分及矿物组成的宏观反映。由于粉煤灰的组成波动范围很大，这就决定了其物理性质的差异也很大，其基本物理性质见表 2-7。

表 2-7 粉煤灰的基本物理性质

粉煤灰的基本物理特性	项目范围均值	粉煤灰的基本物理特性	项目范围均值
密度/(g/cm^3)	1.9～2.9	透气法/(cm^2/g)	1180～6530
堆积密度/(g/cm^3)	0.531～1.261	原灰标准稠度/%	27.3～66.7
比表面积/(cm^2/g)	氮吸附法 800～19500	吸水量/%	89～130

粉煤灰的物理性质中，细度是比较重要的项目，它直接影响着粉煤灰的其他性质。粉煤灰越细，细粉占的比重越大，其活性也越大。粉煤灰的细度影响早期水化反应，而化学成分影响后期的反应。

2.3.3.2 粉煤灰在水磨石中的应用

粉煤灰是一种人工火山灰质混合材料，它本身略有或没有水硬胶凝性能，但当以粉状与水存在时，能在常温，特别是在水热处理（蒸汽养护）条件下，与氢氧化钙或其他碱土金属氢氧化物发生化学反应，生成具有水硬胶凝性能的化合物，成为一种增加强度和耐久性的材料。在水磨石中添加改善水化过程，特别在无机荒料生产中有特殊的应用。

2.3.4 硅灰

硅灰是一种超细活性材料，可增加水磨石的填充性，是水泥基水磨石浆料与骨料界面密实改善材料。它是一种外观为灰色或灰白色粉末，如图 2-30 所示，其耐火度大于 1600℃，容重为 200～250kg/m^3。硅灰的化学成分见表 2-8。

表 2-8 硅灰的化学成分

项目	SiO_2	Al_2O_3	Fe_2O_3	MgO	CaO	NaO	pH
平均值	75%～96%	(1.0±0.2)%	(0.9±0.3)%	(0.7±0.1)%	(0.3±0.1)%	(1.3±0.2)%	中性

硅灰的细度：硅灰中细度小于 1μm 的占 80%以上，平均粒径在 0.1～0.3μm，比表面积为 20～28m^2/g。其细度和比表面积约为水泥的 80～100 倍，粉煤灰的 50～70 倍。

颗粒形态与矿相结构：硅灰在形成过程中，因相变的过程中受表面张力的作用，形成了非结晶相无定形圆球状颗粒，且表面较为光滑，有些则是多个圆球颗粒粘在一起的团聚体。它是一种比表面积很大、活性很高的火山灰物质。掺有硅灰的物料，微小的球状体可以起到润滑的作用。

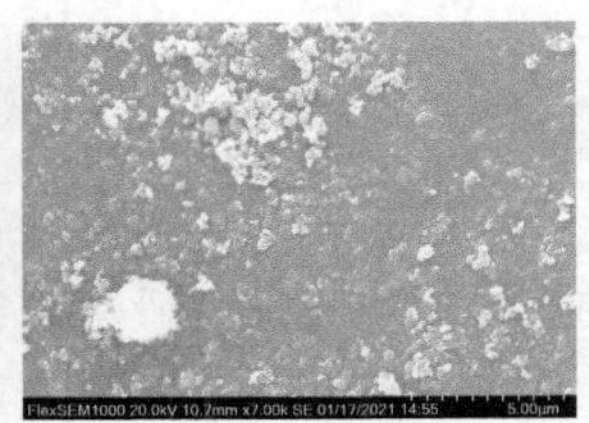

图 2-30　硅灰

2.3.4.1　硅灰在无机水磨石中的作用

硅灰能够填充水泥颗粒间的孔隙，同时与水化产物生成凝胶体，与碱性材料氧化镁反应生成凝胶体。在水泥基水磨石中，掺入适量的硅灰，对水磨石的性能有很大的改善。水磨石中硅灰的质量要求如表 2-9 所示，可起到如下作用：

① 显著提高抗压、抗折、抗渗、防腐、抗冲击及耐磨性能，超高性能混凝土中往往用硅灰作为活性粉末；

② 具有保水、防止离析、防止泌水、有效防止发生碱骨料反应的作用；

③ 显著延长水磨石的使用寿命。特别是在氯盐污染侵蚀、硫酸盐侵蚀、高湿度等恶劣环境下，可使水磨石的耐久性提高，且可以降低成本。

表 2-9　水磨石中硅灰的质量要求

序号	项目	技术要求		试验方法
1	外观	目测无结团或结块		目测
2	粒径/μm	指定值	±3	按 GB/T 19077—2016 中规定试验
3	含水量/%	≤1		烘干法
4	活性指数	与标准板对比基本一致		按 GB/T 27690—2011 中规定试验

2.3.4.2　硅灰在无机水磨石中使用方法及注意事项

硅灰在水磨石中一般为胶凝材料量的 5%～10%。硅灰的使用方法有两种，其一，在加水量不变的前提下，1 份硅粉可取代 3～5 份水泥（质量），并保持水磨石抗压强度不变而提高水磨石其他性能。其二，水泥用量不变，掺加硅灰可显著提高水磨石强度和其他性能。水磨石混合料掺入硅灰时有一定工作度损失，这点需在配合比试验时加以注意。建议硅灰需与减水剂和磨细矿渣配合使用以改善其操作性。

2.4 胶黏材料

胶黏材料主要包括无机胶黏材料的水泥、有机胶黏材料的环氧树脂和不饱和聚酯树脂。

2.4.1 水泥

水泥是一种胶凝材料，它在水磨石中起着胶结作用。水泥加水后形成水泥浆，具有较高的胶结力，它能将骨料、细骨料、粉料等胶结成一个坚硬的整体。水泥加水后不但能在空气中变硬，而且还会在蒸汽或水中继续增进和保持它的强度。水泥的这种水硬性，在相当程度上影响水磨石的性质。

2.4.1.1 水泥的品种

水泥的品种繁多，已达100余种。目前，水磨石生产中使用的有青水泥、白水泥、硫铝酸盐水泥等。青水泥主要指硅酸盐水泥、普通硅酸盐水泥和矿渣硅酸盐水泥等。水磨石主要使用白水泥。图2-31为青水泥和白水泥。

(a) 青水泥

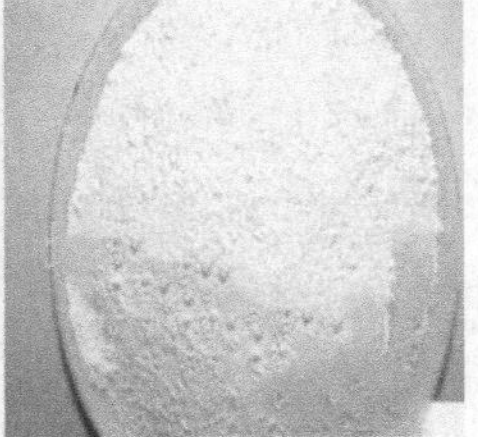

(b) 白水泥

图2-31 青水泥和白水泥

硅酸盐水泥是以适当成分的生料烧至部分熔融，得到以硅酸钙为主要成分的硅酸盐水泥熟料，主成分如表2-10所示，再加入适量的石膏，磨细制成的。硅酸盐水泥的优点是早期强度高，凝结、硬化速度较快，抗冻性较好，缺点是抗腐蚀性和抗水性较差。

普通硅酸盐水泥简称普通水泥。它是由硅酸盐水泥熟料，掺入不大于15%的活性混合材料或不大于10%的非活性混合材料以及适量的石膏，磨细制成的。普通水泥的优缺点与硅酸盐水泥基本一致。

表2-10 硅酸盐水泥熟料的化学成分

成分	CaO	SiO_2	Al_2O_3	Fe_2O_3	MgO
含量/%	64～68	21～23	5～7	3～5	<5

表2-11 氧化铁含量和水泥熟料颜色的关系

氧化铁含量/%	3～4	0.45～0.70	0.35～0.40
水泥熟料颜色	暗灰色	淡绿色	近白色(略带淡绿色)

表2-12 白水泥的白度和比表面积的关系

比表面积/(g/cm^2)	3350	3930	4220	4660	4860	5100	5430	5650
白度	73.5	74.5	74.5	75.6	76.3	76.5	77	78

白水泥即白色硅酸盐水泥，它是以适当成分的生料，烧至部分熔融得到以硅酸钙为主要成分的低铁活性材料，铁化合物含量越小的熟料白度越高，如表2-11。它的白度还与比表面积有关，如表2-12所示。之后再加入适量的石膏及不超过水泥质量15%的白色水硬性混合材料，共同粉磨而制成的水泥。普通水泥熟料的颜色，主要是由氧化铁引起的，随着氧化铁含量的不同，熟料的颜色就不同。因此，白水泥的生产一般都是通过降低氧化铁含量来实现的。白水泥的氧化铁含量控制在0.25%～0.1%，氧化锰含量控制在0.005%～0.015%。

白水泥的白度，通常用白水泥和纯净氧化镁反射率的比值来表示，以氧化镁白度为100，用白度计测定。白度一般应在85以上。白水泥的优点是颜色洁白，便于生产各种颜色的水磨石，易于颜色调配，它是水磨石生产的主要原料。

2.4.1.2 水泥的性能

水泥之所以具有水硬性，是因为在煅烧熟料的过程中，由生料引入的某些成分，在高温下相互间发生了化学反应，生成了一些新的矿物。这些矿物在磨细的条件下，加水后不但能在空气中变硬，而且还会在蒸汽或水中继续增进和保持它的强度。

水泥熟料的主要化学成分有氧化钙、二氧化硅、三氧化二铝及三氧化二铁。它们在高温下发生化学反应，生成的新矿物有硅酸三钙、硅酸二钙、铝酸三钙和铁铝酸四钙。

硅酸三钙是由氧化钙和二氧化硅化合而成，它是硅酸盐水泥熟料的主要矿物。它与水反应的速度快，几小时就凝结硬化。这种矿物水化生成物所表现的早期和后期强度都较高，是熟料获得高强度的主要矿物。

硅酸二钙也是由氧化钙和二氧化硅化合而成。它是硅酸盐水泥熟料的重要矿物。它与水反应的速度比硅酸三钙要慢得多，凝结硬化也慢，表现的早期强度比较低，但后期强度却相当高，甚至在水化几年之后还在继续发挥其强度。但硅酸盐水泥熟料中硅酸二钙含量多时，如果水化过程不当，就容易出现粉化现象，会显著地降低制得的水泥的强度。

铝酸三钙是由氧化钙和三氧化二铝化合而成。它与水反应的速度相当快，凝结硬化也快，其强度三天之内就能充分发挥出来，所以早期强度较高，但强度绝对值较小，且后期强度不再增长，甚至反而降低。超高性能混凝土一般要求铝酸三钙含量尽量低。它是影响硅酸盐水泥早期强度和凝结快慢的主要矿物。另外，它在煅烧熟料过程中变为液体，对生成硅酸三钙有一定的影响。

铁铝酸四钙是由氧化钙、三氧化二铝和三氧化二铁化合而成。它不是影响水泥凝结硬化和强度的主要矿物，白水泥则要求铁铝酸四钙越低白度越高。但在煅烧熟料的过程中，能降低熟料的熔融温度和融化成为液体的黏度，有利于硅酸三钙的生成。

前两种矿物统称为硅酸盐矿物，其含量的多少直接关系到水泥的强度，后两种矿物统称为熔剂矿物，可促进硅酸三钙的生成。

硅酸盐水泥熟料中还含有氧化镁。当其含量不足5%时，可以掺杂的形态存在于其他水泥熟料矿物和玻璃相中，这时氧化镁对水泥性能没有不良影响。当其含量超过5%时，它就能以方镁石形态存在，而方镁石能引起水泥安定性不良。

硅酸盐水泥是由熟料、石膏混合材组成的，除上述成分外，还有三氧化硫，这是一种有害成分。国家标准规定，其含量不得超过要求指标。

在水泥品质标准中，需要按照标准检验，如表2-13所示，以控制水磨石质量。水泥有以下几项控制要点：

（1）密度和容重　密度是材料在没有空隙的状态下单位体积的质量，以g/cm^3表示。硅酸盐水泥的密度为3.0～3.2g/cm^3，普通水泥的为3.1～3.2g/cm^3。容重是材料在自然状态下（包括空隙）单位体积的质量，可分为松散容重和紧密容重。硅酸盐水泥的松散容重一般为1000～1300kg/m^3，紧密容重一般为1.5～2t/m^3。水泥愈细，容重也愈小。

⊡ 表 2-13 水泥的要求

序号	项目	技术要求		试验方法
1	外观	目测无结团或结块		目测
2	标准稠度	—		按 GB/T 1346—2011 中规定
3	细度/%	指定值	±3	按 GB/T 1345—2005 中规定
4	凝结时间/min		±20	按 GB/T 1346—2011 中规定
5	抗压强度/MPa		±5	按 GB/T 17671—1999 中规定

(2) 细度　细度是表示水泥磨细程度或水泥分散度的指标。它对水泥的水化、硬化速度、需水量、和易性、放热速度和强度都有影响。它对水磨石制品生产过程及最终性能影响很大。白度是白水泥的特有技术指标，而白水泥的白度是随着细度的提高而增加的。因此，细度要符合标准规定。测定水泥细度的方法采用测定比表面积法。水泥的比表面积一般在 $3000 \sim 4200 cm^3/g$。

(3) 需水量　水泥的需水量是水泥为获得一定稠度时所需的水量。硅酸盐水泥的标准稠度需水量一般为 25%～28%（占水泥质量）。水泥愈细，需水量就愈大。在检验凝结时间和体积安定性时，都需要先测定标准稠度需水量，然后按这种需水量做成净浆试饼进行检验。在检验水泥胶砂强度时，需水量亦可按标准稠度需水量进行换算。

(4) 凝结时间　凝结时间是从水泥拌水后，水泥浆逐渐失去其流动性，以流体状态发展到较紧密的固体状态的一段时间来测定的。凝结时间对水磨石的成型有较大的影响。凝结时间过短，来不及均匀拌和，就失去流动性，会使工艺操作难以进行；凝结时间过长，增加了成型周期，对于水磨石的生产也是不利的。为了检验方便，把凝结时间分为初凝时间和终凝时间两个阶段。初凝时间水泥浆温度升高，但不具有机械强度。按国家标准规定，硅酸盐水泥的初凝时间不得早于 45min。终凝时间水泥浆失去流动性，温度升至最高，产生了机械强度，并能抵抗一定的外来压力。按国家标准规定，硅酸盐水泥的终凝时间不得迟于 12h。

(5) 体积安定性　体积安定性是指水泥拌水后体积变化的均匀性。水泥拌水后，在凝结硬化过程中，体积发生膨胀，并在内部产生一定的内应力，如果这种内应力超过了本身的强度（特别是抗拉强度），就会出现松脆、弯曲、龟裂，甚至崩溃，这就叫安定性不合格。安定性不合格的主要原因是水泥中含有较多的氧化镁、三氧化硫，尤其是游离石灰。在使用水泥前，必须按标准规定进行检验。倘若安定性不合格，在任何情况下都不能使用，否则，将从根本上毁坏水磨石结构，使水磨石变为废品。测定水泥体积安定性的方法，一般采用国家标准规定的蒸煮试饼法或雷霞特里法。

2.4.2 环氧树脂

环氧树脂作为有机水磨石的胶凝材料。主要是由环氧树脂和环氧树脂的固化剂组成。另外，有时为了改善胶黏性能和施工性能，常在含有环树脂的组分中加入环氧树脂活性稀释剂、超细粉料、颜料、助剂。环氧活性稀释剂中有些含有一个环氧基叫单环氧基活性稀释剂，有些含有两个环氧基叫双环氧基活性稀释剂，它们可直接参与环氧树脂的固化反应，成为环氧树脂固化交联网络结构的一部分。所以它不同于溶剂，可以做成无溶剂产品。图 2-32 为某液体环氧树脂。

图 2-32 液体环氧树脂

2.4.2.1 环氧树脂

（1）环氧树脂的结构与性能特点　常用缩水甘油醚型环氧树脂有双酚 A 型环氧树脂，双酚 S 型环氧树脂，双酚 F 型环氧树脂，线型酚醛环氧树脂以及其他环氧树脂。水磨石中用的环氧树脂通常指双酚 A 型环氧树脂，环氧当量在 180～200 之间。

根据环氧水磨石的要求，胶凝材料应具有如下性能：常温固化、粘接力要好、力学性能较强、耐化学药品性强、操作性良好。在环氧水磨石中应用最普遍，也是性价比较高的是双酚 A 型环氧树脂。另外，双酚 F 型环氧树脂黏度较低，其固化的性能与双酚 A 型环氧树脂几乎相同，但耐热性能稍低而耐腐蚀性稍优。在配制耐低温性能环氧磨石时，与双酚 A 型环氧树脂混合使用，也可以防止低温结晶。图 2-33 为水磨石用环氧树脂固化物邵氏硬度试验。图 2-34 为脂环胺、脂肪胺、聚酰胺、芳香胺环氧树脂固化剂的外观。

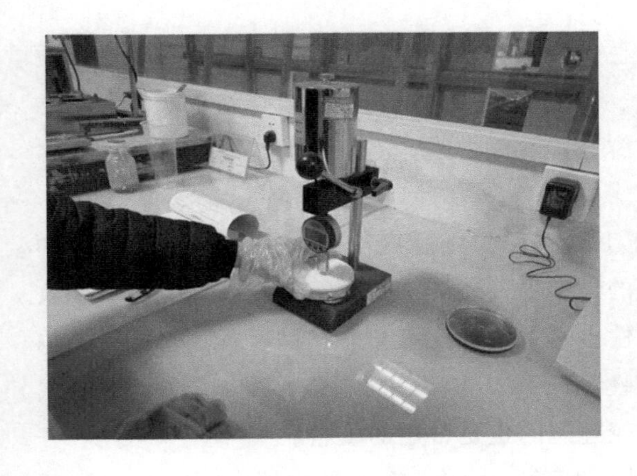

图 2-33 邵氏硬度试验

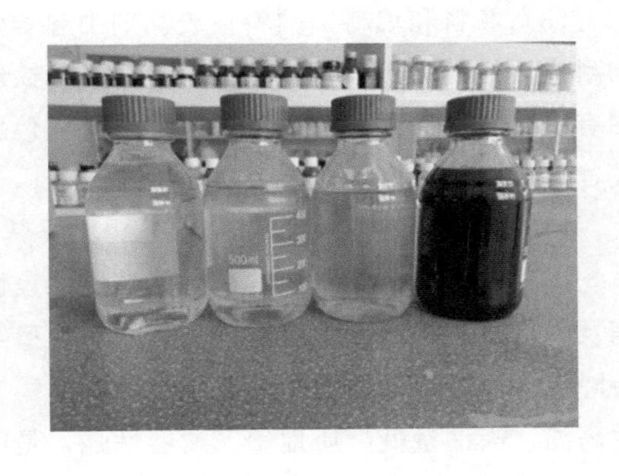

图 2-34 脂环胺、脂肪胺、聚酰胺、芳香胺环氧树脂固化剂（从左向右）

2.4.2.2 环氧磨石中环氧树脂的组成

环氧磨石中使用的环氧树脂及固化剂属于无溶剂型。环氧磨石中环氧树脂主要由环氧树脂和固化剂以及可能含有的活性稀释剂、颜填料、功能助剂等材料组成。

(1) 环氧树脂及其固化剂　一般采用分子量较低的液态环氧树脂，低黏度环氧树脂与固化剂混溶性好，施工流动性好，环氧磨石中环氧固化剂主要采用胺类固化剂固化，固化速度的快慢，可以通过选用不同固化剂类型或者加入固化促进剂来提高。为了调节黏度和改善性能，也常加入活性稀释剂。

(2) 活性稀释剂　环氧磨石中环氧树脂的黏稠度对磨石的施工操作非常重要，作为无溶剂型的环氧树脂胶黏剂，则需要选用活性稀释剂来调整环氧胶黏剂的黏度。作为环氧活性稀释剂，它不仅降低环氧树脂的黏度，而且要不影响环氧树脂固化后的性能，尽量改善环氧树脂的一些性能，可选用单官能团环氧活性稀释剂、双官能团或三官能团环氧活性稀释剂，从结构上能够增加环氧树脂的一些性能。树脂黏度测试见图 2-35。

图 2-35　树脂黏度的测试

(3) 颜料和填料　颜料在胶黏剂中起着着色作用，在环氧磨石中，需要选用耐化学介质和耐候性好的无机颜料，有钛白粉、氧化铁红、氧化铁绿、氧化铁黄、氧化锌、炭黑等；常用有机颜料，有酞菁蓝、酞菁绿等，它们色彩鲜亮，着色力强，不宜沉淀，耐化学性能和耐光、耐候性能良好，在环氧磨石中应用较广。

填料的选用对环氧磨石的施工性能及其施工后的表面细腻度有很大的影响。填料的加入，不仅能够提高施工性，而且能够增加表面的细腻度，还能减少环氧树脂固化时的体积收缩及降低成本，并赋予胶黏剂良好的储存稳定性。过量的加入则会增加黏度，难以施工，也会降低环氧磨石的密实度。石英粉的化学稳定性比较高，主要成分是二氧化硅，它耐酸碱、耐高温、吸油量低、质地硬、耐磨性强，是比较理想的也是常用的填料。

(4) 助剂　助剂是环氧磨石中环氧胶黏剂在生产、存储、施工和应用中不可缺少的部分，起到重要的作用，主要有偶联剂、触变剂、润湿分散剂、流平剂、消泡剂等。在水磨石中使用的一些环氧树脂配方如表 2-14、表 2-15 所示。

表 2-14　环氧水磨石无溶剂底涂配方

材料名称（主剂）	质量分数/%	材料名称（固化剂）	质量分数/%
环氧树脂 128	80～90	聚酰胺 650	30～60
环氧活性稀释剂 692	9～17	D-230	20～50
消泡剂 6800	0.1～0.5	K54	3～8
流平剂 315	0.1～0.5	壬基酚	4～10
润湿剂 104S	0.1～0.5		

注：环氧树脂组分∶固化剂组分＝2∶1（质量比）。

表 2-15　环氧水磨石环氧胶黏剂配方

材料名称（主剂）	质量分数/%	材料名称（固化剂）	质量分数/%
环氧树脂 128	45	IPDA	46
环氧活性稀释剂 692	5	苯甲醇	45
800 目石英	40	水杨酸	9
色浆	8	润湿分散剂 104S	0.6
消泡剂 6800	0.4	气相二氧化硅	1
流平剂 320	0.2		

注：环氧树脂组分∶固化剂组分＝4∶1（质量比）。

2.4.3　不饱和聚酯树脂

不饱和聚酯树脂是预制水磨石中有机水磨石的代表性胶黏材料，树脂压板法水磨石和树脂荒料法水磨石中的树脂都是指不饱和聚酯树脂。它是不饱和二元羧酸（或酸酐）或它们与饱和二元羧酸（或酸酐）组成的混合酸与多元醇缩聚而成的，是具有酯键和不饱和双键的线型高分子化合物。通常聚酯化缩聚反应是在 190～220℃进行，直至达到预期的酸值，在聚酯化缩聚反应结束后，趁热加入一定量的乙烯基单体（如苯乙烯）配成黏稠的液体，这样的聚合物溶液称之为不饱和聚酯树脂。

2.4.3.1　物理性质

不饱和聚酯树脂的相对密度在 1.11～1.20 左右，固化时体积收缩率较大，树脂固化后的一些物理性质如下：

（1）耐热性　绝大多数不饱和聚酯树脂的热变形温度都在 50～60℃，一些耐热性好的树脂，则可达到 120℃。线热膨胀系数为（13～15）$\times10^{-5}$℃$^{-1}$。

（2）力学性能　不饱和聚酯树脂具有较高的拉伸、弯曲、压缩等强度。拉伸强度 42～71MPa，拉伸弹性模量（2.1～4.5）$\times10^{3}$MPa，伸长率 1.3%，压缩强度 92MPa，弯曲强度 30MPa。

（3）耐化学腐蚀性能　不饱和聚酯树脂耐水、稀酸、稀碱的性能较好，耐有机溶剂的性能较差，同时，树脂的耐化学腐蚀性能随其化学结构不同，可以有很大的差异。

2.4.3.2　化学性质

不饱和聚酯树脂是具有多功能团的线性高分子化合物，在其骨架主链上具有聚酯链键和不饱和双键，而在大分子链两端各带有羧基和羟基。

主链上的双键可以和乙烯基单体发生共聚交联反应，使不饱和聚酯树脂从可熔状态转变成不熔状态。主链上的酯键可以发生水解反应，酸或碱可以加速该反应。若与苯乙烯共聚交联后，则可以大大地降低水解反应的发生。

在酸性介质中，水解是可逆的、不完全的，所以，聚酯能耐酸性介质的侵蚀，在碱性介质中，由于形成了共振稳定的羧酸根阴离子，水解成为不可逆的，所以聚酯耐碱性较差。聚酯链末端上的羧基可以和碱土金属氧化物或氢氧化物反应，使不饱和聚酯分子链扩展，最终有可能形成络合物。

分子链扩展可使起始黏度为 0.1～1Pa·s，黏稠液体状树脂在短时间内黏度剧增至 1000Pa·s 以上，直至成为不能流动的、不黏手的类似凝胶状物。树脂处于这一状态时并未交联，在合适的溶剂中仍可溶解，加热时有良好的流动性。

2.4.3.3 不饱和聚酯树脂在水磨石中的应用

水磨石中不饱和聚酯树脂主要是邻苯型不饱和聚酯树脂、间苯型不饱和聚酯树脂、双酚 A 型不饱和聚酯树脂和乙烯基树脂。它们在水磨石配方中是与骨料、粉料、颜料一起按照一定的比例组合来使用。由于所选用骨料、粉料、颜料的不同，各种材料吸油值有所不同，要配制出适合施工压制的组合料，所用树脂和助剂会有较大变化。不饱和聚酯树脂在水磨石中的用量在 4%～10%，引发剂和促进剂按固化速度的要求来进行配比，粉料的用量一般在 20%～30%，粉料对成型及成型后性能影响很大。粉料用量是液态树脂用量 2～3 倍。细度一般 400～1250 目。偶联剂的使用也往往必不可少，它能够对骨料、粉料、颜料的表面进行处理，从而使无机物骨料、粉料，与有机物树脂很好混合，提高粘接力，增加成型后水磨石的强度，也能适当地降低树脂用量。荒料法水磨石用不饱和聚酯树脂的要求见表 2-16。

⊡ 表 2-16 荒料法水磨石用不饱和聚酯树脂的要求

项目	技术要求		试验方法
外观质量	颜色与供需双方约定的标准样品基本一致;无杂物,无液体分层等异状		GB/T 8237
酸值/(mgKOH/g)	指定值	±3.0	GB/T 2895
固含量/%		±2.0	GB/T 7193
25℃时黏度/(Pa·s)		±20%	GB/T 7193
凝胶和固化时间/min		±30%	GB/T 7193
巴氏硬度	25～50		GB/T 3854
发热峰/℃	170～220		GB/T 13464
热变形温度/℃	≥45		GB/T 1634
密度/(g/cm^3)	1.0～1.2		GB/T 15223
弯曲强度/MPa	≥15		GB/T 2567
弯曲弹性模量/MPa	≥2500		GB/T 2567
拉伸强度/MPa	≥45		GB/T 2567
拉伸弹性模量/MPa	≥2200		GB/T 2567
断裂伸长率/%	≥3		GB/T 2567
冲击韧性/(kJ/m^2)	≥7		GB/T 2567
耐候性	$\Delta E^*_{ab} \leqslant 2.0$		固化后的树脂样块,按 GB/T 16422.2 试验 24h 后,按 GB 11942 测量色差

注:1. 指定值是由树脂生产厂家和人造石材生产厂家约定的标准值。

2. 特殊用途的树脂各项技术要求由供需双方协商确定。

在水磨石配方及工艺设计时要注意影响树脂水磨石固化程度的因素，来综合考虑。

树脂的固化程度对水磨石的性能影响很大。固化程度越高，水磨石制品的力学性能和物理、化学性能得到充分发挥。有人做过实验，对不饱和聚酯树脂固化后水磨石的不同阶段进行物理性能测试，结果表明，其弯曲强度随着时间的增长而不断增长，一直到一年后才趋于稳定。而实际上，对于已经投入使用的水磨石制品，一年以后，由于热、光等因素以及介质的腐蚀等作用，机械性能又开始逐渐下降。所以水磨石行业往往都采用加温固化，在固化温度和固化时间上给予理想的条件。

影响树脂水磨石固化度的因素有树脂本身的组分，引发剂、促进剂的量，固化温度，后固化温度和固化时间等。骨料、粉料的用量、大小也都会对树脂水磨石的固化产生影响。

2.5 颜料

颜料是水磨石的颜色的决定者，水磨石色彩是否满足要求主要由颜料决定。不溶于水或油的有色的粉状物质如图 2-36 所示。在组成水磨石的胶黏材料、粉料、骨料和颜料的四种基本原材料中，颜料用量为最少，仅占 5%以下，但从水磨石装饰效果来说，它却占有重要的位置。

水磨石是重要的装饰材料。作为同品种、同批量的水磨石，无论是几平方米，还是几千平方米，其板面色泽（加色或不加色）都应符合样板要求，即用肉眼观察应基本一致，看不出差别。在建筑物上使用若干年后，不应有明显的褪色，即使褪色，也应趋于一致。因此，在选用颜料时，必须了解其品种、性能和技术要求，不可乱选乱用，掉以轻心，从而严重影响水磨石的装饰效果。

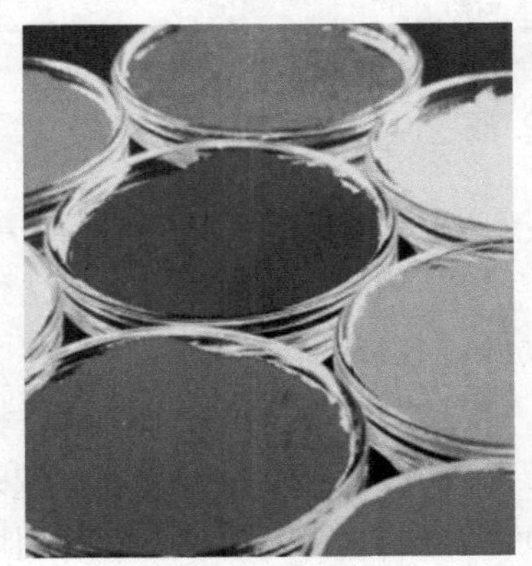

图 2-36 颜料

2.5.1 颜料的品种和性能

颜料分天然颜料和人造颜料两类。天然颜料多为矿物性颜料。人造颜料包括无机颜料和有机颜料。水磨石中，主要是矿物性颜料，少量采用人造有机颜料。颜料由于使用条件不同，其性能有所不同。颜料的主要性能有色光，着色力，遮盖力以及耐光性，耐气候性，耐水性和耐酸碱性。

颜料的着色力是指一种颜料和另一种颜料混合形成颜色的能力。决定颜料的着色力的主要因素是分散度，着色力随分散度的提高和细度的提高而增强。

颜料的遮盖力是指颜料覆盖在物体表面，将被涂饰物体表面隐蔽起来而显示出颜色的能力。颜料遮盖力的强弱同颜料颗粒的大小，分散度和折射率有关。

颜料的耐光性是指颜料在光的作用下，不改变其原有颜色的性能。几乎所有的矿物性颜料和部分人造无机颜料在曝光 381～400 日光小时内，其颜色完全不发生变化。

颜料的耐气候性是指颜料在自然环境的作用下不改变其原有颜色的性能。矿物性颜料的耐气候性是良好的。

颜料的耐水性和耐酸碱性是指颜料在水和酸碱的作用下不发生分解或溶解的能力。矿物性颜料的耐水性和耐酸碱性，有些是良好的，有些则是不好的。

不同的颜料，其密度、容重、细度的差异都是很大的，要根据不同的使用目的选定。水磨石常用的几种矿物性颜料的主要性能如表 2-17 所示。

⊡ **表 2-17 水磨石常用矿物性颜料主要性能**

项目名称	着色力/%	筛余物 45μm 筛孔/%	水溶物	pH 值	吸油量/（g/100g）	密度/（g/cm^3）
氧化铁黑	97～105	≤0.3	≤0.5	5～8	15～25	
氧化铁红	95～105	≤0.3	≤0.3	3～7	15～25	
氧化铁黄	95～105	≤0.4	≤0.3	3.5～7	25～35	
氧化铁绿	95～105	≤0.3	≤2.0	6.0	20～25	
氧化铁橙	97～105	≤0.3	0.5	4～7	20～30	
氧化铁棕	97～105	≤0.3	0.5	4～7	20～30	
氧化铁蓝	100	≤0.3	≤2.0	≥6.0	25～35	
氧化铬绿	95～105	≤0.5	≤0.3		25	
酞菁蓝				7～8	35～45	1.8
酞菁绿				7～8	35～45	1.8
群青	95～105		≤0.2	8～10	25～45	
炭黑	135			2.7		
中铬黄	55		≤1.0		22	
耐晒大红	100			6～8	20～30	

2.5.2 颜料的选择和技术要求

用做水磨石的颜料，应具有下列技术要求：

① 水泥是碱性材料，要选择不同碱发生化学反应（包括蒸氧时）的碱性或中碱性颜料，防止褪色或变色。

② 水磨石是重要的装饰材料，要选择耐候性好、耐晒性好的颜料。

③ 水磨石对颜色要求比较严格，要选择着色力和遮盖力都强的颜料，用量越少越好，而且不能破坏水泥的强度和其他性能，即使有影响也应该是极少的。

根据这些技术要求，通常采用氧化铁红、氧化铁黄、氧化铁黑、氧化铁绿、氧化铁橙、氧化铁棕、氧化铁蓝、氧化铬绿、酞菁蓝、酞菁绿、群青、炭黑等作为水磨石颜料。相关性能指标见表 2-18。

⊡ **表 2-18 色粉主要性能指标**

序号	项目	技术要求	试验方法
1	外观	与标准样品对比 外观颜色一致	目测

续表

序号	项目		技术要求		试验方法
2	粒度	D50/μm	指定值	±3	按 GB/T 19077—2016 中规定试验
		D90/μm		±5	
3	水分/%		≤0.2		烘干法
4	筛余物(325 目)/%		≤0.5		按 HG/T 3852—2006 中规定试验
5	耐热性		—		按 HG/T 3853—2006 中规定试验
6	打板颜色		$\Delta E^*_{ab} \leqslant 2.0$		以供需双方共同确定的样板为标准板，来样按指定组分、加入规定量的色粉，试制小板后，按 GB/T 11942—1989 中规定测量色差
7	耐候性		$\Delta E^*_{ab} \leqslant 2.0$		按相关流程试制小板，按 GB/T 16422.2—2014 中规定试验 24h 后，按 GB/T 11942—1989 中规定测量色差

注：指定值是由颜料生产厂家和无机人造石板材生产厂家约定的标准值。

2.6 聚合物添加剂

2.6.1 聚羧酸减水剂

2.6.1.1 聚羧酸减水剂的品种和性能

1）种类

根据其主链结构的不同可以将聚羧酸系高效减水剂产品分为两大类：一类以丙烯酸或甲基丙烯酸为主链，接枝不同侧链长度的聚醚；另一类是以马来酸酐为主链接枝不同侧链长度的聚醚。以此为基础，衍生了一系列不同特性的高性能减水剂产品。根据减水剂的外观状态，可分为聚羧酸液态减水剂和聚羧酸粉体减水剂，如图 2-37 所示。

图 2-37　聚羧酸液态减水剂和聚羧酸粉体减水剂

2）减水剂对水泥基水磨石性能的影响

（1）对新拌水泥基水磨石拌和料性能的影响

① 改善和易性。如用坍落度来表示新拌水泥基水磨石拌和料的和易性，添加减水剂可使坍落度大大提高（保持水灰比不变），若使用高效减水剂，低塑性混凝土的坍落度可从 2～3cm 提高到 20cm 左右，使之变为流态拌和料。

② 提高保水性能。保水性用泌水率表示。保水性差的拌和料会造成很多问题，如表面浮浆，形成无强度、易起粉的表面层，多层浇灌时层间的黏结差，等等。加减水剂后，用水量减少，一般保水性得到显著改善。

③ 对水化放热速度影响。掺减水剂后，28 天内总的水化热与不掺大致相同，但大多数减水剂能使初期水化的放热速度减慢，推迟水化放热峰的时间，这有利于提高大体积荒料水磨石的施工质量。

(2) 对水泥基水磨石性质的影响　要对水泥基水磨石的强度有很大提高，加减水剂时如保持相当的坍落度，则可以大大减少水的用量，降低水灰比。普通减水剂减水率为 5%～10%，高效减水剂的减水率可达 40%～50%。由于水灰比降低，水泥基水磨石的强度大大提高。

(3) 对变形性能影响　对水泥基水磨石变形性能的影响，在同强度和坍落度条件下，弹性模量即刚性略有提高。对收缩性能的影响，如减水剂可用来提高和易性，若不减水时，混凝土的收缩值略大于或接近不掺的混凝土，增加值不超过 0.1mm/m。如用来减水则收缩值基本不变，对徐变有影响。用减水剂提高和易性时，徐变值与不掺减水剂的相近或略有增大，减水时徐变值明显减小，节约水泥时，徐变值相近或略有减小。

(4) 对耐久性的影响　用聚羧酸减水剂进行减水时，由于用水量减少并引入少量气泡，抗渗性一般有所提高。

(5) 减水剂对水泥的适应性　所谓适应性，是指同一种减水剂在相同的使用条件下因水泥种类和性质的不同而产生明显不同的效果。这种适应性使减水剂对不同的水泥产生不同的影响，因此，在水泥选定情况下，应根据减水剂生产厂商的说明和推荐，选用对选定水泥适应性好的减水剂。

2.6.1.2　无机水磨石中聚羧酸减水剂的选择

聚羧酸减水剂作为目前综合性能最优的水泥制品外加剂，在使用的过程中除了具有优异的减水性能外，根据所选材料的结构和活性基团，也赋予材料其他性能，例如保坍、缓凝、降黏等。这样对聚羧酸系减水剂根据水磨石的使用要求分为：以减水型为主要功能的减水型聚羧酸减水剂；具有保坍性能的聚羧酸系减水剂；具有缓释性能的聚羧酸系减水剂；具有降黏性能的聚羧酸系减水剂；具有早强性能的聚羧酸系减水剂；具有减缩性能的聚羧酸系减水剂；等。这都要根据水磨石配方工艺要求作出选择。

2.6.2　聚合物乳液

聚合物乳液在水磨石中起着至关重要的作用，它是将聚合物的特性引入无机水泥制品的一种手段，能够让聚合物优点来补充无机水泥材料的缺点，来提高水泥制品的各项性能指标。聚合物乳液是聚合物材料在水介质中的稳定分散体。乳液是两种或多种不混溶液体靠少量乳化剂使其悬浮而成的稳定分散体，如图 2-38 所示。

2.6.2.1　聚合物乳液的类别

乳液有三种类型，即天然乳液、合成乳液和人造乳液。天然乳液主要是从橡胶树中得到的物质；合成乳液是乳液聚合而得到的聚合物乳液，这些聚合物有聚丙烯酸酯、聚醋酸乙烯酯、聚丁二烯-苯乙烯、聚氯丁二烯、聚丁二烯-丙烯腈、聚甲基丙烯酸酯、聚氯乙烯、聚苯

图 2-38 聚合物乳液

乙烯和聚偏氯乙烯；人造乳液是固体聚合物分散而成，如可再分散粉等。

丙烯酸乳液是一种聚合物高分子材料，具有较强的黏结力、耐水性、耐老化性，由于该高分子聚合物能够有较强的渗透性，能够充分地渗透到水磨石材料中，可以增强水磨石中各材料之间的黏结力，很好地利用聚合物乳液能够让无机水磨石充分展现出优异的性能，抵抗水分和盐分的渗透性及抗冻融的优异耐久性。性能的改善程度取决于聚合物的性质和它的掺量，性能的改善与许多因素有关，其中包括聚合物乳液在拌和物中的润滑作用，它可显著降低水灰比，减少毛细管孔隙体积。聚合物乳液在水化环境条件下，凝聚覆盖在水泥凝胶体和骨料颗粒表面，并使水泥和骨科基本形成强有力的黏结，可阻止水泥基拌和料微裂缝生长等。

适当使用聚合物乳液的水磨石，与不加聚合物的传统水磨石相比强度提高很多，吸水率降低一半以上，抗氯离子渗透能力成倍增长，抗拉强度提高很多，收缩减少很多。

2.6.2.2 聚合物乳液

聚合物乳液通常是将可聚合单体在水中进行乳液聚合而获得的，乳液中聚合物粒子很小，直径为 0.05～5μm，但并不是所有的聚合物乳液都是通过单体的乳液聚合而获得的。

一般根据聚合物乳液中聚合物粒子所带电荷的类型，将其分为三类：阳离子型乳液（粒子带正电），阴离子型乳液（粒子带负电）和非离子型乳液（粒子不带电荷）。聚合物粒子带什么电荷是由生产乳液时所用的乳化剂决定，混凝土改性用乳液聚合时，主要使用非离子型的乳化剂。通常聚合物乳液的固体含量为 40%～50%，其中包括了聚合物、乳化剂、稳定剂等。最常用的聚合物乳液是丁苯胶乳（SBR），丙烯酸酯乳液（PAE），乙烯-乙酸乙烯共聚物（EVA），氯丁胶乳（CR）。

2.6.2.3 乳液的性能指标

乳液的常用性能指标有固体含量，pH 值，凝固物含量，黏度，稳定性，密度，粒径，最低成膜温度，表面张力等。

（1）固体含量　固体含量一个非常重要的指标，涉及聚合物用量的计算和水灰比的计算。非挥发分含量的测定方法通常是，称取一定质量的乳液在一定温度下干燥一定的时间，然后以干燥后的质量相对于原先乳液质量的百分数表示。尽管非挥发分含量可能还包括聚合物以外的其他组分，但通常就以非挥发分含量作为聚合物的含量计算，而以挥发分含量作为乳液中的水分计算。水泥的用水量计算时，必须把乳液中的水分考虑进去。

(2) 稳定性　乳液的稳定性是指乳液受到机械作用、化学介质、温度变化等作用时不发生破乳凝聚的能力，因此乳液的稳定性包括机械稳定性、化学介质稳定性和热稳定性。

(3) 最低成膜温度　乳液中的聚合物粒子有足够的活动性相互凝聚成为连续薄膜的最低温度，称为最低成膜温度。乳液的最低成膜温度并不等于聚合物的玻璃化温度。如果最低成膜温度高于玻璃化温度时，在玻璃化温度以上到最低成膜温度之间，仅仅形成一些碎片，在最低成膜温度以上，聚合物形成了完整的、弹性良好的薄膜。只有形成连续薄膜，聚合物才能更好地发挥其性能，因此应该在乳液的最低成膜温度之上使用乳液。

(4) 粒径　乳液中聚合物粒子的大小可以用光学显微镜、电子显微镜、离心方法、激光粒度分析等方法来测定。

(5) pH 值　聚合物乳液的 pH 值依乳液品种的不同而不同，通常，用于水泥改性的丁苯乳液的 pH 值为 10～11，丙烯酸酯乳液的 pH 值为 7～9，乙酸乙烯酯及其共聚乳液的 pH 值为 4～6，这种乳液的 pH 值变化对改性水泥基水磨石拌和料的性能有轻微的影响，如图 2-39 所示为 pH 值的测定。

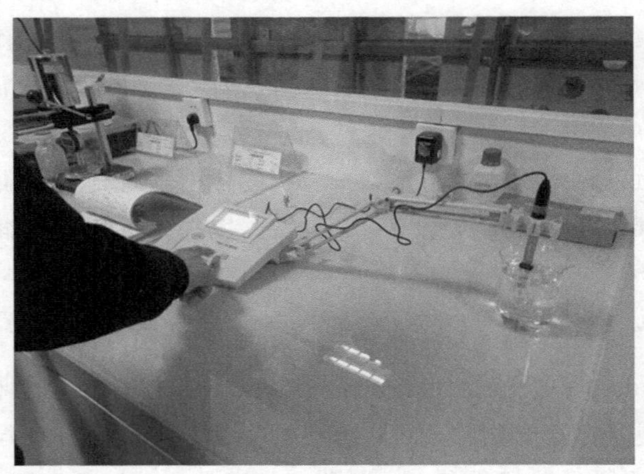

图 2-39　pH 计测试酸碱度

(6) 黏度　黏度是一种表示液体流动性的指标，聚合物乳液的黏度可以用不同的方法进行测定，由于温度对黏度有明显的影响，在进行黏度测试时，应指明测试温度和剪切速率，一般固体含量对黏度有一定的影响，对同一种乳液固体含量越高则黏度越高。

2.6.3　可再分散性聚合物粉末

可再分散性聚合物粉末一般是由聚合物乳液经喷雾干燥而成的。聚合物粉末与聚合物乳液就像奶粉与牛奶一样，聚合物乳液在干燥前往往先加入杀菌剂、干燥助剂、消泡剂、隔离剂（如碳酸钙、硅粉、黏土等）后即可在喷雾干燥时加入，也可在喷雾干燥之后加入，以防止粉料储存时结块。可再分散聚合物粉料是具有很好干流动性的粉末，灰分（主要来自隔离剂）一般为5%～15%。可再分散聚合物在水中很容易重新乳化，而得到聚合物乳液，其中聚合物粒子约为1～10μm，但一般将可再分散聚合物与水泥和集料一起干混，然后再加水湿拌。

它对水泥砂浆和水泥基水磨石拌和料的改性机理与聚合物乳液是相同的，只不过它往往是先与水泥和骨料进行干混，再加水湿拌才重新乳化成乳液。

2.6.4 水溶性聚合物

水溶性聚合物可提高水相的黏度，对于大流动性的水泥基水磨石拌和料，能提高其稠度而避免或减轻骨料的离析和泌水，但又不会影响其流动性。另外，水溶性聚合物还会形成一层极薄的薄膜，从而提高砂浆和拌和料的保水性。一般说，水溶性聚合物的用量非常小，通常在水泥质量的0.5%以下，对硬化砂浆和拌和料的强度没有大的影响。

因此，水溶性聚合物主要用来改善水泥砂浆和拌和料的工作特性，尤其是在水下不分离拌和料。水溶性聚合物可以以粉末或水溶液的形式使用。当以粉末形式使用时，一般先将其与水泥和骨料进行干混，然后再加水进行湿拌。

2.6.4.1 聚乙烯醇

（1）聚乙烯醇的化学结构与基本性能　聚乙烯醇由聚乙酸乙烯酯水解而得，是白色粉末状聚合物，由于水解程度的不同，从化学结构上看，它实际上像是乙烯醇和乙酸乙烯酯共聚物。

（2）聚乙烯醇与各种水溶性聚合物在水磨石中的应用　聚乙烯醇可以与很多水溶性树脂混合。将10%的聚乙烯醇溶液在20℃与各种水溶性树脂混合，发现聚乙烯醇和甲基纤维素混合溶液改性水泥浆与石英表面的粘接情况，混合溶液改性水泥浆与石英表面的粘接比单一溶液改性水泥浆的粘接要好，而且两种聚合物等质量比例共混时效果最好。

2.6.4.2 聚丙烯酰胺

（1）聚丙烯酰胺的化学结构与基本性能　将含有50%以上丙烯酰胺单体的聚合物都泛称为聚丙烯酰胺，因此，聚丙烯酰胺是丙烯酰胺及其衍生物的均聚物和共聚物的统称。工业聚丙烯酰胺及其衍生物都是通过丙烯酰胺的自由基聚合制得的。聚丙烯酰胺产品的主要形式有水溶性胶体、粉状固体以及胶乳三种，并可有阴离子型、阳离子型和非离子型等类型。国内外聚丙烯酰胺产品中以粉状产品居多。

聚丙烯酰胺的显著特点是亲水性特别高，容易吸附和保留水分，它能以各种比例溶于水，但不溶于大多数有机溶剂，如甲醇、乙醇、丙酮、乙醚、脂肪烃和芳香烃。

（2）聚丙烯酰胺溶液的性质　聚丙烯酰胺能以任何浓度溶于水，溶解温度没有上限和下限。聚丙烯酰胺溶液的黏度与pH值以及聚合物的浓度、分子量等有关。在中性条件下，溶液的黏度最大。聚丙烯酰胺在酸性或碱性条件下会水解，但在酸性条件下，水解速度较慢，水解的聚丙烯酰胺是一种重要的阴离子型聚电解质，会同溶液中的多种金属离子相作用。在含有多价离子（如铝离子）的体系中，这些相互作用通常导致生成黏稠的凝胶，并从胶状颗粒到均匀橡胶状固体。聚丙烯酰胺溶液对低价阳离子和酸等电解质有很好的容忍性，而且还能够容纳相当多的能够与水相混溶的有机化合物。

（3）聚丙烯酰胺在水磨石中的应用　聚丙烯酰胺的分子量高，水溶性好，低分子量时是有效的增稠剂或稳定剂，高分子量时则是重要的絮凝剂。它可以制作出亲水而不溶于水的凝胶，对许多固体表面和溶解物质有良好的黏附力。由于这些性能，聚丙烯酰胺广泛应用于絮凝、增稠、减阻、凝胶、粘接和阻垢等领域。

2.6.5 纤维素醚

纤维素醚是以天然纤维素为原料，经化学改性得到一类半合成型高分子聚合物。在水溶性聚合物中，纤维素醚以其资源丰富，性能优良著名，如图 2-40 所示。

图 2-40　纤维素醚

2.6.5.1　纤维素醚的化学结构与分类

纤维素醚的性质还取决于取代基的种类、数量和分布。经常用取代度或摩尔取代度来表示每个葡萄糖残基上取代基的数量，系醚化反应程度。由于每个葡萄糖残基上只有三个自由羟基可供发生取代反应，所以取代度最大值为 3，一般在 0 到 3 之间。对于本身带有能继续反应形成侧基的取代基，例如羟烷基取代基，此时用摩尔取代度来表示醚化反应程度，定义为平均每一个葡萄糖残基上所结合的取代试剂的物质的量。

2.6.5.2　纤维素醚在水泥基水磨石中的应用

纤维素醚在水泥基水磨石和砂浆以及抹灰灰浆中获得了广泛的应用。它用于水泥瓷砖胶黏剂以及抹灰灰浆，能提高保水性，避免砂浆中的水被基材过快吸收，使水泥有足够的水进行水化，砂浆的保水性随纤维素醚的掺量增加而提高。纤维素醚还可以提高灰浆的可塑性，改善流变性能，可以延长开放时间。

当纤维素醚应用在水磨石中时，具有有效减少水分流失的特性，具有增稠和增强黏结力的性能。可以提高溶液的悬浮稳定性，润滑特性能改善施工性，提高水泥基水磨石产品的加工性能和成型性能。

纤维素醚在水磨石浆体中的作用机理如下：

① 水泥基水磨石浆内的纤维素醚在水中溶解后，由于表面活性作用保证了胶凝材料在体系中有效地均匀分布，而纤维素醚作为一种保护胶体，“包裹”住固体颗粒，并在其外表面形成一层润滑膜，使砂浆体系更稳定，也提高了水磨石浆在搅拌过程的流动性和施工的滑爽性。

② 纤维素醚溶液由于自身分子结构特点，使水磨石浆中的水分不易失去，并在较长的一段时间内逐步释放，赋予砂浆良好的保水性和工作性。

2.6.6 纤维

2.6.6.1 纤维的类别和性能

通常使用到的纤维有钢纤维、玻璃纤维、耐碱玻璃纤维、聚丙烯纤维、聚丙烯腈纤维、聚酯纤维、聚乙烯醇纤维、聚甲醛纤维、碳纤维、尼纶纤维、木纤维，如图 2-41 所示。

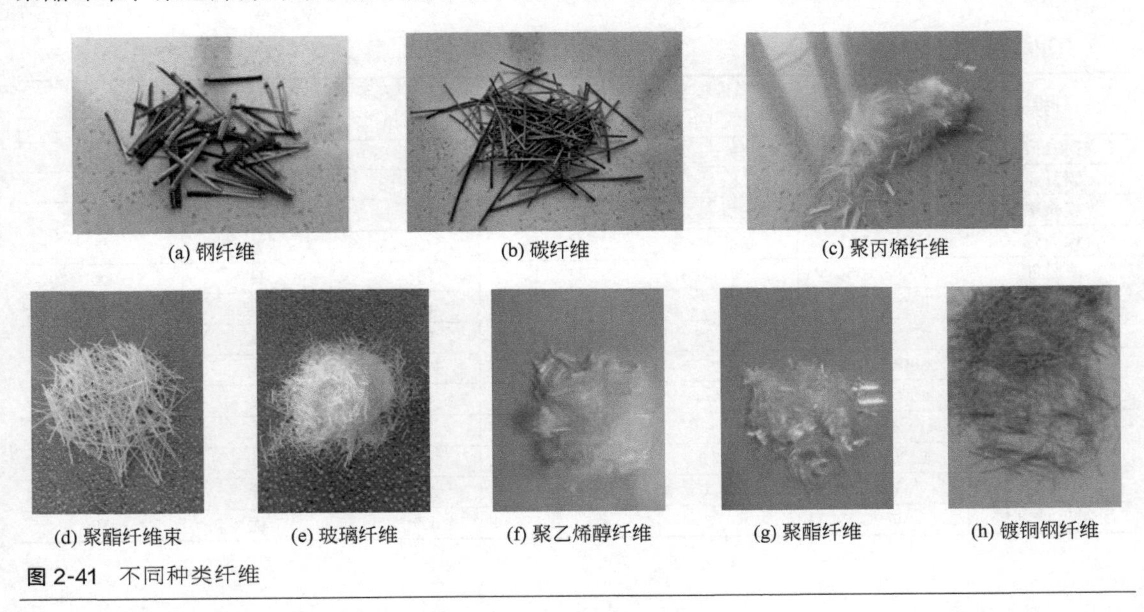

(a) 钢纤维　(b) 碳纤维　(c) 聚丙烯纤维

(d) 聚酯纤维束　(e) 玻璃纤维　(f) 聚乙烯醇纤维　(g) 聚酯纤维　(h) 镀铜钢纤维

图 2-41 不同种类纤维

钢纤维根据造型及材质又分为波浪铣削型钢纤维、镀铜微丝钢纤维、端钩型钢纤维、哑铃型钢纤维。

耐碱玻璃纤维成分中添加 16%以上的 ZrO_2，具有非常好的耐碱性，从而提高水泥制品的耐久性能。衡量纤维耐碱性的重要方式是纤维在一定碱性环境下保持一定时间后其质量保留率或者强度保留率。

2.6.6.2 纤维在水磨石中的应用

纤维在水磨石中的应用是有选择性的。首先要考虑纤维在水磨石中所起的作用以及对水磨石的外观是否有影响。其次，是纤维在水磨石拌和料中的掺量、掺入方式。最后要确定纤维在水磨石中充分发挥作用要做的辅助工作。纤维与水泥基水磨石的良好接触非常重要，下面列举几种纤维表面处理方法。

① 多孔化处理。处理方法是纤维表面粗糙多孔，增加了表面积，从而增加了纤维与水泥基体间的界面作用力。

② 表面活性剂处理。处理工艺提高了纤维的表面润湿性能，从而提高了纤维与基体的相容性。

③ 氧氟处理。在室温下，用氟和氧的混合气体处理纤维，这样能使纤维表面粗糙，并且增加了纤维表面碳基的含量，从而使界面间的作用力增强。对以上处理的纤维增强混凝土的性能测试结果表明，纤维的化学处理提高了纤维与基体间的界面作用力，从而提高了纤维的增强效果。

④ 机械处理。将纤维表面用粗糙的砂纸摩擦，增加纤维表面积和表面粗糙度，并在纤维表面产生微纤，增加了纤维与基体间的界面黏结力，从而达到提高纤维增强效果的目的。

常用纤维材料性能见表 2-19。

⊡ 表 2-19 常用纤维材料性能

纤维	拉伸（抗拉）强度/MPa	弹性模量/GPa	抗拉应变/%（最大～最小）	纤维直径/μm	与基体黏合性能	抗碱性能
石棉纤维	600～3600	69～150	0.3～0.1	0.02～30	优	优
碳纤维	590～4800	28～520	2～<1	7～18	差～良	优
芳族聚酰胺	2700	62～130	4～3	11～12	一般	良
聚丙烯	200～700	0.5～9.8	15～10	10～150	差	优
聚酰胺	700～1000	3.9～6	15～10	10～50	良	无
聚酯纤维	800～1300	≥15	20～8	10～50	一般	无
人造纤维	450～1100	≥11	15～7	10～50	良	一般
聚乙烯醇	800～1000	29～40	10～6	14～600	优	良
聚丙烯腈	850～1000	17～18	9	19	良	良
聚乙烯	400	2～4	400～100	40	良	优
碳钢	1200～500	210	5～0.5	5～1000	良	优
不锈钢	3000	200	2～1	50～85	优	优
耐碱玻璃纤维	1700	72	2	12～20	优	良

2.7 其他水磨石外加剂

2.7.1 流平剂

在树脂水磨石的表面罩面施工过程中，刚刚施工完成的涂膜经常是不平整的，需要后期的流动才能够达到一个比较理想的流平效果。流平剂就是帮助涂膜流动获得一个良好的表面效果的助剂。

(1) 有机硅流平剂的性能　目前在涂料工业中使用的有机硅流平剂都是各种不同的改性硅

油，其中品种数目最多的是聚醚改性硅油，通过选择合适的参数可以得到性能变化丰富的有机硅流平剂产品。从使用性的角度看，有机硅流平剂主要有以下几个方面的使用性能：流平性、流平速度、润湿能力、重涂性、相容性、滑度、低稳泡性、抗缩孔性以及防粘连性等。

（2）非硅流平剂的性能　绝大多数的非硅流平剂都是基于丙烯酸酯结构的，通过结构当中不同极性的丙烯酸酯单体的选择以及分子量的控制，可以得到性能覆盖流平到消泡的整个系列的各种不同的产品，而丙烯酸酯流平消泡助剂与常规的丙烯酸酯树脂的区别，也在于单体的选择和分子量的控制上。

2.7.2　消泡剂

在水磨石施工中所用树脂材料中，气泡问题通常是不利的因素，需要加以消除。通常树脂中的气泡来源有：树脂中的颜填料中所吸附的空气、涂膜固化的副反应产生的反应泡、树脂的生产与施工过程中带入的机械泡、多孔底材中所吸附的空气、在施工过程中被释放所带来的气泡。

2.7.2.1　溶剂型体系的消泡剂

通常用于涂料体系的有机硅消泡剂都是一些改性的有机硅化合物，由于有机硅链段的低表面张力以及不相容的特点，有机硅消泡剂通常具有比非硅消泡剂更高的效率，可以在较低的添加量下起作用。在达到足够的消泡效果时的添加量，往往还不足以引起体系透明度的明显变化，故有机硅消泡剂经常被广泛使用在高透明体系的面漆并保持良好的消泡效果。同样是由于有机硅消泡剂的低表面张力，在涂料系统中，与体系不相容，并且具备极低表面张力的物质，往往是引起涂膜弊病的主要原因，故对有机硅消泡剂的使用，其使用安全性（如缩孔倾向、对重涂的影响等）的问题常常是需要特别关注的。

2.7.2.2　水性体系的消泡剂

水磨石制作过程中常常用到水性罩面材料和水性胶黏材料。由于水性材料配方当中含有大量的表面活性剂，故稳泡的问题比溶剂型涂料体系更加严重，从而对消泡剂的要求也越来越高。与溶剂型涂料体系一样，水性涂料体系的消泡剂从化学成分的角度，分为有机硅和非有机硅两大类。

2.7.3　分散剂

在水磨石生产中，颜料越来越多的应用到水磨石工业当中会赋予所做产品更好的表观效果。与染料不同，颜料通常不溶于所使用的介质，大多数情况下都是以聚集体的方式存在的，所以最终大多被制备成稳定的悬浮液的形式使用，这其中大多会涉及颜料分散的问题。并且颜料所能表现出来性能也和它的被分散的程度密切相关，颜料被分散得越细就越能够展现出其出色的着色力、遮盖力、色度等方面的性能。

2.7.3.1　分散剂的分类

高分子型分散剂的分类方法多样，常见的三种分类方法有：按照锚固基团的种类来分、按照溶剂化链段的极性来分、按照锚固基团与溶剂化链段的连接方式来分。

（1）按照锚固基团的种类来分　一般分三类：第一，酸性锚固基团（如羧基，磷酸酯基团等），一般来说，酸性锚固基团比较适合分散无机颜填料；第二，中性锚固基团，主要是各类芳香环（比如苯环，萘环等），由于许多有机颜料与炭黑都有大平面结构的发色单元，这些大平面结构与芳香环之间可以通过大 π 键形成相互吸引，通过这种方式，达到锚固基团对颜料的吸引；第三，碱性锚固基团，主要是各种胺类基团以及杂环化合物等，也包括各类季铵盐。

（2）按照溶剂化链段的极性来分　按照使用极性来分，主要也是分为三类。第一是低极性体系，通常是指极性在脂肪烃与二甲苯之间的体系，主要以脂肪烃类溶剂为主；第二是中等极性体系，溶剂型涂料基本上都属于中等极性的范围，极性的基本范围是从二甲苯到醇醚类溶剂之间；第三是高极性体系，主要是醇溶性体系与水溶性体系为主，随着现代环保涂料的发展，高极性涂料体系在涂料中所占的比例越来越高。每一个极性范围的涂料，要达到最好的效果，都要求有相应极性的分散剂与之相匹配，分散剂只有被用在极性范围匹配的体系里面才能够展现出最好的性能。

2.7.3.2　水磨石中分散剂的选择

对于水磨石树脂的应用体系，在作分散剂的选择与配方确定工作的时候，一般遵循如下顺序：

第一，首先要确定对应水磨石树脂体系所处的极性范围来选择相应的极性匹配的分散剂。

第二，根据所要颜料的种类并结合第一条确定合适的分散剂。

第三，确定分散剂的大概用量，一般来说，配方中分散剂的饱和添加用量是根据所使用颜料的比表面积来计算的。通常配方中分散剂在达到饱和添加量时来确定使用比例。饱和使用量的物理意义是在达到饱和使用量的时候，分散剂理论上达到了对颜料粒子的完全包裹。

2.7.4　附着力增进剂

随着水磨石行业的发展，骨料的种类越来越多样化，随之而来由于树脂与骨料的亲和力较弱所引起的附着力问题也变得越来越多，特别是对于一些低极性、低表面张力或者高结晶性的高分子骨料，比如聚烯烃，或表面很光亮的骨料等。提高附着力的方法，常规的主要有对底材进行表面处理，或者添加附着力促进剂。

按照附着力促进剂与树脂或者骨料锚定方式的不同，附着力促进剂可以归纳为有以下四种作用方式：与树脂及骨料化学锚定；与树脂化学锚定，与骨料物理缠绕；与树脂物理缠绕，与骨料化学锚定；与树脂及骨料物理缠绕。

（1）硅烷偶联剂类　硅烷偶联剂类主要用于对玻璃以及陶瓷等底材的附着，其作用原理是主要通过硅烷基的水解产生硅羟基，相应的硅羟基与底材上面残余的羟基进行缩合反应，从而使偶联剂分子与底材达到化学锚定。同时，硅烷偶联剂中所带的有机基团会和相应的涂料体系发生化学反应，最后达到提高树脂与骨料的附着力的效果。

（2）有机钛类　有机钛类附着力促进剂的作用原理与硅烷偶联剂类似，只是其产生活性官能团的方式与硅烷偶联剂类有所区别，通常有机钛类附着力促进剂是一种有机钛的螯合物，螯合物会发生分解，从而产生活性基团，所产生的活性基团分别与底材以及树脂体系发生反应，最后达到促进树脂与骨料附着力提高的效果。

（3）聚酯类　聚酯类附着力促进剂，通常用于对金属底材的附着，由于聚酯中带有的羧基可以和金属底材产生氢键，故有很好的锚固效果。另外，根据所应用的树脂体系的不同，聚酯类附着力促进剂有许多品种，用于自干型树脂体系，需要聚酯树脂有较长的分子链段，以便于漆膜树脂产生缠绕。

（4）附着力促进剂的选择　由于附着力促进剂通过增加树脂与底材之间的相互作用力来达到增加附着力的作用。通常附着力促进剂的选择，需要同时考虑树脂体系和底材两个因素。只有能够同时与底材和树脂都产生相互作用力的助剂，才是适于该体系的附着力促进剂。

2.7.5　再生骨料表面处理剂

再生骨料表面处理剂是通过采用成膜性良好的聚乙烯醇高分子溶液和硅酸钠、氟硅酸无机物溶液的优化复合使骨料表面形成机械性能韧性和防水性均优良的有机无机复合膜，显著降低了骨料的吸水率。利用聚乙烯醇在常温下溶解性很低的优点，在混合混凝土时有效降低有机无机复合膜的溶解速率，使骨料在预拌及施工过程中保持较低的吸水率，利用硅酸钠和氟硅酸钠溶液对骨料空隙和微裂纹进行有效的填充，明显提高骨料的强度。骨料经处理后配制混凝土时，表面膜状的硅酸钠和氟硅酸钠与水泥水化产生的氢氧化钙发生反应，生成硅酸钙和氟硅酸钙，可以显著改善混凝土过渡区的强度，增加骨料与水泥石之间的胶接性能。

水磨石的外加剂的作用是较大的。它能提高或改善水磨石的质量，如增加和易性，提高强度，增加耐久性、密实性，提高抗冻性、抗渗性等，能改善施工条件，减轻劳动强度，有利于机械化施工，能提高工程质量，能减少或缩短养护时间。只要选用合适的外加剂，再配以相应的技术措施，外加剂能在水磨石中发挥很好的技术和经济效益。

2.8 水

在水泥基水磨石的成型和施工过程中，水是一种活跃的因素，水泥基水磨石混合物在搅拌过程中，加水量一般为水泥质量的30%～40%。这些水，一部分是为了保证水泥水化过程的进行；一部分是为了使混合物具有足够的流动性，以便于成型和施工。

这里值得强调的是，不得使用富有有机杂质的沼泽水，含有腐殖酸和其他酸盐的生活污水和工业废水。这些水中盐类的总含量超过5000mg/L，或硫酸盐含量超过2700mg/L，以及pH＜4。这些都会严重影响水磨石的质量。

第3章 水磨石的设计

建筑物使用水磨石，都有它的基本规律，都有它的特点，例如图案的对称性、图案重复出现的节奏性、某些交接部位结构优化方法等。因此，在进行水磨石设计前，必须尽可能多地了解工程的基本情况，如工程的用途、甲方的要求、水磨石制品相邻部位使用材料的组成及其材质、颜色装饰效果、施工条件等。了解了这些基本情况，对于花色的选择、分格的方法、规格大小的确定，都是非常必要的。水磨石企业的工艺技术条件和管理水平，也是产品设计前，必须考虑的因素。

水磨石设计包括水磨石的规格和结构的设计、水磨石的配合比设计、水磨石产品的加工安装设计，如图 3-1 所示。

水磨石设计
- 水磨石的规格和结构的设计
- 水磨石的配合比设计
- 水磨石产品的加工安装设计

图 3-1　水磨石的设计

水磨石产品设计是根据水磨石的使用场所确定水磨石采用何种规格，何种结构，何种材料的一种综合设计。本章从三方面介绍水磨石的设计：其一是水磨石的规格和结构设计，包括现场制作和工厂预制，现制水磨石有结构设计，指现制水磨石所用材料，采用几种工序，达到何种效果，而预制水磨石根据生产方法不同有不同的规格设计，生产方法有平板法、荒料法和挤出法；其二是水磨石配合比的设计，包括水磨石配合比设计原理、水磨石配合比设计方法、水磨石配合比设计种类；其三是水磨石产品的加工安装设计。

水磨石设计，是整个空间乃至建筑的重要组成部分，是采用整体还是块状，暗示着对称与均衡。通过尺寸、形状或者位置与组织布局中其他形式或空间的对比，可表明某个形式和空间的重要性及特殊意义。好的设计能够营造出很好的体验感和创造美好的气氛，规格结构的设计、花色质感的设计、材质本身的设计，都是体现建筑价值的重要影响因素。水磨石的设计，是建立在生产与应用中间的一个重要桥梁，只有很好的设计，才能够让水磨石满足它广阔的使用空间。

水磨石规格和结构的设计的秩序原理是采用轴线对称和平衡的排列方式，可以是一条直线，也可以围绕某个圆心进行均衡的分布。一方面通过流线形的多曲面或者弧形，来改变空间沉寂的气氛；另一方面通过分割条、柱子等不同部位，使用不同规格和结构的水磨石产品来满足使用者的要求。

3.1 水磨石的规格和结构的设计

水磨石产品有多种生产方式，有多种材料可以进行搭配，也产生了多种的产品规格和结构。根据水磨石在建筑物不同装饰部位，达到不同的装饰效果，对水磨石产品的规格和结构的要求就不一样。根据生产工艺和胶结材料的不同，把水磨石装饰面按照整体的、块状的，或异形的办法分割开来，来确定是现场整体摊铺，还是采用预制板材，或者使用荒料进行切割加工。

水磨石现制结构和预制规格的设计原则：

第一，按照设计师的理念最大限度地满足设计师对建筑物的整体设计要求。进而确定采用哪种生产方式，采用哪种胶结材料以获得最佳的性能和装饰效果。

第二，是采用现场摊铺成型，还是工厂预制；是采用平板块状，还是异形构造产品的形状。规格必须具有工艺性，既要符合生产操作要求，又要确保装修质量。

第三，由于胶结材料的不同，产品的重量不同，强度不同，在不同条件下的变形不同。要使产品结构力求合理，提高强度，减轻重量。节约材料，降低成本。

第四，所加工的产品规格尺寸要求符合建筑物的整体化设计，对大面积无缝的使用区域、块状铺贴、大板干挂、异形连接等要符合所用材料及加工方法的要求。

第五，还要充分考虑建筑施工装修误差较大这个特点，既要同连接部位、其他制品配合得当，又要确保局部装饰效果。

3.1.1 现制水磨石的结构设计

（1）现制水磨石种类和性能　现场制作水磨石以环氧树脂水磨石和水泥基水磨石为主，如图 3-2 所示。环氧树脂水磨石色彩鲜艳，交接方便处理，固化快，施工效率高，强度高，耐腐蚀，图案造型方便，能够发挥设计师的想象空间。环氧树脂水磨石的缺点是，受热受力易变形，户外耐候性差，耐火性不如水泥基水磨石。现制水泥基水磨石的特点有高温尺寸稳定性好，耐候性好，不燃，抗压强度高；缺点有易开裂，色彩不够艳丽，施工周期较长。

（2）现制水磨石的施工工艺要求　现场施工需要具备一定的条件：

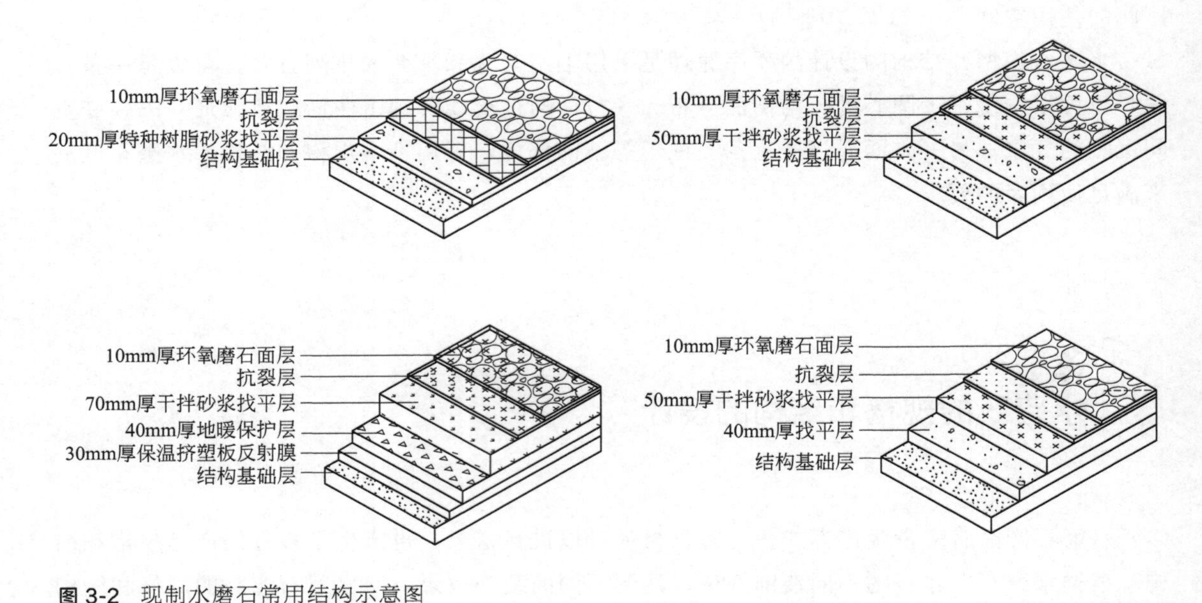

图 3-2 现制水磨石常用结构示意图

其一，需要一定空间，太小的区域不能进行施工，因为太小设备无法使用。

其二，需要一定的配套设施，如水、电、搅拌、磨抛、摊铺等的配套。

其三，需要能够足够完成施工的人员，管理项目的人员。

其四，需要相应的技术资料。

其五，需要能满足要求的水磨石材料，需要一定的时间来完成。

（3）现制水磨石设计需要注意的事项

① 现制水磨石设计要考虑建筑物设计区域能够接受的消耗资源成本。

② 现制水磨石要考虑到建筑物设计区域能够接受的项目的周期，包括开工时间和竣工时间。

③ 必须有明确的设计区域的空间要求，能够满足施工时各设备的进出、使用及产生相关的副作用，如粉尘、噪声、排水、照明等。

④ 所完成的产品要具有特定的外观装饰效果。

⑤ 现制水磨石设计要考虑产品最终使用要求，要达到相应的功能要求。

⑥ 是选用现制水泥基水磨石还是选用现制环氧水磨石必须清楚各自的优缺点。

3.1.2 预制水磨石的规格设计

1）压板法水磨石的设计

压板法水磨石是工厂预制水磨石的一种。需要经过机械设备在工厂生产线统一生产来完成，预制好的水磨石板材通过加工满足施工要求，需要时直接铺装。为了达到各种装饰效果的要求，需采用不同规格的骨料。由于骨料规格不同，对产品规格结构的影响主要是水磨石磨削量和厚度。磨削量不足，出石率下降，装饰效果达不到要求；磨削量过大，除影响加工效率外，还容易造成厚度偏低的缺陷。应控制好不同规格的骨料对水磨石厚度的影响和最佳磨削量。

目前压板法水磨石按胶结材料常分两大类，包括水泥基压板法水磨石和不饱和聚酯树脂压板法水磨石。

① 水泥基压板法水磨石。水泥基压板法水磨石是用水泥作胶结材料。它的设计抗折强度一般为12～25MPa。用水泥胶结材料制作的水磨石坯体，预养后的初始结构强度一般较低，刚刚压制成型的湿坯体的初始结构强度就更低了。在压制成型工艺中应用真空脱水技术，在有图案造型的水磨石生产中，这种工艺大大地提高坯体的密实度和湿坯的初始强度，可以生产厚度较薄的符合质量的薄坯体。

用旋转压机进行压制的，以400mm×400mm、600mm×600mm、800mm×800mm，厚度以30～50mm规格为主，主要应用在户外铺路、广场砖。这种生产方式节约空间，振动时间可调幅度大，安全可靠，可全自动也可部分人工，生产效率高，一分钟出4～6张板。目前最大尺寸能做到600mm×1200mm。

用两工位压滤机压制的，以600mm×600mm、600mm×1200mm、800mm×1600mm，厚度在20～30mm规格为主。主要应用在室内室外地面、窗台、门框。这种生产方式是目前使用最多的，传统水磨石的加工都是采用两工位压滤机衍生而来。无论是单层砖还是双层砖，都是采用这种设备。它投资少，生产灵活度高，由最早的制砖机、制瓦机改进而来。随着设备的改进、参数性能的提高，也能够作出性能优良的产品。

用百利通公司生产的水泥基压板设备为代表的新一代水泥基压板线，通过真空振动加压工艺制作水磨石，规格以1600mm×3200mm，厚度为12mm～25mm的规格为主。以墙面装饰，地面铺贴，平面加工为主。对产品规格设计适应性大，没有多大限制，几乎各种规格产品均可生产。这种生产设备是目前板材压制先进的设备，也是很多企业效仿的对象。基于先进的工艺与良好的配方，可制成高性能、大规格的板材。它的适用性也很广，是将来一段时间内无机水磨石的主流生产方式和产品指标。

② 不饱和聚酯树脂压板法水磨石。以具有真空振动加压工艺为主的生产工艺在国内应用较多，且相对成熟。可用不饱和聚酯树脂等做胶结材料，也有用环氧树脂作为胶结材料的。这种水磨石抗折强度可达到35MPa左右，以800mm×2400mm，厚度12～25mm的规格为主。它对产品规格设计适应性大，没有多大限制，几乎各种规格产品均可生产，应用以台面板、橱柜为主。

2）荒料法水磨石的设计

荒料法水磨石目前以不饱和聚酯树脂材料压制较多。它也叫人造岗石，可根据花色要求确定骨料颜色、大小、材质。荒料法水磨石的底色，可根据板材的规格尺寸、使用场所及要求的板材性能参数，确定压制荒料材料配方、生产工艺、模具尺寸、生产过程中的技术参数。这些都是压制荒料水磨石需要设计的一部分。这种生产方式国内相对比较成熟。

水泥基压制荒料方法，它同树脂性荒料水磨石的设计有所不同，特别是生产工艺、性能参数、工艺参数、养护方式方法都有所不同，这源于树脂与水泥性能的巨大差异。然而根据花色要求确定骨料颜色、大小、材质，确定压制荒料水磨石的底色，则相似度很高。而根据板材的规格尺寸、使用场所及要求的板材性能参数，确定压制荒料材料配方、生产工艺、模具尺寸、生产过程中的技术参数。这些指标则与压制荒料水磨石完全不同，需要根据专业的知识和经验才能达到理想效果，目前该法在国内仍然处于发展的前期。

3.2 水磨石配合比设计

水磨石配合比设计，主要有水磨石配合比设计原理、水磨石配合比设计方法、水磨石配合比设计的种类。水磨石配合比设计的种类分为普通水泥基水磨石配合比设计、超高性能水泥基水磨石配合比设计、树脂基水磨石的配合比设计。其设计过程是首先是体现装饰意图的花色品种设计，然后是根据给定的组合骨料进行配合比的设计计算。

3.2.1 水磨石配合比设计的原理

1）水磨石颗粒填充密实理论

颗粒填充密实理论分四点进行说明：其一，颗粒的不同密度；其二，颗粒的填充性；其三，颗粒层的填充结构；其四，密实堆积。

（1）密度　由于颗粒内部和颗粒间存在空隙，颗粒的体积具有不同的含义。颗粒的密度，根据所指体积的不同，分为真密度、颗粒密度、松密度三种。真密度是指颗粒质量除以不包括颗粒内外空隙的体积求得的密度。颗粒密度是指粉体质量除以包括开口细孔与封闭细孔在内的颗粒体积所求得的密度。松密度是指颗粒质量除以该颗粒所占容器的体积求得的密度，也称为堆密度。振实密度是填充粉体颗粒时，经一定规律振动或轻敲后测得的密度。如果颗粒致密，无细孔和孔洞，则真密度与颗粒密度相等。一般情况下，真密度＞颗粒密度＞振实密度＞松密度。

（2）颗粒的填充性　颗粒的填充性是粉体集合体的基本性质，如图 3-3 所示，在粉体颗粒的填充过程中具有重要意义。填充性可用松比容、松密度、孔隙率、孔隙比、充填率和配位数来表示。孔隙率是粉体层中空隙所占有的比例，有粒子内孔隙率和粒子间孔隙率及总孔隙率。

压缩度等于最紧密度减去最松密度的差与最紧密度的比值的百分数。压缩度是粉体颗粒流动性的重要指标，其大小反映粉体的凝聚性及松软状态。压缩度 20％以下流动性较好，压缩度增大时，流动性下降。

（3）颗粒层的填充结构　颗粒的装填方式会影响粉体的体积与孔隙率。粒子的排列方式中，最简单的模型是大小相等的球形粒子的充填方式。球形颗粒规则排列时，最少接触点有 6 个，其孔隙率最大（47.6％）；最多接触点 12 个，其孔隙率最小（26％）。

球粒的规则排列主要有正方形排列层和单斜方形排列层或六方形排列层。不同的排列，出现不同的孔隙率、配位数等。孔隙率有最大值，也有最小值，但是最密排列是唯一的。

配位数是某一个颗粒接触的颗粒个数。粉体层中各个颗粒有着不同的配位数，用分布来表示具有某一配位数的颗粒比率时，该分布称为配位数分布。

孔隙率比较大时，配位数分布接近正态分布，随着孔隙率减小，趋近于最密填充状态的配位数。孔隙率0.38和0.4时的配位数为8～10。颗粒粒径越小，配位数越大，孔隙率越小，填充率越大。大小颗粒比例不同，填充率有变化，且会出现最大值。

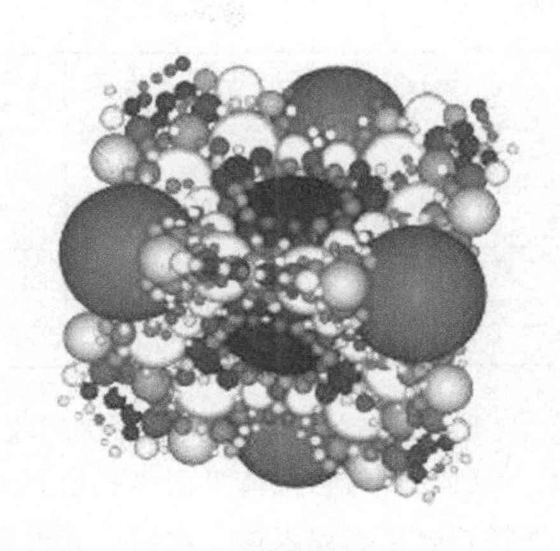

图 3-3　粉体颗粒填充模型

（4）密实堆积　假设基本的均一球——1次球（半径 r），填入四角孔的最大球——2次球（半径 $0.414r$），填入三角孔的最大球——3次球（半径0.225r），最后再填入更小的4次球（$0.177r$）及5次球（$0.116r$），最后得到菱面体形排列的所谓最密堆积——密实堆积。如果有更小的球体可以填充大球体之间的空间，系统的堆积密度就会增加。将尺寸比为3.5∶1的球体混合，单个填充密度为0.63，可以将填充密度提高到0.70。为了获得大晶粒之间的空隙，小晶粒的直径必须等于大晶粒直径的15.4%（粒度比6.5∶1）。增加可用的大小类的数量，可实现的填充密度会增加。在体积为6∶10∶23∶0.61的情况下，以1∶7∶38∶316为尺寸比的4种尺寸级混合，理论填料密度为0.975。然而，这些都是纯粹的理论数值。在实际使用过程中，可通过筛分来确定粒径，可通过一定比例含量确定粒径的最大值和最小值，来计算某一粒径颗粒的用量，即占有比例，如下式：

$$A=(D^q-D_s^q)/(D_L^q-D_s^q)$$

式中　A——某一粒径的占有比例；

D——某一骨料中粉粒的粒径；

D_L——体系骨料的最大粒径；

D_s——体系骨料的最小粒径；

q——经验常数，一般取值1/4～1/2，与体系骨料的最大粒径的分布有关。

如表3-1所示为不同密实度的填料的相关产品性能。

表 3-1　相关产品性能与孔隙率的关系

水泥基材料	普通混凝土 NC C35	高性能混凝土 HPC C100	超高性能混凝土 UHPC C200	活性粉末混凝土 RPC C500
W/C(水灰比)	0.5	0.33	0.24	0.17(初始)、0.14(加压后)
W/C(水胶比)	0.5	0.30	0.18	0.14(初始)、0.11(加压后)

续表

水泥基材料	普通混凝土 NC C35	高性能混凝土 HPC C100	超高性能混凝土 UHPC C200	活性粉末混凝土 RPC C500
28d抗压强度/MPa	40(ϕ150mm×300mm试件)	109(ϕ150mm×300mm试件)	162(20℃养护)，213(90℃养护2d)(ϕ150mm×300mm试件)	487(加压成型、250℃养护7d)(ϕ150mm×300mm试件)
密度/(g/cm^3)	2.36	2.48	2.39	2.76
总孔隙率%	15.0	8.3	6.0	2.0
毛细孔率/%	8.3	5.2	1.5～1.8	0.8

2）水磨石体系多孔界面层的改善

（1）骨料与浆体界面多孔的原因　水泥基水磨石拌和料通常被认为是一个两相体系，即骨料和硬化水泥浆体。然而，靠近骨料颗粒的水泥浆体的性能与浆体的其余部分不同。由于堆积现象，在骨料的周围存在一层多孔的弱水泥浆体层，即所谓的界面过渡区。其不仅具有较高的孔隙率和较低的强度，而且钙矾石和大型波兰石晶体的数量也增加了。过渡界面形成的原因在于水泥颗粒不能正确地包裹在骨料颗粒周围，从而导致水泥颗粒层密度较低，这通常被称为壁效应。据推测，大量的铜矾石和钙矾石沉淀在这层密度较低的水泥颗粒中，特别是粗磨水泥。高水灰比和增塑剂用量过大，在粗集料颗粒下会有水的堆积，这主要是由水和水泥的密度差异造成的，两个相邻骨料粒之间会出现两壁效应。水可能会进入颗粒之间的区域，对于水泥颗粒要进入该区域有困难。从三维角度来看这一现象，很明显这是一种过滤效应，这是导致界面多孔的主要原因。

（2）多孔界面的危害及改善措施　骨料团聚体周围界面的形成对拌和料性能有一些不利影响。由于其多孔结构，混凝土的抗拉和抗压强度降低。当界面较大时，硫酸盐侵蚀、氯化物进入和碱氧化硅反应等几个恶化过程会加速，这主要是由于通过多孔界面增强了水的输送。

特别是比水泥细的填料，对浆体的颗粒充填和稳定性有积极的影响。细小的填充颗粒可以封住浆体中的空隙，并作为水化产物的沉淀场所，从而加强浆体。填料能改善新拌和料的流变性，减少微泌水；为了使细颗粒充分分散，通常需要添加有效的增塑剂。较大的骨料颗粒被较小的颗粒分开，过滤效应降低。通过添加比水泥更细的超细填料颗粒，可很好地改善界面性能。

3）水磨石的强度影响因素

（1）水泥基水磨石的内部结构对强度的影响　水泥基水磨石的抗压强度在很大程度上取决于拌和料的孔隙率。孔隙率与拌和料的水胶比密切相关。任何降低拌和料水胶比的措施通常也能提高水磨石的抗压强度。

（2）水溶性聚合物对水泥基水磨石内部孔隙的改善　大量水溶性聚合物（聚丙烯酰胺，聚乙烯醋酸酯，羟丙基甲基纤维素等）和少量水在一个高剪切混合器中进行混合。这种混合物非常黏稠，在硬化过程开始时，聚合物链会附着在水泥颗粒上。接下来，水化产物在聚合物链上或通过聚合物链生长。随着水化过程的进行，有限的水供应被耗尽，聚合物脱水。因此，聚合物对系统产生收缩力，使整个体系收缩。收缩的强度足以将体系的孔隙率降低到大约1%。通过引入不同种类的填料和（或）纤维，可以满足所需的材料性能，以达到满意的抗折强度或抗压强度。

通过降低骨料尺寸到1mm以下，提高浆体的力学性能和减少界面过渡区，可以提高拌和料的均匀性。通过不同的方法提高了混合物的压实密度。细硅砂、水泥、石英粉和硅灰的颗粒混合物是由许多颗粒级配结合而成的，每个颗粒级配都有一个紧密的颗粒范围。混合物中含水量由理论需水量和实际需水量确定，共同构成最高的压实密度。通过对新鲜混合物施加压力，可以显著减少被截留的空气。采用超细填料和有效填料对拌和料进行改性可实现微结构致密。

4）水泥基水磨石配合比设计要素

水泥基水磨石配合比的设计任务，在于完成产品花色品种设计给定的组合骨料的条件下，确定水泥基水磨石各组成材料的用量，以制备满足产品技术性能和成型工艺要求的水磨石。配合比设计关系到水磨石的质量，因此，水泥基水磨石配合比设计，具体应达到以下几点要求。其一，产品设计、抗折强度要满足要求；其二，产品以质量计的吸水率要达到要求；其三，水磨石压力制坯成型工艺，要求的水磨石混合料和易性、工作度指标应满足要求；其四，在满足上述各项要求的前提下，应尽量降低水泥用量。

水泥基水磨石是水泥制品的一种，它是一种建筑装饰用的特种混凝土。它的混凝土配合比设计原理，仍是较为传统的，常用绝对密实体积法。此法的基本原理为，成型后的水磨石被水泥、水、粉料和组合骨料所填满，在这四种材料之间无孔隙，是绝对密实的。决定配合比设计的三个相互关系问题为水灰比、粉料掺加量和灰石比。

① 水灰比。水灰比是水泥基水磨石中水与水泥用量的比值。

高标号水泥粘接力大，含水量多的水泥浆粘接力小。当其他条件相同时，水泥标号越高，混凝土强度越高；水灰比越大，混凝土强度越低，反之即得相反的效果。在建筑施工用的普通混凝土中，水灰比的设计常用保罗米公式计算。但在水磨石中，由于有其不同于普通混凝土的特殊要求，不能应用此公式进行计算。

水泥基水磨石属于干硬性混凝土。由于混凝土加压成型，因此，对水灰比有特殊的要求，在设计混凝土的水灰比时，必须赋予新的内容，并建立不同于计算普通混凝土的计算方法。

水泥基水磨石混合料需有一定的工作度，以保证在自动连续拌和、计量、喂料、入模后，能在一定的时间内振动摊平，流满模具边角。振动密实后拌和料受压成型时，能将多余水分通过压滤负压排出，受压成型后，坯体能立即脱模。

水泥基水磨石的水灰比实际上有两个水灰比，一个是实际水灰比，另一个是施工水灰比。实际水灰比是保证混凝土成型后，具有最佳质量时所需要的水量。这个水量随水泥品种以及每批水泥的细度成分的不同而发生变化，同其他材料无关。对水泥浆体而言，这个最佳水量实际上近似等于国家标准规定的标准稠度需水量，应靠实测确定。阿尔博525号白水泥标准稠度一般在0.20～0.25，这就是混凝土的实际水灰比。它是混凝土配合比设计计算时的指标，故也可称为设计水灰比。

施工水灰比是控制水磨石组合料拌和时的加水量，保证使拌和后混凝土具有足够的和易性，以达到成型工艺对工作度指标的要求。这个水灰比越小越好，它一般在0.25～0.35。如果过多超过混凝土总用水量时，会影响坯体质量。

② 粉料掺加量。粉料的掺加量是水磨石中粉料用量占水泥用量的比例。水磨石中粉料掺加量应根据以下三个方面进行调整变化。

当水泥标号不同时，对标号高的水泥，粉料的掺加量应相应的提高；在密实体积的要求下，通过粉料的粒径和用量的多少，力求水磨石组合料体积更密实；根据不同粉料自身的性质，在水泥水化过程的协同作用以及对水泥水化进程的调整，来确定不同粉料的添加量。

当粉料自身颗粒级配发生变化时，粉料的掺加量也应适当变化。粗颗粒含量增多，即比表面积减少时，掺加量要相应提高，反之应降低，以其改变骨料与浆体界面的密实度。

③ 灰石比。水泥基水磨石是由浆体与组合骨料胶结构成的凝聚体，其中组合骨料是水磨石的主体。浆体包裹骨料，并填充其空隙形成水泥石。灰石比指的就是水泥石与组合骨料的体积比。最佳灰石比同组合骨料的大小颗粒含量，颗粒外形及其表面状况有关。要求所选定的灰石比应使组合骨料在水磨石中组成空隙率最小的集合体为佳。水泥基水磨石中组合骨料的用量为组合骨料在混凝土中密实程度的松散系数乘以经测出的组合骨料最密实容重之积。松散系数一般根据经验确定。

在确定水灰比和粉料掺和量之后，用数学上的分配系数法，可以很快地求出水泥用量。根据本节阐述的三种关系，建立水泥基水磨石具体设计计算步骤，就可计算出四种材料用量，以及同水泥用量的比例关系，这就是水泥基水磨石的配合比。

3.2.2 水磨石配合比设计的方法

1）花色品种的设计

（1）花色品种概况　水磨石的花色品种，主要是靠不同品种、规格、形状比例的彩色组合骨料和不同颜色的浆体配制而成。具体分类如下所述。

① 按骨料规格及形状分。骨料形状有片状骨料、粒状骨料、圆形骨料、其他形状骨料，如图3-4所示。这几种骨料可以单独在产品上使用，也可以混合使用来制作水磨石。片状骨料主要选用大理石薄片，其大小不等。这种花色多以同一颜色设计同一产品，或用水泥胶结材料将毛石浇铸成块，锯切成片制成。粒状骨料粒径不一，主要由破碎机破碎而成。这是使用得最广的水磨石制品，可以使用连续级配或间接级配。圆骨料多为天然球状石子和求圆的人造球状石子做主要原料。其粒径不一，可以使用连续级配或间接级配。

② 按骨料颜色分。水磨石按骨料颜色分单色骨料、双色骨料、多色骨料，如图3-5所示。

③ 按骨料级配情况分。水磨石骨料级配有间断级配和连续级配，间断级配是水磨石中大骨料和小骨料之间没有中间粒径的骨料。而连续级配则是由大骨料、中骨料、小骨料，粒径依次变小或变大，如图3-6所示。

④ 按色调效果分。包括骨料与浆体色调一致效果，暖色调骨料与浆体色调变化效果，

图 3-4 骨料的形状

图 3-5 不同颜色的骨料

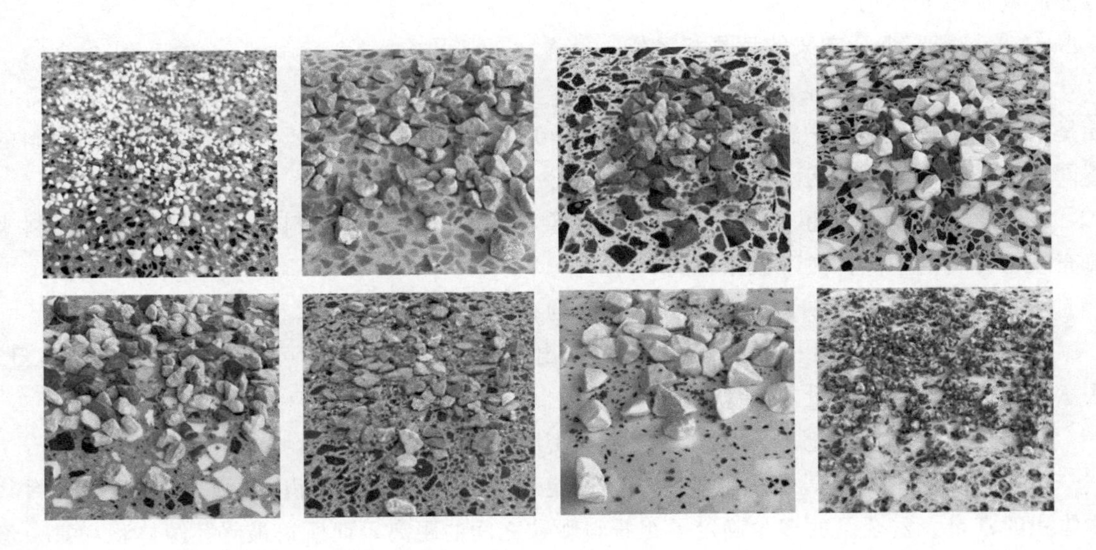

图 3-6 骨料与其完成的水磨石成品

冷色调骨料与浆体色调变化效果。应以一种骨料为主，调整其他骨料颜色及浆体颜色变化效果。骨料不变，可改变浆体色调效果。

（2）骨料组合方案

① 利用骨料的大小规格和形状，可以通过骨料的规格、形状搭配出以小规格为主的组合骨料；以中规格为主，加小规格的组合骨料；以大规格为主，加中小规格的组合骨料；以圆形中规格为主的组合骨料。上述组合骨料主要考虑装饰效果，但也要注意制品的密实度。密实度关系到产品的物理力学性能，如图 3-7 所示。

② 利用不同颜色的骨料，可以搭配出单色的组合骨料、双色的组合骨料、多色的组合骨料。上述组合骨料可以组合出以暖调为主的花色，也可以组合出以冷调为主的花色，或者以中间色调为主的花色，如图 3-8 所示。

图 3-7 不同粒径的骨料组合

图 3-8 不同粒径不同颜色的骨料组合

③ 用细骨料代替颜料。在用白水泥做浆体时，可加入一定数量的特定颜色的小骨料，也能起到加色的作用。

④ 骨料密实组合方案的计算和操作。

a. 计算测定粗骨料的堆积密度，计算 $1m^3$ 粗骨料的空隙体积，同时使其容量最大，也就是说，要求出最大堆积密度下的粗骨料的空隙体积，经过多次试验，将不同粒径的骨料的不同比例搭配来分别测定。

b. 根据 a 计算出的粗骨料的堆积密度和空隙体积来确定细骨料的体积，即用细骨料来填充较粗骨料的空隙，按下式来计算：

细骨料的体积＝粗骨料的孔隙率×粗骨料的体积。

c. 测定细骨料的堆积密度，根据 b 中求出的细骨料的体积，可计算出细骨料的质量，注意考虑细骨料的富余量。

d. 测定粗骨料与细骨料的混合物的堆积密度，进而计算出混合物的空隙体积。

e. 根据 d 计算出的骨料的空隙体积，确定胶凝材料的浆体体积，同时注意胶凝材料浆体体积的富余。富余量的多少确定了粗骨料颗粒之间的距离，而所得最终孔隙体积和富余量之和为浆料体积。

操作方法：先选择所用骨料的种类，包括骨料的材质、颜色、粒径大小。用所选的骨料在满足花色要求的前提下，配制组合骨料，采用两升的量筒，用水进行所配组合骨料孔隙率的测定，不断调整组合骨料的配合比，优选出孔隙率最低的组合骨料，如图 3-9 所示，并确定为最优组合骨料，如表 3-2 所示。

图 3-9 组合骨料孔隙率实测过程图

表 3-2 组合骨料优选

序号	组合骨料组成比例（白晶砂）			组合骨料振实容重 /(kg/m^3)	组合骨料密度 /(kg/m^3)	组合骨料体积 / m^3	孔隙率/%
	20目	40目	60目				
1		100%		1549.5	2721	0.5695	43.05
2	60%	10%	30%	1720	2684.5	0.6407	35.93
3		35%	65%	1549.5	2725.1	0.5686	43.14
4	(1～2mm) 60%	(0.45～1mm) 40%		1613.5	2638.5	0.6115	38.85
5	50%	50%		1610	2638.5	0.6102	38.98
6	40%	60%		1608	2642	0.6086	39.14
7	70%	30%		1690	2638.5	0.6405	35.95

(3) 浆体颜色和颜料配合比的确定　颜色是由光波吸收和反射形成，一切颜色由红黄蓝配制而成，红黄蓝三种颜色在色彩学中称为三原色。三原色各自同另一色相加，可得出橙、绿、紫。橙、绿、紫称为间色，又称第二次色。间色和间色相互调出来的颜色称为复色，又称第三次色。

复色和间色相配，还可以变成无数色，千变万化的色彩就是靠色相、明度、纯度等要素进行区别和衡量的。要确定浆体颜色和颜料配比，就要学习和掌握色彩学的基本知识。

① 色相。是指色彩的相貌，也称为色泽，根据科学分析，色相总数约在 200 万种以上。如果色彩学色轮上的 12 种颜色，再加上不同分量的白色或黑色，又可以产生很多种颜色。色相是色光因波长的不同而分成许多种色光的相貌。

② 明度。是指色彩的明暗程度，每一种颜色都有它自身的明暗差别。例如绿色可分为明绿、正绿、暗绿。不同的颜色其明度也不相同，如白色比黄色的明度高，使人觉得很亮，而紫色的明度就很低，看起来比较暗，黄绿和黄橙次之。白颜料属于反射率相当高的物质，如果在其他颜料中混入白色，可以提高混合色的明度。混入白色愈多，其明度提高愈多。黑色颜料属于反射率极低的物质，在其他颜料中混入黑色，可以降低混合色的明度，混入的黑色愈多，其明度降低愈多。

③ 纯度。是指颜色的饱和程度，或称彩度、饱和度、艳度。色相图中的颜色纯度最高，最鲜明是标准色。如果在纯度较高的标准色中掺入白色，就破坏了原来的纯度，成为欠饱和

色，称为明调。加入白色愈多，其纯度就越低。如果在纯度较高的标准色中混进黑色，就成为过饱和色。每一个色相都有不同纯度的变化。

运用色彩学知识，把骨料、粉料等材料本身的颜色称为主色，也叫基础色，把少量的着色力较强的原色氧化铁黄、氧化铁红，以及氧化铁黑等颜料的颜色称为副色。不同的材料和不同的颜料按不同的系列配比经混合搅拌能制成各种颜色的浆体，可供设计浆体颜色和确定颜料配比时待用。氧化铁红、氧化铁黄、酞菁绿分别同无机胶黏材料白水泥或者环氧树脂、不饱和树脂混合，会发生明度和纯度的变化。

（4）花色品种方案的确定方法　水磨石花色品种方案的确定，不仅直接决定产品质量和性能，而且影响客户的接受程度，它是水磨石设计中的重要环节。

① 水磨石花色品种方案确定。花色品种的调配有两种，其一是原创性的，其二是模仿现有的。

首先，如果是原创花色，要根据现有骨料花色以及市场调查的信息，拟定骨料的组合方案，制出样板，征求各方面意见后，确定骨料的组合方案；如果是模仿某一种花色，则要确定模仿对象中的每一种骨料颜色、粒径、材质、比例，确定骨料的组合方案，制出样板，征求各方面意见后确定。

其次，测定优选组合骨料的级配、特性，使其达到孔隙率最小，产品性能优良的要求。

第三，按水磨石配合比计算方法设计计算出水磨石的配合比，选配若干种浆体颜色后，正式制作样板，测定产品的各项性能及主要原材料消耗指标和成本，并供客户确认或市场负责人确认。

第四，组织试生产，通过实践证明，若客户认可度高，则可正式纳入产品生产。

② 优质水磨石应具备的特点。

首先，满足设计师的设计要求，满足建筑物的和谐适宜的要求。

其次，优良的产品性能。选用的骨料颜色要均匀一致，光泽度高，抗压强度、抗折强度要满足要求，莫氏硬度 4～7。加工性能良好，确定颗粒级配后，骨料力求紧密。只有这样，才能保证优良的产品性能。

第三，水泥基水磨石拌和料和易性好，制作容易。除水泥基水磨石配合比设计合理外，骨料级配也要合理。在确定颗粒级配时，应测定水泥基水磨石拌合料的工作度指标，使其满足工艺要求，并择优选定，使水磨石制品容易制作。

第四，原材料充足，骨料、粉料和其他原材料的质量和数量要满足生产的需要，稳定供应。

2）水泥基水磨石的配合比设计方法

水泥基水磨石配合比设计方法通常有三种。一种是经验配方，通过填充理论，根据实践配制经验，确定比例关系或其中一些材料的用量变化范围，是水磨石早期生产设计的主要方法。二是密实体积法，通过填充理论，借用实际操作来测试各材料的数据、工作度数据，对于这些实测数据运用密实体积法进行配合比设计，它发挥了理论与实践的最大优点进行设计，是目前非常实用，而且很有效的一种水泥基水磨石的设计方法。三是超高性能混凝土的一种设计方法，它对混合料中的所有颗粒粉体材料进行计算，使其达到最佳的填充效果。这种设计对力学性能的大幅提升是有很好的作用，大多用于小骨料相对较多的体系中。本节主要对第二种方法进行介绍。

（1）水泥基水磨石基础配合比的设计

① 按上文介绍的骨料密实法选择最优组合骨料，再确定组合骨料的松散系数。松散系数直接反映了水磨石产品板面骨料的紧密程度，其值也反映了骨料之间浆料的厚度，厚度越大，其值越小。松散系数值越大，板面骨料间隙越小，紧密度越高。正确地确定松散系数值，必须很好地研究组合骨料中大小颗粒含量、颗粒外形和表面组织状况，使设计出的水磨石具有良好的和易性，在磨制加工后，板面骨料又能获得高紧密度的最佳骨料间隙。由于不同产品的组合骨料变化范围很大，涉及因素多而复杂，适用于不同条件下的松散系数值尚待今后深入研究解决。但实践证明，在保证达到产品板面骨料的紧密度大于或等于60%的条件下，其值以确定为0.95以上为宜，这个数值可供配合比设计计算时选用。如果不用其值计算，也可以根据骨料级配、颗粒形状、粒径大小、对水磨石拌和料工作度影响的情况凭经验选定。

② 确定水灰比。如前所述，水灰比有两个，一个是实际水灰比，另一个是施工水灰比。实际水灰比的比值是根据所用的水泥实测的标准稠度或已掌握的所用水泥的一般标准稠度范围中结合实际确定的。

③ 确定粉料掺加量。粉料掺加量的比值，可根据水泥标号、组合骨料颗粒与水泥浆黏结情况以及粉料颗粒级配情况确定。

④ 根据已确定的水泥标准稠度、粉料掺加量，来确定水泥分配系数。

⑤ 求出$1m^3$混凝土各种材料的用量，可按下式确定。

a. 组合骨料用量：

$$G_{石}=K\gamma_{o石}$$

式中 $G_{石}$——组合骨料用量；

K——组合骨料松散系数；

$\gamma_{o石}$——组合骨料振实容重。

b. 水泥用量：

$$C=\frac{1-\frac{G_{石}}{\gamma_{石}}}{n}\gamma_{水泥}$$

式中 C——水泥用量；

$\gamma_{石}$——组合骨料比重；

$\gamma_{水泥}$——所用水泥比重；

$G_{石}$——组合骨料用量；

n——水泥分配系数，即水泥占浆料的体积分数。

c. 粉料用量：

$$G_{白石粉}=S_{n}C$$

式中　$G_{白石粉}$——粉料用量；

S_n——粉料掺加量占水泥量的百分数；

C——水泥用量。

d. 用水量：

$$\omega_{实}=S_{Hu}C$$

$$\omega_{施}=S_{Gu}C$$

式中　$\omega_{实}$——实际用水量；

$\omega_{施}$——施工用水量；

S_{Hu}——实际水灰比；

S_{Gu}——施工水灰比；

C——水泥用量。

⑥ 水泥基水磨石配合比。

$$\frac{C}{C}:\frac{G_{白石粉}}{C}:\frac{G_{石}}{C}=1:S_n:\frac{G_{石}}{C}$$

在上述配合比的设计计算完成后，由于所选用原材料的性能变化，实际生产中各种条件的影响以及生产方式，机械化水平的高低和操作熟练程度的不同，所得出的结果很难完全符合实际情况，必须进行试配、校核、调整后，才可纳入生产使用。

在试配、校核、调整中，必须使水泥基水磨石的工作度达到规定指标。用所配制的水磨石拌和料制作的水磨石的抗折强度要求达到规定要求。根据校核结果，结合实际情况进行优选调整，以获得最佳的水泥基水磨石配合比。

当工作度指标超过规定，强度符合要求时。首先，要适当地加大施工水灰比，且水泥基水磨石拌和料自动摊平后，骨料不得出现明显凸起不平；其次，要适当减小松散系数值，但骨料密实度最小不得低于60%，或者适当增加粉料掺量，使其符合生产要求。

通常普通水磨石是在上述的方法上确定组合骨料，确定水泥及粉料的比例。水灰比为0.5，可在模具内浇注而成。因为在这种水灰比、粗细骨料及浆体配合下，能够满足相对好的工作度和相对较低的强度要求。这种水磨石是最传统的，其强度低、孔隙多而且大。孔隙需要抹浆补孔，强度只有5MPa左右。后来随着设备的改进、工艺的优化，在这种配合比下，进行压制及脱水的工艺，这样水磨石的混合体系在成型的环节将多余的水抽去，使水灰比降低，利用设备的加压使水磨石更密实，大量减少了孔洞。这样使水磨石的强度大幅提升，这就产生了第二代水磨石，强度由以前5MPa提升到12MPa左右。采用压滤设备生产且优化的水泥基水磨石如表3-3所示。

该配方工作度好，一升拌和料需10s能够在25cm×25cm的模框内通过振动台振平。抗折强度大于10MPa，吸水率小于4%。组合骨料的构成：1～5mm镜片玻璃60%；10目石英砂20%；20目石英砂20%；骨料振实容重1631 kg/m^3；组合骨料密度2531.6kg/m^3；空隙率35.57%。

⊡ 表 3-3　产品配合比设计

材料名称与规格	材料密度/(kg/m³)	配合比	每立方用料/(kg/m³)	体积/m³	每平方米用料/(kg/m²)	材料/(元/kg)	每平方米价格/(元/m²)
组合骨料用量 k=0.7	2531.6	1.98	1141.7	0.4509	22.83	0.8	18.26
52.5#白水泥	3000	1	575.7	0.1919	11.51	0.9	10.36
80 目雪花白粉料	2695.4	1	575.7	0.2136	11.51	0.35	4.03
水	1000	0.25	143.9	0.1439			
增强剂		0.03	17.27		0.35	15	5.25
纤维		0.00174	1		0.02	34	0.68
合计			2455.27	1.0003	46.22		38.58

(2) 高性能水泥基水磨石配合比设计　水磨石随着材料的发展，减水剂等外加剂的添加，改善水泥的水灰比、工作度，使得水泥基水磨石混合料，在低水灰比（例如 0.25）的情况下，工作度很好，一升料 15s 能够在 25cm×25cm 的模框振动平整。通过优化能形成自密实，例如振动成型大板水磨石，现场浇注水泥基水磨石。最后形成第三代高性能水磨石。根据设备干预情况，通过调整外加剂，满足施工要求的工作度和强度来确定水灰比、松散系数值、水泥用量。水泥基压制板材、水泥基压制荒料就是按照这种设计的。

例如一种振动成型大板，以水泥为一份按质量计，各材料的体积之和为 1，如表 3-4 所示。具体配方有组合骨料构成：10～20 目、20～40 目、40～70 目石英砂组合；骨料振实容重 1712kg/m³；组合骨料密度 2555kg/m³；组合骨料空隙率 33%。

⊡ 表 3-4　高性能水泥基水磨石配比设计

材料名称与规格	材料密度/(kg/m³)	配合比	每立方米用料/kg	体积/L	每立方米用料/kg	材料单价/元	每立方米价格/元
组合石渣 k=0.8	2555	2.853	1369.6	0.54			
52.5 白水泥	3100	1.000	480	0.15			
70～140	2314.81	0.482	231	0.10			
水	1000	0.250	120	0.12			
聚羧酸减水剂	1000	0.038	18	0.02			
硅溶胶	1200	0.025	12	0.01			
偏高岭土	2600	0.150	72	0.03			
硅灰	700	0.050	24	0.03			
玻璃纤维	3000						
外加剂掺量	减水剂(3.75%)	硅溶胶(2.5%)	2327	1.00			
调试情况			151g 水 50s 摊平模具，均匀				
				加水	151	工作度	50

该配方工作度好，一升料 30s 能够在 25cm×25cm 的模框振动平整，抗折强度大于 15MPa，吸水率小于 2%。

3.2.3　水磨石配合比设计的种类

根据配方设计的一些特性，水磨石配合比设计的种类有三类：其一，普通水泥基水磨石；其二，高性能水泥基水磨石，高性能水泥基水磨石根据其生产方式有分压板法和荒料法，它们在配合比设计中又有一定的差别；其三，树脂基水磨石，分环氧树脂基水磨石和不饱和聚脂树脂基水磨石。

1）普通水泥基水磨石

它主要使用粗骨料、细骨料、水泥和水，按照水泥基水磨石的设计方法确定配合比，在普通水泥基水磨石拌和料中，水灰比较大，一般在0.5左右，它很容易满足工作度要求。采用压滤法设备进行压制成型生产，它通过压滤将多余的水分排出，这样不会由于水分的原因导致结构疏松，又可采用设备让水磨石体系内部致密，增加强度。现常用的两工位压滤法和旋转盘压滤法都是采用这种配合比进行生产成型。

2）高性能水泥基水磨石

高性能水泥基水磨石的配合比中，使用的高性能减水剂，复合胶黏材料以及所用原材料的性能指标都有所不同，常用的聚羧酸减水剂减水效率超过45%。配方体系中水灰比小于0.25，而且能够满足生产的工作要求。根据预制与现制，压板与荒料水灰比在0.19～0.24之间。胶黏材料除了水泥，还可能采用偏高岭土、粉煤灰、硅灰、硅溶胶等材料，也可采用纳米级的超细粉，通过水泥基水磨石配合比设计的方法进行配合比设计，采用不同形式的设备进行成型。

高性能水泥基水磨石优异的机械性能，能够满足常规水磨石不能够满足的要求，例如高抗渗、高抗冻、高抗盐侵蚀要求的地方，具有高抗震、抗爆、抗裂的性能。它的用途非常广泛。高性能水泥基水磨石是高分子聚合物对水泥基拌和料的改性而形成的一种高性能混凝土。表3-5为不同性能混凝土与钢材的比较。

⊡ **表3-5 不同混凝土与钢材性能对比表**

对比项目	普通高强混凝土	Densit，UHPC		CRC HRUHPC R-UHPC	韧性高强钢材
		0～2% 纤维	4%～12% 纤维		
抗压强度/MPa	80	120～270	160～400	160～400	
抗拉强度(f_t)/MPa	5	5～15	10～30	100～300	500
抗弯强度(f_b)/MPa	7			100～400	≥600
抗剪强度/MPa				15～150	
密度(ρ)/(kg/m^3)	2500	2500～2800	2600～3200	3000～4000	7800
弹性模量/GPa	50	60～100	60～100	60～100	210
断裂能/(J/m^2)	150	150～1500	5000～40000	2×10^5～4×10^6	2×10^5
强度/质量比/(m^2/s^2)				3×10^4～10^5	7.7×10^4
刚度/质量比/(m^2/s^2)				2×10^7～3×10^7	2.7×10^7
抗冻性	中等/好	不用引气，绝对抗冻， 仅需要5×10mm保护层，抗腐蚀优良			
抗腐蚀性能	中等/好				差

随着有机和无机材料界限越来越模糊，一些特殊的高分子材料与超高性混凝土材料的融合将大有发展前途。

（1）高性能水泥基水磨石配合比设计对原材料的要求　超高性能水泥基水磨石是以水泥基为主体，聚合物改性为辅助的水磨石复合材料。超高性能水泥基水磨石在力学性能、耐久性能及体积稳定性方面都比普通的水泥基水磨石优越，其对水泥、矿物掺合料、骨料及化学外加剂等组成原材料，也有比较高的要求，而且拌和料组分和性能要求多样化。如果按经验试配进行水磨石配合比设计已不再适用超高性能水磨石的使用和发展。配制高强度水泥基水磨石时，应对水泥、骨料和外加剂等原材料进行严格的选择控制。

① 水泥。超高性能水磨石的配制对水泥的选取应遵循一定原则。微观上水泥本身的颗粒级配良好，宏观上水泥的强度发展良好，且需水量小，与外加剂适应性好，配制的水磨石拌和料黏性小。一般配制 C80 以上的水泥基水磨石，会选用 52.5 号或更高强度等级的硅酸盐水泥。若原材料中掺有优质的矿物掺和料及高品质的超塑化剂，也可选用 52.5 号的普通硅酸盐水泥。选用水泥时，除了要考虑配制普通拌和料时的因素之外，更需要注意水泥质量的稳定性和其与高效减水剂的相容性。水泥的细度对水泥基水磨石的质量也有很大的影响，配制高强水泥基水磨石的水泥细度一般在 $4000cm^2/g$ 以上。由于高强水磨石的水泥用量比较大，水化热也会相应地增加，这样易导致水泥基水磨石内部温升而产生裂缝，所以必要时需采用低水化热的水泥或者强度允许的条件下采用优质矿物掺合料来适量代替部分水泥。

② 骨料。水磨石中的骨料由于所占的体积相当大，所以骨料的质量对水磨石的技术性能和生产成本均有一定的影响，在配制超高性能水磨石时，必须对骨料认真检验，严格选材。

a. 粗骨料。粗骨料的强度、颗粒形状、级配、杂质的含量、吸水率等与超高性能水磨石的强度有着重要的影响。粗骨料的粒径一般不超过 5mm。高强度的骨料才能配制出高强度的水磨石。应选取质地坚硬、洁净的碎石，一般碎石比卵石效果好。粗骨料的颗粒形状、表面特征对超高性能水磨石的黏结性能有较大的影响。应选取近似立方体的碎石，其表面粗糙且多棱角，针片状总含量不超过 8%。表面粗糙、粒径适中的粗骨料，能提高水磨石的黏结性能，进而提高水磨石的抗压强度。

级配是粗骨料的一项重要技术指标，对水磨石拌和料的和易性及强度有着很大的影响。例如配制超高性能水磨石，最大粒径最好不超过 5mm，因为超高性能水磨石一般水泥用量大于 $500kg/m^3$，水泥浆较富余。由于大粒径骨料比同质量的小粒径骨料表面积小，与砂浆的黏结面积相应要小，粘接力要低，且拌和料的均值性差，所以大粒径骨料不易配制出高强度水磨石。骨料的级配要符合要求且骨料空隙要小，对于石英粉和石英砂，由细到粗，最好选用多种以上的颗粒进行级配，调整颗粒级配曲线，掺配时符合级配要求的范围内，可能有多种掺配方案，建议选取其中体积密度较大者使用。粗骨料中的泥土、石粉的含量要严格控制，其含量大不但影响水磨石拌和料的和易性，而且会降低水磨石的强度，影响水磨石的耐久性，引起水磨石的收缩裂缝等。

b. 细骨料。细骨料的质量对超高性能水磨石拌和料的和易性影响比粗骨料要大。应优先选取级配良好且比较洁净的细骨料，对于含泥量少符合级配要求的石英砂，拌制的水磨石拌和料太过于黏稠，施工中难于振捣，且由于砂细，在满足相同和易性要求时，易增大水泥用量，这样会影响水泥基水磨石的技术性能。砂也不宜太粗，若太粗容易引起新拌和料在施工过程中离析及保水性能变差，从而影响水泥基水磨石的内在质量及外观质量。

③ 超细矿物掺合料。超细矿物掺合料是专门用于配制超高性能水磨石的特种矿物掺合料，能够等量取代部分水泥，形成性能互补的胶黏复合材料。使用矿物掺合料时，超高性能水磨石的力学性能、耐久性能及微观结构都可以得到不同程度的改善，矿物掺合料已成为超高性能水磨石不可缺少的重要组分。配制超高性能水磨石应用最多的矿物掺和料，主要有硅灰、粉煤灰和偏高岭土等，硅灰（超细二氧化硅）的掺加效果最好。然而一些经验显示含有硅灰的掺合料有使水磨石塑性收缩裂缝增多的趋势。因此往往需要对含硅灰的新拌混凝土及时进行表面处理措施，以防止水分快速蒸发。

高性能水磨石中使用的粉煤灰一般是要经过加工后的超细粉煤灰，高强水泥基水磨石中使用的二氧化硅，一般也要经过加工的超细二氧化硅。超细矿渣也是性能比较优异的矿物掺合料。其细度对高强水磨石强度影响很大，据研究，细度大强度相应的会高。

④ 外加剂。外加剂在高性能水磨石的研究中起着举足轻重的作用。因高性能水磨石的水泥用量比较大，水胶比低，强度要求高，水磨石拌和料较黏稠，给水磨石的成型提出了更高的要求，外加剂的选择尤为重要。配制超高性能水磨石，必须掺加高效减水剂，高效减水剂不但要具有较高的减水率，还要能够与水泥相容性好。

外加剂的选用需要考虑以下几个方面：延缓胶凝材料的初凝时间，提高水磨石拌和料的早期强度，增加后期强度，与水泥的相容性好，外加剂的稳定性优。

⑤ 纤维。高性能水磨石选用的纤维可优先选用聚乙烯醇纤维、聚甲醛纤维、聚酰胺纤维，其次是耐碱玻璃纤维、碳纤维、聚丙烯纤维、玻璃纤维、钢纤维等，目前聚乙烯醇纤维、聚甲醛纤维应用较多，如果采用大体积超高性能水磨石时要考虑减小温升和减小收缩。可掺加一定量的粗骨料，也可采用适量的预饱水微细粉体材料（如沸石，分子筛类）。

（2）超高性能水泥基水磨石配合比的确定

① 高性能水泥基水磨石配合比设计与普通水泥基水磨石的区别。高性能水磨石的配合比设计在水泥基水磨石配合比设计的基础上，有别于水泥基水磨石的配合比设计。

a. 高性能水磨石的抗压强度标准值远远大于普通水磨石及原材料质量要求，需要采取一定的技术措施配制。

b. 当水泥基水磨石强度等级大于60MPa时，水胶比与水磨石强度的线性关系较差，分散性较大，高性能水泥基水磨石的水胶比计算与普通水泥基水磨石有所不同。超高性能水泥基水磨石一般水胶比小于0.25，强度80MPa的水磨石水胶比在0.22左右，100MPa混凝土小于0.22，更高强度的混凝土水胶比约0.20。

c. 普通水泥基水磨石配合比设计的基本原则是砂子填充石子空隙，水泥浆填充砂子空隙。可以在采用水胶比控制强度的基础上调整砂率和用水量来控制拌和料的稠度。但高性能水磨石的水胶比较小，水泥浆本身比较干稠，采用增大用水量的办法来改善稠度是不可能的。

d. 高性能水磨石的水泥用量相对较多，在进行水磨石配合比设计时尽量降低水泥用量，这样可以改善混凝土各项技术性能，特别对提高水磨石的耐久性和长期性能有利。

e. 高性能水磨石拌和料因水胶比较小而干稠，需用高效减水剂改善和易性，并需要强力搅拌，才能使其混合均匀且能充分发挥水泥活性。

② 高性能水泥基水磨石配合比的设计注意事项。紧密堆积这是所有致密粉末材料设计的基本原理之一，所以超高性能水磨石不建议使用大尺寸骨料，其原因有二：其一，材料断裂力学问题说明小骨料有利于中断裂纹扩展；其二，体系中骨料的不良缺陷（如孔洞，连通性）的多少及材料均质性，小骨料更有利于控制，如大颗粒的空间分布、多孔材料中的传质、缺陷尺寸、连通性和缺陷密度等问题。一般不宜采用大于 5mm 的骨料，其设计步骤如下。

a. 首先按强度及耐久性要求确定水胶比，其次根据黏聚性要求确定砂率。由于超高性能水磨石的水胶比低，水泥用量相对较多，砂率也偏小，因而其中水泥有相当一部分仅起微细填料作用（这种水泥在后期水化后会出现体积变化，对其性能有一定的影响）。由此在配合比设计时，节约水泥的有效措施是尽量改善粗细骨料级配以减少其孔隙率和增加单方水泥基水磨石中粗骨料用量，同时采用外掺增强剂和强制搅拌工艺提高水磨石强度并相应减少水泥用量。

在普通水泥基水磨石中，砂率对强度影响很少，对黏聚性影响十分显著，随着砂率增大，黏聚性越好。因此，在确定水泥基水磨石配合比时，没有考虑砂率对强度的影响，只是按施工操作要求的黏聚性确定砂率。在高强水泥基水磨石中，砂率对混凝土强度影响较大。试验表明，砂率减少，强度增加，砂率每减少 1%，强度约增加 1%，而砂率对黏聚性影响较小，原因是高强水泥基水磨石的水胶比较小，水泥用量大，且由于掺入大量的掺合料，其本身黏聚性就很好。

b. 测试各种颗粒料的颗粒级配曲线。骨料含量对普通水泥基水磨石强度影响很小，而对高强水泥基水磨石影响较为显著。水泥基水磨石中关于材料颗粒级配的确定应从以下几方面考虑：

（a）水泥的颗粒级配没有条件时可以不测，可参考水泥的颗粒粒度分布数据；

（b）硅灰的颗粒级配常常难以测量，可直接采用厂家的数据；

（c）测试微纳米粉体的颗粒级配曲线；

（d）对于石英粉和石英砂，由细到粗，最少要选用多种以上的颗粒级配材料，调整颗粒级配曲线；

（e）实际计算时，最细和最粗材料的调整可适当粗放一些，中间颗粒级配的材料要非常重视；

（f）要注意各种物料的用量范围，一定要结合实际经验，只考虑颗粒连续级配，不一定能获得理想的配合比；

（g）综合考虑各颗粒料的物理化学性能和几何性状，比如颗粒料是水化活性的还是惰性的颗粒，是近似球形的还是多棱角的，等。

c. 利用颗粒级配分析软件来计算各种颗粒料的用量，通过调整其中一种或几种物料的用量变化，以最小孔隙率来获得系列计算配合比。

d. 统一考虑减水剂和用水量，超高性能水磨石的水胶比很低，通常设计出一套试配配合比；在超高性能水磨石中，用水量的大小对强度影响较为显著，当水胶比一定时，水量越少，强度越高。试验表明，其影响程度与骨料含量对强度影响一致，当每立方米混凝土减少5kg水时，强度增加3.5%～5%，但是，用水量受到外加剂的种类及掺量、混合料的种类及掺量、工作度损失要求的制约。在高性能水泥基水磨石中，常加的有高效减水剂和缓凝剂。减水剂掺量的大小与减水剂的种类、投放时间、水胶比、水泥与骨料种类、数量及环境温度等因素有关，很难预先确定准确的掺量。掺量太小，减水效果不显著；太多，超过减水剂饱和点，不但流动性不再增加，拌和料还会产生离析，影响质量，同时还增加成本。缓凝剂也有类似情况，掺量适中，有利于减少工作度损失，保证拌和料的施工性能。掺量太小，作用不大；太多，凝结时间过长，影响后续施工操作，同时会使水泥基水磨石长时间疏松不硬，强度严重下降。

e. 进行试配及相关性能测试。

f. 根据性能测试结果，重新调整并计算各物料的用量，重新制定第二次试配配合比并进行相关性能测试。

g. 重复a～f步并反复尝试和分析，最终获得一组或几组超高性能水泥基水磨石基体材料配合比。

注意，在寻找超高性能水磨石基体材料配合比和性能关系时，一定要综合考虑颗粒紧密堆积与胶结材料化学固结的双重作用和有机结合，先做好颗粒连续级配和紧密堆积，然后再考虑胶结材料的化学固结及外加剂调整。超高性能水磨石拌和时应注意选用高效率的搅拌机时，常规水泥基水磨石搅拌机，不宜将纤维与粉料拌匀；先将粉料拌和到理想流动状态以后，再一点点慢慢加入纤维，然后再继续搅匀即可；加入纤维时，也可借助专业的纤维分散设备进行分散。选用高效的减水剂时，减水率最好能在40%以上，引气量越少越好；实验室试件成型时，也可上振动台进行振动，但振动时间宜适当缩短，以避免纤维严重分层。

③ 超高性能水泥基水磨石的养护。超高性能水泥基水磨石的养护采用充分蒸养，能让常温下可水化的胶凝材料尽早完成水化，减少后期经时变化。在完成这样的基本养护后，要采用一些材料进行深度养护，例如采用密封固化剂的稀释液对超高性能水泥基水磨石浸泡，让水泥水化产生的氢氧化钙继续反应生成硅酸钙，增加水磨石的强度，还能减轻泛碱现象。

要减少早期收缩，除常规的减缩和微膨胀手段外，也可采取蒸压养护，具体工艺见第四章。蒸压养护能够在较短的时间完成水泥的水化，水化生成物性能更稳定，减少体积收缩，提高了材料的抗渗性和力学性能。所以水泥基超高性能水磨石的养护也是很重要的环节。

（3）荒料法水泥基水磨石配合比设计特点　水泥基水磨石由于成形方式的不同，在配合比设计时有了不同的考虑因素。荒料法水泥基水磨石由于体积大、结构厚实、水泥水化热较大，易使结构物产生温度变形，混凝土内外温差过大时，易产生裂缝。所以区别于其他水泥基水磨石，在这里作以阐述。

水泥水化热引起的水磨石拌和料的温升值与环境温度的差值大小来判断其所产生的温度应力，看它是否会小于拌和料本身的抗拉强度。温差应力小于抗拉强度，不会造成水泥基水磨石的开裂（一般低于25℃）；当温差大于25℃时，其所产生的温度应力有可能会大于水磨石拌和料本身的抗拉强度，进而造成水磨石的开裂。

从配合比设计上说，荒料水泥基水磨石主要是采用大粒径的碎石，大粒径碎石表面积相对小，可以减少水泥用量。拌制荒料法水泥基水磨石的时候，温度尽可能的低一些。

① 荒料法水泥基水磨石配合比设计对原材料的要求。

a. 水泥。由于硅酸盐水泥及普通硅酸盐水泥水化热较高，尽量不选用，应选用水化热低，凝结时间长的水泥，优先采用中热硅酸盐水泥、低热矿渣硅酸盐水泥、矿渣硅酸盐水泥、粉煤灰硅酸盐水泥、火山灰质硅酸盐水泥等来配置大体积水泥基水磨石。影响水泥水化热的主要成分是铝酸三钙，采用铝酸三钙含量较低的水泥是一种比较好的办法。

b. 骨料。

(a) 粗骨料。选用粒径相对较大，级配良好的骨料配制的水磨石拌和料，和易性较好，抗压强度较高，同时可以减少用水量及水泥用量，从而使水泥水化热减少，降低水磨石拌和料本身的温升。

(b) 细骨料。选用平均粒径较大的中粗骨料拌制的水磨石拌和料，比采用细骨料拌制的水磨石拌和料，可减少用水量10%左右，同时，相应减少水泥用量，使水泥水化热减少，降低拌和料温升，并可减少整体水泥基水磨石的体积收缩。

c. 矿物掺合料。荒料法水泥基水磨石在保证水磨石强度及拌和料工作度要求的前提下，应适当提高矿掺合料的掺量，以降低单方水泥基水磨石的水泥用量。研究表明，采用一定量强减水掺合料，是一个很好的优化荒料水泥基水磨石配合比设计方案。减水性能好的掺合料具有降低水泥的放热量和改善拌和料的抗裂性能，减轻温控防裂负担的作用。应用较多的矿物掺合料是粉煤灰。粉煤灰取代水泥的限量为25%以下，粉煤灰对水化热，改善混凝土和易性有利，但掺加粉煤灰的水磨石拌和料早期极限抗拉强度均有所降低，对水泥基水磨石抗渗抗裂不利。因此，粉煤灰的掺量控制在水泥用量的10%以内较好。

d. 外加剂。减水剂可以降低水化热的峰值，对水泥基水磨石的收缩有补偿功能，可提高水磨石的抗裂性。荒料法水泥基水磨石中采用的外加剂品种和掺量，应通过实验确定，要特别注意外加剂对收缩的影响。

② 荒料法水泥基水磨石配合比的确定。荒料法水泥基水磨石的配合比设计应在普通水泥基水磨石配合比设计的基础上，根据其特殊性质进行适当设计，以满足施工要求。

a. 荒料法水泥基水磨石配合比的确定。在保证国家标准所规定的强度耐久性要求和满足施工工艺要求的工艺特性的前提下，应遵循合理使用材料，减少水泥用量和降低混凝土的绝热升温的原则。

b. 荒料法水泥基水磨石配合比应通过计算和试配确定，根据水磨石的绝热温升值、温度及裂缝控制的要求提出必要的骨料，用水降温控制入模温度的技术措施。

c. 荒料法水泥基水磨石的配合比设计要求。

(a) 强度等级的设计。水泥基水磨石强度等级的设计可利用混凝土 60d 或 90d 后期强度进行设计。

(b) 水胶比的选择。在满足施工要求的情况下，尽量地降低水胶比，水泥用量宜控制在合理的范围；细骨料、粉料用量的比例很重要，既能够满足施工的要求，又对荒料法水泥基水磨石的抗裂较为有利。

(c) 水泥的选择。选择水泥的原则是，水泥的水化热尽量比较低，水泥的强度发展时间较长，后期强度等级要满足使用要求。

(d) 矿物掺和料的掺量。应根据工程的具体情况和性能要求确定矿物掺合料的掺量，一般建议各种矿物掺和料的总量不宜大于水泥基水磨石中水泥用量的 50%。

(e) 减水剂的选择。在荒料法水泥基水磨石配合比优化设计中，可通过掺入缓凝型高效减水剂，来减少水的用量，从而达到减少水泥用量，实现降低水化热目的；另一方面，由于缓凝作用，可以延缓水泥的水化放热速度和热峰值出现时间，推迟大体积水磨石拌和料的凝结硬化速度，防止在大体积水磨石拌和料早期抗拉强度较低情况下产生裂缝，缓凝型高效减水剂的掺量一般为水泥和胶凝材料掺量的 0.8%～1.2%。

3) 不饱和聚酯树脂基水磨石配合比设计

① 不饱和聚酯树脂基水磨石配合比原则。不饱和聚酯树脂基水磨石配合比的设计任务，首先应完成水磨石骨料花色品种的设计。在确定了组合骨料的条件下，确定不饱和聚酯树脂基水磨石各组成材料的用量，以制备满足产品技术性能和成型工艺要求的不饱和聚酯树脂基水磨石。

② 配合比设计原理。不饱和聚酯树脂基水磨石配合比设计原理，仍为传统的绝对密实体积法，即成型后的水磨石为不饱和聚酯树脂、粉料和组合骨料所填满，在这三种材料之间无空隙，为绝对密实的。它的配合比设计比水泥基水磨石设计要简单很多，所用材料种类较少，树脂固化过程快速简单，在短时间内产品性能就已稳定。决定配合比设计的三个相互关系问题为树脂用量、粉料掺加量。不饱和聚酯树脂是一种流动性较好的有机聚合物，与苯乙烯单体的分散液，易拌和、易成型。但成型后仍没强度，需要保持成型状态，待完全固化才能进行下道工序。

不饱和聚酯树脂基水磨石混合料需有一定的工作度，以保证在自动连续拌和、计量、喂料、入模后，能在一定的时间内真空、振动、受压成型，坯体能密实均匀。

粉料的掺加量是不饱和聚酯树脂基水磨石中不饱和聚酯树脂用量 3 倍左右。当粉料自身颗粒级配发生变化时，粉料的掺加量也应适当变化。粗颗粒含量增多即比表面积减少时，掺加量要相应提高，反之应降低。

③ 不饱和聚酯树脂的选择。不饱和聚酯树脂压板法水磨石中不饱和聚酯树脂的选择注意事项如下：

a. 应满足装饰美观的要求，满足力学性能、阻燃性能、耐水性、耐候性和耐磨性等要求，还应满足成型制造及二次加工要求，使制品具有较长的使用寿命。

b. 由于不饱和聚酯树脂的收缩率相对较大，应控制压板的厚度，如果板材厚度较薄，在固化时产生的收缩内应力较小，薄板压制过程中应力集中较弱，因此产品不易产生裂纹。在急冷急热条件下，制品内部反复膨胀和收缩而使内应力增大，因薄板两面温差较小，可以有效地减小急冷急热对产品的损害。

c. 不饱和聚酯树脂基水磨石，由于骨料使用比例较大，树脂用量较少，往往通过加入一定量的苯乙烯来改善树脂体系黏度。但要控制其用量，过量会导致制品固化收缩过大，影响制品性能。在制作透光型水磨石时，树脂的添加量往往比较多，也常采用一些透明的骨料和超微细碳酸钙等，这些材料在混合搅拌的过程中，往往要进行抽真空。

不饱和聚酯树脂是树脂水磨石用的重要基础材料，其性能的好坏决定着树脂水磨石的最终性能。常用的不饱和聚酯树脂有邻苯型、间苯型、新戊二醇型、间苯/新戊二醇型、乙烯基酯型、丙烯酸型等。其中用量较大的是邻苯型、间苯/新戊二醇型和乙烯基酯型。

邻苯型不饱和聚酯树脂具有黏度适中，树脂凝胶快，固化定型时间较慢但固化较快的特点。固化物具有颜色较浅，放热峰较低，断裂延伸率较大和耐候性好等特点。然而浇注体的强度和热变形温度较低，耐化学性能较差，固化收缩率较大，但价格较低。

间苯/新戊二醇型不饱和聚酯树脂，生产出的水磨石耐水性、耐化学性和耐热稳定性好，强度高且耐冲击性能好而成为国际上广泛采用的水磨石树脂基体，它具有优异的耐水性、耐腐蚀性、着色性、硬度和韧性。

乙烯基酯型不饱和聚酯树脂的力学性能、耐热性和耐化学性能明显优于邻苯型与间苯/新戊二醇型树脂，这种材料生产的水磨石可用于高温或有强腐蚀性的酸碱环境中。

不饱和聚酯树脂确定以后，要进行不饱和聚酯树脂的固化剂和催化剂的确定。而固化剂和催化剂的选择往往影响不饱和聚酯树脂的固化过程和固化速度。某不饱和聚酯树脂基水磨石应用配方如表 3-6。

表 3-6 某不饱和聚酯树脂基水磨石配方

<table>
<tr><th colspan="3">成分</th><th>质量分数/%</th></tr>
<tr><td rowspan="5">骨料</td><td>6～8 目</td><td>15%</td><td rowspan="5">60～75</td></tr>
<tr><td>10～20 目</td><td>20%</td></tr>
<tr><td>20～40 目</td><td>25%</td></tr>
<tr><td>40～70 目</td><td>20%</td></tr>
<tr><td>70～14 目</td><td>20%</td></tr>
<tr><td>碳酸钙粉</td><td colspan="2">800～1250 目</td><td>25～30</td></tr>
<tr><td>不饱和聚酯树脂</td><td colspan="2">196＃</td><td>7～9</td></tr>
<tr><td colspan="3">过氧化环己酮浆</td><td>适量</td></tr>
<tr><td colspan="3">环烷酸钴的溶液</td><td>适量</td></tr>
<tr><td colspan="3">混合颜料</td><td>适量</td></tr>
</table>

4）环氧树脂基水磨石配合比设计

（1）环氧树脂基水磨石配合比设计原则　环氧树脂与不饱和聚酯树脂相比较，环氧树脂固化过程是不断爬升的斜坡，而不饱和聚酯树脂是断崖式的反应。它们的应用也有所不同，环氧树脂水磨石的应用以现制为主，不饱和聚酯树脂水磨石以工厂预制为主。环氧树脂的黏度相对较高，但固化后环氧树脂的强度、收缩都会比不饱和聚酯树脂好。在进行环氧树脂基水磨石配合比的设计任务时，可以参考不饱和聚酯树脂先完成水磨石骨料花色品种设计，即组合骨料、环氧树脂及环氧树脂固化剂、粉料各组成材料的用量，以制备满足产品技术性能和成型工艺要求的环氧树脂基水磨石。

配合比设计原理与不饱和聚酯树脂基水磨石一样，均采用绝对密实体积法，成型后的水磨石被环氧树脂、粉料和组合骨料所填满。

环氧树脂基水磨石混合料需有一定的工作度，它的成型方法有现场摊铺成型和压板法预制成型。现场摊铺成型，要保证现场搅拌，运送摊铺，抹平压实，然后固化成型。而压板法预制成型，要保证在自动连续拌和、计量、喂料中不发生固化变硬现象，入模后能在一定的时间内真空、振动、摊平、受压成型后，坯体能立即脱模。

粉料的掺加量是较不饱和聚酯树脂基水磨石中粉料掺加量少。由于环氧树脂的黏度变化幅度比较大，因而可以自由地调整工作度、填充效果。有些工艺是将粉料先和环氧树脂混合，再与固化剂混合，最后与骨料混合使用。有些工艺是粉料与骨料混合，再与环氧树脂和环氧树脂固化剂的混合物混合使用。

（2）环氧树脂基水磨石中环氧树脂的选择　一般采用分子量较小的液态环氧树脂，常用的有 E44、E42、E51、南亚的 128、陶氏的 331 和赢创的 828 等，它与固化剂混溶性好，施工流动性好。为了调节黏度和改善性能，也加入一些活性稀释剂，根据环氧水磨石的需要，在液态环氧树脂中添加一些消泡剂、流平剂、润湿分散剂或者附着力改进剂等，满足施工过程中的要求。

环氧树脂水磨石中通常采用胺类固化剂进行固化，胺类固化剂的品种非常多，通常选用黏度低、色泽好、固化温和、耐水性好的胺类固化剂，所以通常选用脂环族胺类固化剂、聚醚胺类固化剂以及它们的改性剂。脂环族胺类固化剂色泽浅，透明度好，耐候性也好。某环氧树脂基水磨石的配方如表 3-7 所示。

⊡ **表 3-7　某环氧树脂基水磨石的配方**

<table>
<tr><th colspan="3">成分</th><th>质量分数/%</th></tr>
<tr><td rowspan="5">骨料</td><td>6～8 目</td><td>10%</td><td rowspan="5">50～60</td></tr>
<tr><td>10～20 目</td><td>20%</td></tr>
<tr><td>20～40 目</td><td>35%</td></tr>
<tr><td>40～70 目</td><td>20%</td></tr>
<tr><td>70～14 目</td><td>15%</td></tr>
<tr><td>石英石粉</td><td colspan="2">600～800 目</td><td>10～20</td></tr>
<tr><td>128 环氧树脂</td><td colspan="2">80～90</td><td rowspan="4">8～18</td></tr>
<tr><td>环氧活性稀释剂</td><td colspan="2">5～8</td></tr>
<tr><td>助剂</td><td colspan="2">1～2</td></tr>
<tr><td>颜料</td><td colspan="2">5～8</td></tr>
<tr><td colspan="3">环氧树脂固化剂</td><td>2～9</td></tr>
</table>

3.3
水磨石产品的加工设计

水磨石的加工设计主要是针对预制水磨石的压板法和荒料法，将预制的水磨石产品加工成水磨石板材、异型水磨石线条、异型水磨石板、立体造型水磨石设计为便于安装的尺寸和精度。

1）压制板材的加工设计

用于安装的工程板材，要采用规格尺寸板材进行安装，首先要根据压制板材的力学性能，确定板材满足正常加工、安装、使用的最低性能要求，这样来确定板材的厚度、长度、宽度。如抗折强度只有 12MPa 时，当厚度 12mm 时，长度、宽度不允许超过 600mm×600mm；厚度 15mm 时，长度宽度不允许超过 800mm×800mm；厚度为 20mm 时，长度宽度不允许超过 1200mm×1000mm。如果抗折强度 15MPa 时，则情况与此不同。

① 测量。首先，确定所加工板材的性能、外观来设计板材使用于建筑的哪个部位，确定形状尺寸，做安装计划。其次，现场测量尺寸，除了常用的长宽高，要注意测量建筑内部转角处的角度。最后，用取点测量的方法测量不规则部位，对于角、柱等有造型的部位要准确测量，并验证测量的准确性。

② 设计。设计需要考虑的是产品的尺寸、误差范围、安装的尺寸及误差范围、所留空间、缝隙的尺寸和误差范围。三者协调统一考虑所设计的尺寸大小、安装方法精度、所留空间缝隙的大小长短。下面举例给予说明。

a. 靠墙（或冰箱及其他柜体）的地方设计时，应保留 2～5mm 的伸缩缝（台面长超过 4m 时，伸缩缝不小于 5mm），没有墙壁的一侧台面应伸出 25～30mm，台面与墙体、柜体的间隙如图 3-10。

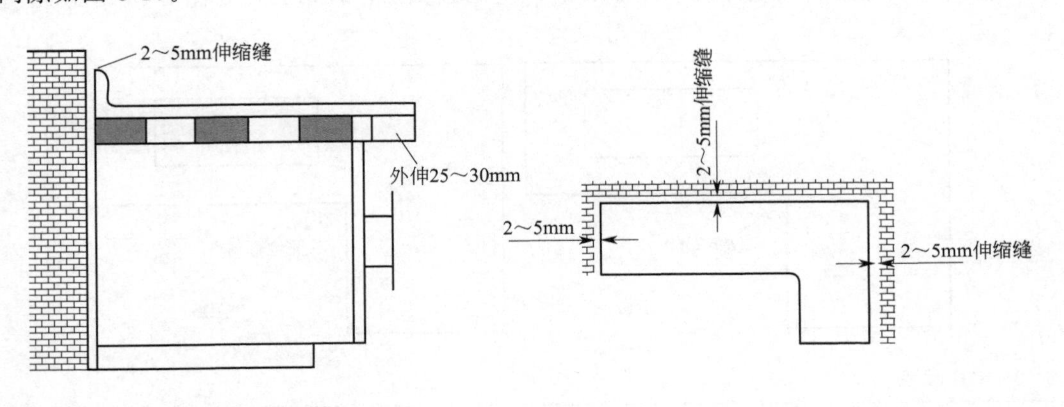

图 3-10 台面与墙体、柜体的间隙

b. 选取接驳位置宜距转角处不小于 30mm，接驳方式如图 3-11 所示。

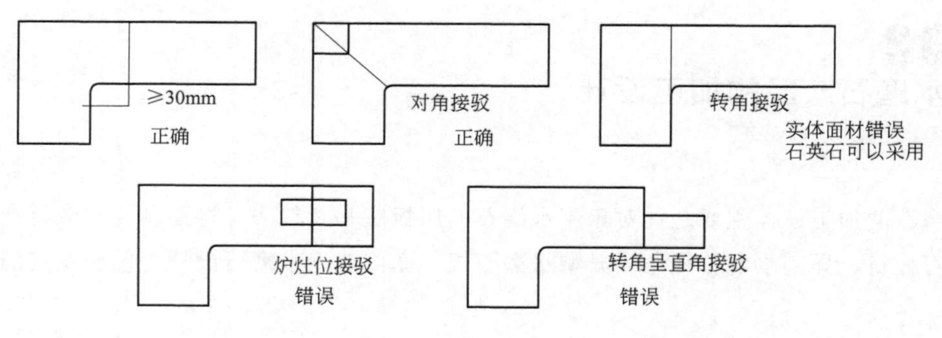

图 3-11 接驳方式

c. 丢取接驳位置确定距离炉灶及水槽开孔边缘不小于 200mm，拼缝与孔边距离如图 3-12 所示。

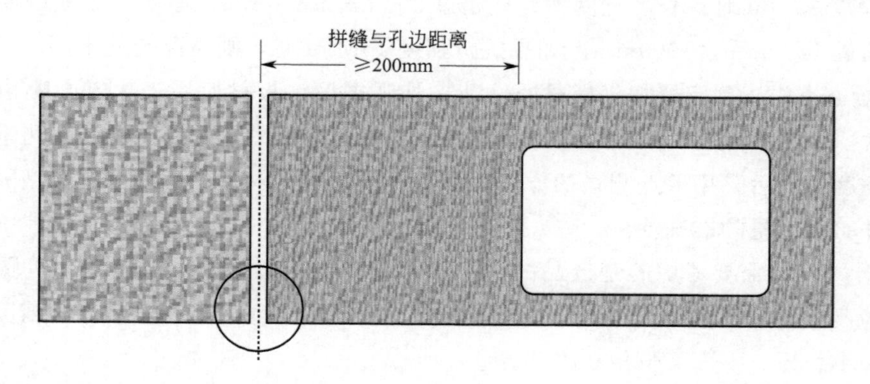

图 3-12 拼缝与孔边距离

d. 台面所有转角处应设计成半径 25mm 以上的圆弧角，转角圆弧如图 3-13 所示。

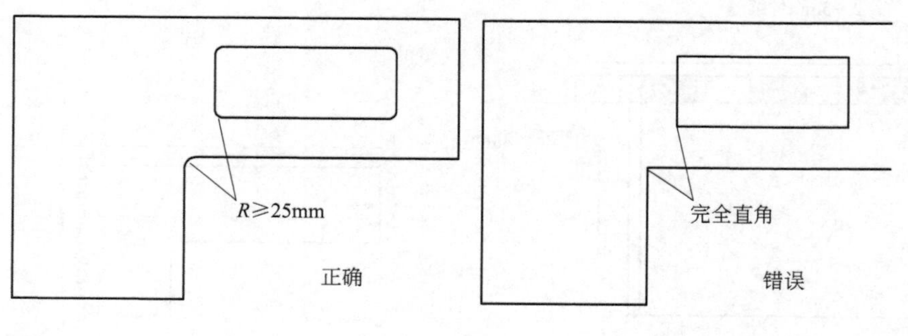

图 3-13 转角圆弧

e. 灶具开孔位距台面前裙应不小于 80mm，距后挡水应不小于 60mm，灶具开孔如图 3-14 所示。

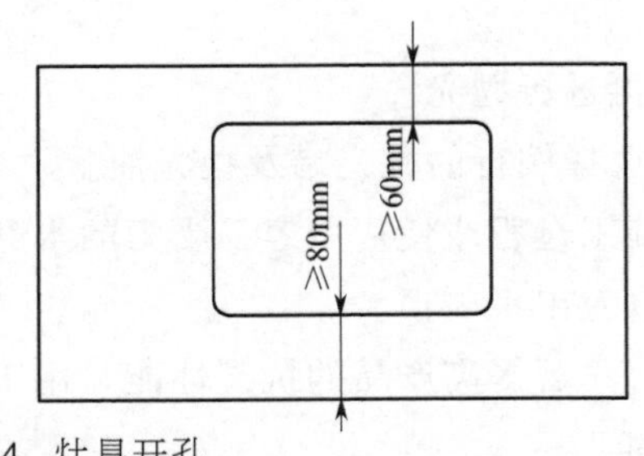

图 3-14　灶具开孔

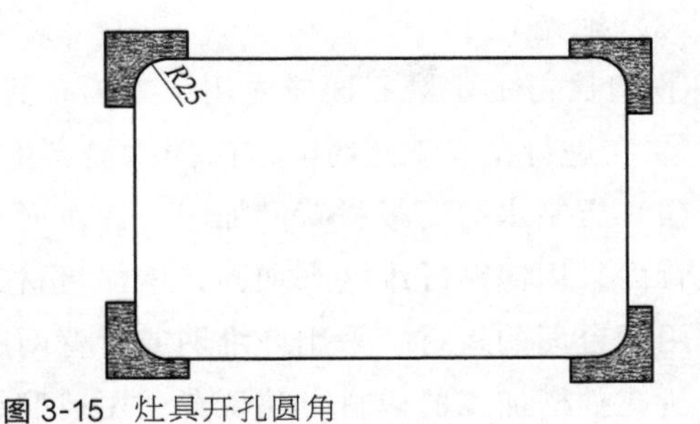

图 3-15　灶具开孔圆角

f. 灶具开孔处转角除加工成半径 25mm 以上的圆弧角外，四边角位应用同质板块加固，处理灶具与台面之间应有 4～6mm 的距离，开孔处四周加设隔热布和锡箔纸作为隔热散热的防护措施。灶具开孔圆角如图 3-15 所示。

g. 设计台面时需考虑楼梯、电梯、门等运输通道对台面尺寸的限制，现场接缝应符合接缝要求。

h. 在设计台面支撑架或支撑板时，需保证其最大距离不超过 600mm。

③ 台面加工。

a. 仔细地阅读图纸，计算用料，了解设计图纸所选用材料类型和边型结构。

b. 选择同品种、同批号和相邻序号且色差在允许范围内的板块。

c. 开料过程中应避开板材的裂纹和瑕疵部位。

d. 以材料的利用率达到 90％以上为开料原则。

e. 开料的设备应保持锯片与刀头锋利，宜使用水磨石专用锯片和锣刀。

f. 开料时应预留一定的伸缩缝隙。

g. 开料所有操作应以冷却水配合。

h. 开料后对照图纸分别标清分段位、辅料、单号、地址、结合处。

2）压制板材水磨石表面加工

（1）基本要求　打磨及抛光的工艺是水磨石常用的一个不可忽视的环节，其直接影响整个加工制作水磨石的质量及价值。压制水磨石板材由于其特殊材性，一般成品出厂后不进行打磨及抛光处理。

（2）打磨　打磨是水磨石表面加工的重要工序，对于平整的、规则的、批量的通常采用机械设备进行打磨，对于异形的、不平的、窄小的通常用手工打磨。

① 手工打磨（主要是造型、角落、棋子边等）依次从粗到细，干磨砂纸目数为 80＃、120＃、180＃、360＃、600＃，水磨砂纸目数为 1000＃、1500＃、2000＃、2500＃。

② 机器打磨应时刻保持水磨石板块水平，采用纵横方向、轨道重叠的方式，按打磨片半径平行移动，选用的砂纸目数为 80＃、120＃、180＃、360＃、600＃（接缝以外的地方可从 180＃或 360＃开始打磨）。后用不低于 1000＃的水磨砂纸进行水磨。

③ 打磨时应循序渐进，依次从粗糙的干磨砂纸到粗细的水磨砂纸认真打磨。

④ 在更换不同目数的砂纸前应彻底，清理灰尘至露出打磨痕迹。

（3）抛光

① 打磨好的水磨石面应先用干净棉布清洁干净后再进行抛光。

② 在进行抛光工艺时，应按照水磨石生产厂意见选择例行的抛光蜡及抛光油。

（4）压制水磨石板材背网加固　针对面积较大，施工过程或使用中容易受力的水磨石板材在背面采用铺贴纤维网来加固，增加板材的强度，以免出现破损。

用于台面的板材，采用纤维网或者背网胶加固，可显著提高产品的抗裂性能，用于台面或者拼花抽槽加工的板材，建议背面用玻璃纤维网加固。

（5）标志　产品包装箱上应注明产品名称、材料型号和规格、生产批号、生产日期、安装区域位置、等级、商标、厂名、厂址。配套工程用料应在每块板材侧面或者底面标明安装或者拼接编号。包装箱上须有向上和小心轻放防雨等标志，并符合国家标准的规定，对安装顺序有要求的板材应标明安装序号和方向。

3）荒料法水磨石的异形加工设计

建筑装饰部件有很多异形构件，如圆柱体、弧形双曲面、立体造型等。这种异形水磨石构件，往往采用荒料法水磨石，通过绳锯、五轴切割机、雕刻机等设备加工而成。用荒料法水磨石进行异形加工，首先要根据加工产品形状及尺寸，选定加工设备，确定加工工艺。

① 对于原设计图纸中的不合理或精细度不够，在加工设计中有必要对荒料加工方式进行深化设计，从而充分达到荒料水磨石的高效利用，增加图纸落地执行，并且提高加工构件的精致度。

② 提前规划好所有的排版布局，考虑平面与立面交口及对缝关系，综合考虑荒料的出材率及加工、现场找料和安装难度。

③ 检查图纸所涉及构件的尺寸规格，根据项目风格确定排版思路，然后调整图纸，做尺寸标注。

④ 对需要排版的具体图纸等进行全图铺装填充，避免漏项。

⑤ 对异形水磨石材料进行大样标注。

⑥ 对加工水磨石组件进行编号，按照不用节点进行出图编号，做好索引，避免漏项，方便查找。从下单、加工、运输与施工安装都是根据编号来进行工作，是提高效率、减少损失的一种方法。

⑦ 加工的过程是根据产品的编号顺序来进行完成，加工后由操作人写上编号。

⑧ 排版方法：在排版工作区人工复核每个区域位置及交口和对缝位置。

⑨ 打包：托盘码放，每个托盘上贴有标签，记录成品板的各种信息，主要方便运输清点，现场验货，现场施工安装。主要包含有企业信息、项目名称、区域位置、成品规格、排版编号等信息。

⑩ 储存：复核完成后的成品板材，码放托盘上并按照规格、型号放置在摆放货架上。两货架中间要有间隔，方便叉车运输。

第4章

预制水磨石的生产

预制水磨石制品的生产过程，指从原料的搅拌、坯体的成型、养护、磨抛加工、包装储存的全部过程。生产过程的基本组织单元是工序，如搅拌混合工序、设备成型工序、磨抛工序、表面加工工序以及其他包装工序。因此，生产过程也是按顺序将原料加工成为成品的工序的总和。

4.1 概述

水磨石制品规定的技术要求主要有性能指标、装饰效果和规格尺寸三个方面。性能指标要求密实度高，主要表现为抗压强度、抗折强度、密度以及吸水率等性能，装饰效果要求骨料均匀、色彩美观、符合样板的整体或局部体验感，规格尺寸要求准确一致、公差小、变形小、尺寸稳定。设置生产工序要根据这些技术要求，结合生产规模、投资多少、技术水平、设备状况以及其他条件，进行综合考虑。

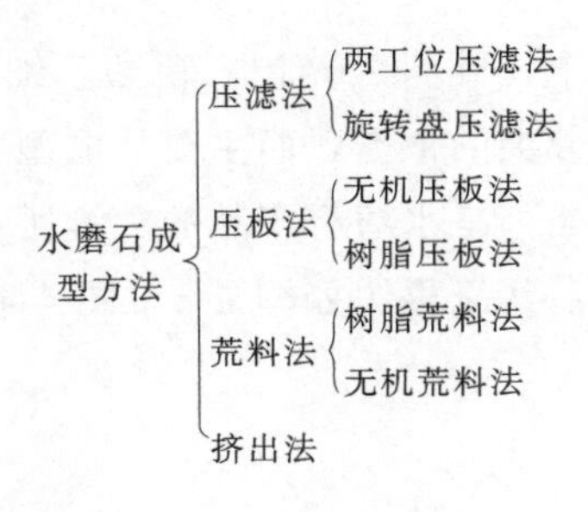

图4-1　常用水磨石成型的四种方法及类别

预制水磨石制品的基本工艺过程，指使原材料通过机械设备发生形状和性能变化，使之成为水磨石成品的工艺工序，其余的称为非工艺工序。预制水磨石有压滤法、压板法、荒料法、挤出法四种主要成型方式。压滤法有两种，其一是两工位压滤法，其二是旋转盘压滤法；压板法有两种，其一是无机压板法，其二是树脂压板法；荒料法有两种，其一是树脂荒料法（所成型水磨石也称人造岗石），其二是无机荒料法（所成型水磨石也称方料法无机水磨石）；挤出法主要用于高性能无机水磨石的成型。具体分类如图 4-1 所示。

根据水磨石生产中原材料、设备状况、产品规格，为了便于分析，确定了预制水磨石制品基本的工艺过程，这些基本的工艺过程，对于保证水磨石制品规定的技术要求是必需的。

4.1.1 水磨石的基本工艺过程

水磨石生产工艺方法多种多样，根据所用设备不同、材料不同、材料状态不同，生产工艺都会有所不同。但它们基本的工艺路线类似，其基本路线如下所述：

第一，配料。采用计量工具或设备，对配方中的各种原材料进行计量，通过输送设备将各种材料按要求的输送方式和数量送入搅拌装备，采用强制性行星搅拌机进行搅拌。搅拌好的材料，通过皮带输送机运至布料斗。

第二，成型。采用成型设备按一定方式（如振动、加压和真空等）让其形成一定形状的坯体。

第三，养护。水泥基水磨石和树脂基水磨石成型后在一定的条件下（如温度、湿度、压力等），让所采用胶黏材料进行充分凝固，使其达到要求的性能指标。

第四，粗磨。对坯体磨削，让其去除浮浆，露出骨料，确定厚度的环节。

第五，细磨。消除粗磨磨痕的过程，让粗磨后的表面更加平整光亮。

第六，抛光。增加光度亮度的打磨抛光过程，它比细磨更细腻、更光亮。

第七，检验包装。按照检验标准进行检验，剔除不合格的产品，对合格的产品进行包装入库，准备出货。

4.1.2 水磨石四种生产工艺

水磨石在不同生产工艺过程中，配料、养护、粗磨、细磨、抛光、检验包装差异不大，有些可以互相共用，一般不作为分类的依据，而主要从成型方式进行分类。并且不同的成型方式决定了水磨石最终的机械性能，是水磨石产品的关键所在。主要有四类成型方式——压滤法、压板法、荒料法、挤出法，其流程图如图 4-2～图 4-4 所示。各成型方式的成型设备见图 4-5。

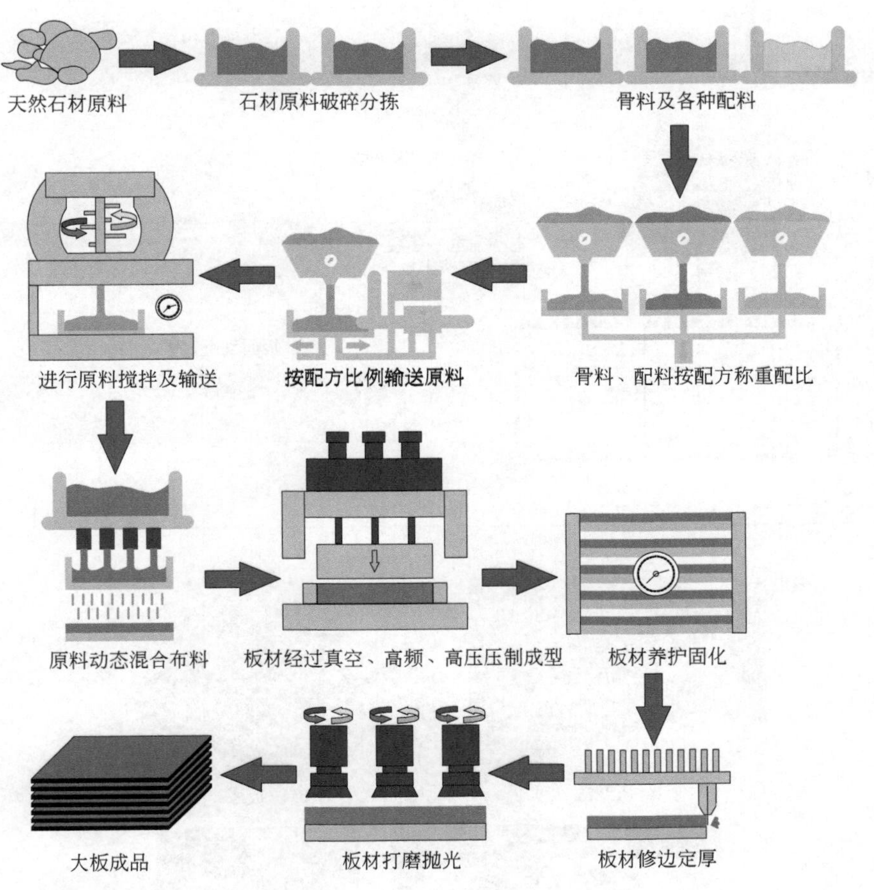

图 4-2　压滤法及压板法基本工艺

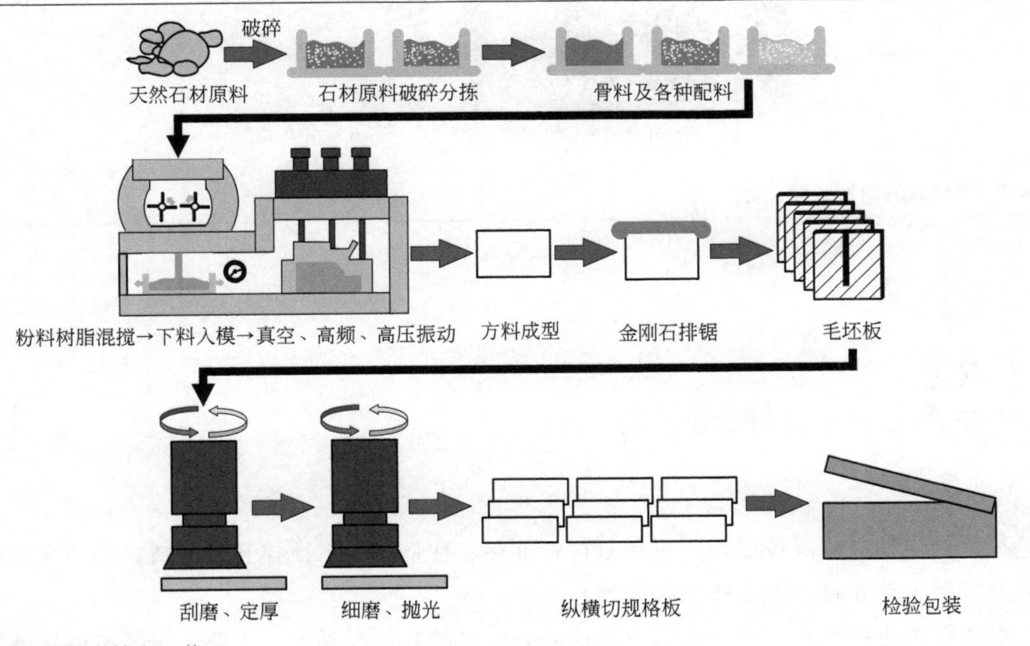

图 4-3　荒料法基本工艺

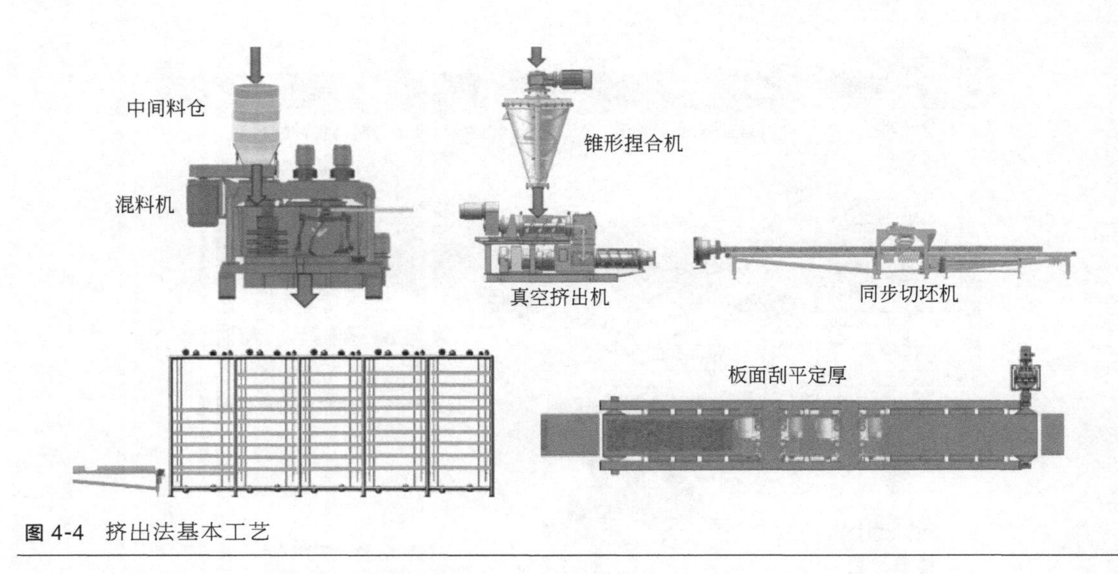

图 4-4　挤出法基本工艺

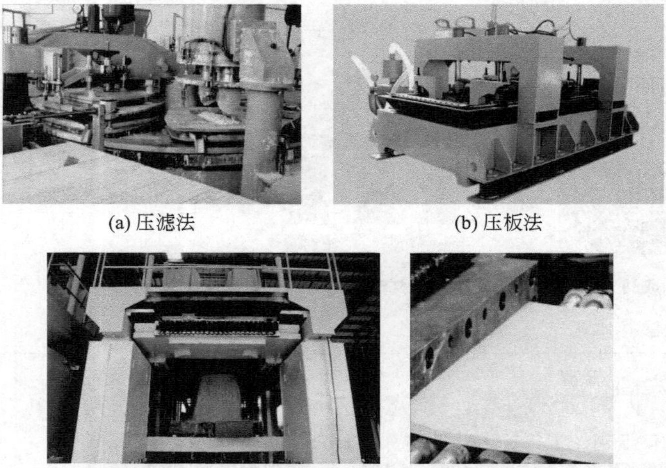

(a) 压滤法　(b) 压板法

(c) 荒料法　(d) 挤出法

图 4-5　水磨石的四种成型设备

4.2 水磨石拌和料制备工艺

水磨石拌和料的制备过程，包括原材料堆存、称量配料、搅拌和分配喂料等。水磨石拌和料分为湿法拌和料、干法拌和料两种。

水磨石湿法拌和料，是一种低流动性的高标号的装饰混凝土，主要用于两工位压滤法水磨石和旋转盘压滤法水磨石。而水磨石干法拌和料是一种不流动的半干装饰混凝土，主要是无机压板法水磨石，而树脂压板法水磨石、树脂荒料法水磨石、无机荒料法水磨石、挤出成型水磨石都是采用这种干法拌和料的方法。

4.2.1 水磨石拌和料的设备工艺布置

作为水磨石生产企业，要满足多种水磨石产品的生产需要，一般要有多种不同品种、不同规格的骨料。这么多种骨料，可以采用不同存储方式（如筒仓贮存、料池储存、吨包贮存）。在拌和料制备设备上，各种原材料从固定贮存位置通过不同方式的输送设备将材料输送到搅拌机内。

压机与拌和料设备的工艺布置是否合理，会直接关系到水磨石产品的生产效率、质量和成本。图 4-6 为自动生产线配料系统的工艺布置。

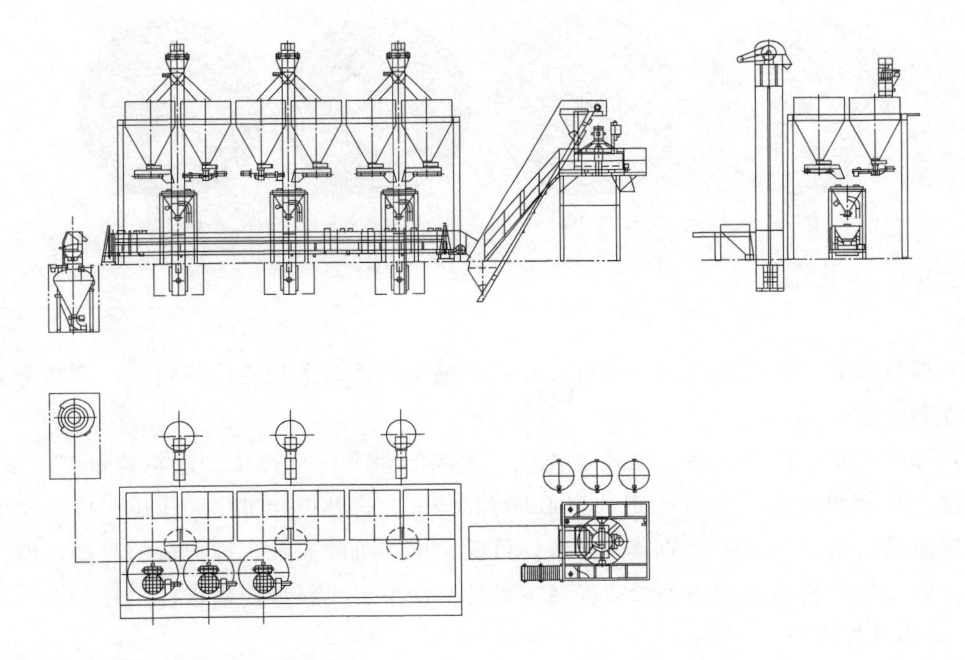

图 4-6 自动生产线配料系统的工艺布置

4.2.2 拌和料的制备要求

搅拌的目的在于，将形状不同的、粗细不一的各种装饰效果的骨料，拌制成混合均匀、颜色一致的拌合料。为了拌制具有一定的流动性、可塑性以及和易性良好的水磨石拌和料，需要保证组成材料称量的准确，又要正确地选择搅拌方法和搅拌形式。

原材料的称量，一般有体积法和重量法两种。体积法称量细骨料虽然简便易行，但因受物料湿度和紧密度的影响，误差较大。粗骨料品种和规格经常变化，采用体积法，设备和操作很不方便，还容易出现差错，难以保证水磨石拌和料的质量。水磨石工业通常采用重量法称量。根据实际情况，原材料的称量偏差按重量法计算，根据所用材料的质量，要求误差也不一样。一般材料用量较少的要用精度较高计量仪器。

1）水泥基拌和料

水泥基拌和料分为水磨石流态拌和料、水磨石干态拌和料，由于水泥基材料内部摩擦力大的特性，最好采用立轴行星强制式搅拌机。立轴行星强制式搅拌机配置如下：

(1) 传动装置　传动装置由电机带动硬齿面减速机进行传动，电机与减速机之间安装弹性联轴器和液力耦合器，良好的减速箱具有噪声低、扭矩大，将功率平衡有效地分配到搅拌装置，保证搅拌机正常运转。

(2) 运动轨迹　搅拌叶片的公转、自转使搅拌机在搅拌各种粒径及密度的骨料不产生离析的情况下，可得到最大的生产效率，如图 4-7 所示。

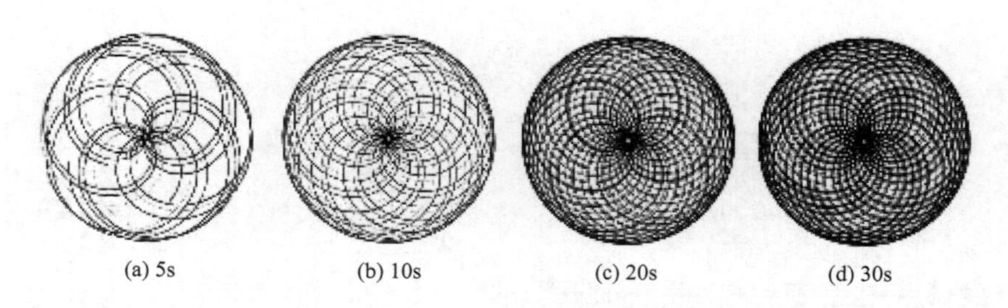

图 4-7　搅拌叶片运转轨迹

(3) 搅拌装置　在搅拌桶内，带有叶片的行星轴旋转时采用将物料挤压、翻转等复合动作进行强制性搅拌。

(4) 卸料装置　这种立轴行星式搅拌机，出料容量 50～4500L，进料容量 75～6500L，出料质量 120～10000kg，搅拌额定功率 4.5～200kW，这种搅拌机是同压机组成自动生产线的比较理想的设备。根据生产的具体需求，可确定搅拌机的参数。搅拌机的质量，搅拌机的外形尺寸以及提升料斗的功率等参数都随主搅拌机功率、出料量而确定。

2）树脂基拌和料

树脂基拌和料以半干拌合料的状态为主。树脂基拌和料由于树脂的润滑特性较好，搅拌效率往往比较高。但是内壁及轴等接触搅拌料的部分都要作衬底保护，以防摩擦污染。

4.2.3　搅拌工艺

水磨石流态拌和料和水磨石半干拌和料的搅拌工艺是一个十分复杂的问题，其复杂性不仅在于水磨石拌和料中有固相、液相和气相参加搅拌，而且还在于相互之间的化学和物理的变化。合理地选定搅拌工艺对水磨石生产和水磨石制品质量影响很大。下面介绍搅拌原理及影响搅拌质量的因素。

1）搅拌原理

水磨石流态拌和料、水磨石半干拌和料搅拌目的在于达到匀化。水磨石流态拌和料、水磨石半干拌和料，除应考虑水磨石拌和料的材料构成外，还应考虑达到装饰效果的要求。匀化是使所用物料互相分散，达到一定的分布浓度及温度上的均匀程度。由于拌和料的组分多，颗粒大小差别较大，还要加入添加剂和颜料，必须采用足够的机械分散强度才能达到匀化的目的。搅拌机是根据剪切机理设计的，基本原理是强制物料的各部分沿不同滑移面向相反方向运动直至均匀混合。

2）影响搅拌质量的因素

在原材料、配合比及搅拌机不变的情况下，影响搅拌质量的因素主要有搅拌时间、搅拌强度和投料顺序三点。

（1）搅拌时间　搅拌时间系指从原料全部投入搅拌装置时起，至混合料开始卸出时止所经历的时间，或者是搅拌机的高速搅拌时间。在生产上，应根据混合料的均匀性、拌和料强度增长的效果以及生产效率等因素，优选适当的搅拌时间。根据水泥基、树脂基、半干态、流态等类别的拌和料，选用时间都有差异。

（2）搅拌强度　搅拌强度除了搅拌设备固定后的功率、行星搅拌主轴数、刮板外，变频搅拌机也可以调整转速来增加搅拌强度，从而增加了单位时间的搅拌次数，增加了搅拌强度，提高了分散效果。

（3）投料顺序　投料顺序应从提高混合料搅拌质量和强度，减少骨料对叶片和衬板的磨损及拌和料在搅拌装置上的黏结，减少扬尘及改善工作环境，降低电耗及提高生产率等因素综合考虑决定。其中，提高拌和料搅拌质量应占首要地位。

常用的是一次投料法。在投料过程中，各种物料的投料顺序仍有微小的区别。为了防止扬尘，可先少加点液体原料。出料口在下部时，不能先加液体原料，应在投入干物料的同时，缓慢地加入全部液体原料。

两次投料法是先拌制细骨料、颜料和液体原料成浆，再投入骨料。采用这种投料方法，便于搅拌均匀。骨料投入后，易被浆体均匀包裹，有利于提高拌和料强度，同时，还能减小粗骨料对叶片和衬板的磨损。采用这种投料法，尤其能节约电能。

水磨石半干拌和料和干硬性拌和料，不能采用两次投料法，否则，浆体容易粘筒壁，也不容易搅拌均匀。

4.3 预制水磨石基本生产工艺

4.3.1 压滤法水磨石生产工艺

1）压滤法水磨石的简介

（1）两工位压滤法水磨石的简介　两工位压滤法成型水磨石，是在传统的压制和脱模基础上不断改进的一种水磨石成型方式。它的两个工位依然是压制，脱模。两工位水磨石压滤法有两种形式：上模成型、下模成型。它们所用水磨石混合料工作度好，坍落度大，布料速度快，由于工作度好，用水量相对较多，一般水灰比为 0.5。所以在压制的过程中，多余的水通过滤网被挤出，一部分水通过施加负压带出，然后压制到一定密实度后，进行脱模。其中上模成型：无振动，上下排水，静压成型，最大可生产 1600mm×800mm×50mm 规格板材。下模成型：上下排水，布料时振动，静压成型，最大可生产 1600mm×800mm×50mm 规格板材。图 4-8 为两工位压滤法水磨石压制布局图。它主要由四部分组成，即供料系统、布料系统、压制系统和码垛系统。

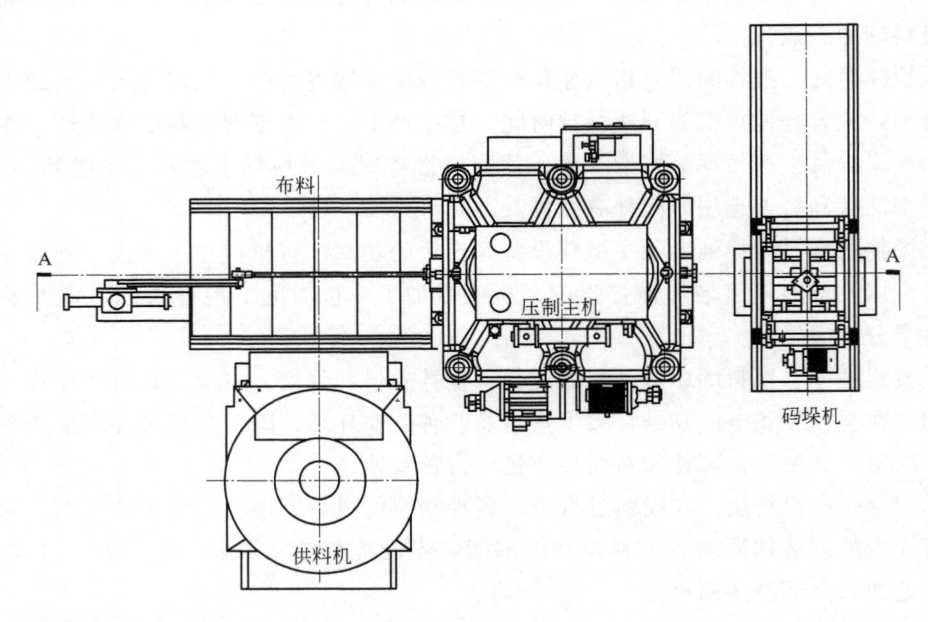

图 4-8　两工位压滤法水磨石压制布局图（上模成型）

（2）旋转盘压滤法水磨石的简介　旋转盘压滤法水磨石是将所有成型工位都设置在旋转盘上，如图 4-9 所示。旋转盘压滤法水磨石生产设备，主要由布料工位、铺平工位、振动工位、加压工位、脱模工位和放模板工位组成，在旋转盘上可设置 6～8 个工位。旋转盘压滤法水磨石生产效率相对较高，能够延长成型过程中振动时间，增加循环速度。它所用水磨石混合料工作度好，同两工位压滤法水磨石的混合料相近，同时坍落度比较大，用水量较多，一般水灰比为 0.5。在压制过程中多余的水一部分通过滤网被挤出，一部分水通过负压带

图 4-9　旋转盘压滤法水磨石设备

出，成型物料需通过机械手从脱模工位转移到码架上。

旋转盘压滤法水磨石最大可生产1600mm×800mm×50mm板材。设备顺时针转动，转盘外围有齿轮槽，压制位置侧面装有一台伺服电机与转盘齿轮配合，实现转盘转动；每工位装有一套模具，模具分底座与边模，底座与转盘使用橡胶弹簧软连接，底座下装有两个高频振动电机，振动电机只在四个振动工位时动作。

2）压滤法水磨石的生产工艺及设备构成

（1）两工位压滤法水磨石的生产工艺及设备构成　它是将搅拌好的物料，通过供料机、定量桶下放到带有过滤网的底模上，底模运动至压制位置，边模和压头依次下降，压头下降时把物料挤压摊平成型，多余的水分一部分通过滤网从底模排出，一部分通过上模排出。压制完成后压头与边模同时上升，由于压头与制品接触面形成真空状态，所以压头上升时连带制品一起上升，同时底模运动至布料位置，托板架运动至主机下方，通过对压头四周的空气槽吹气，使制品与压头分离，托板架运动至码垛机位置进行码垛。压头使用ϕ1000mm油缸，制品成型过程单位压力为8～12MPa。

下模成型的动作顺序与上模成型相同，区别在于成型方式。下模成型时，底模内放入钢托板，下模上升与底模形成一个腔体，供料机在腔体内布料，布料完成后底模上安装的振动电机动作，振动完成后压头下降，压头整体压在边模内衬四周2cm位置。此时，压头压着边模同时下降，压制成型时，上压头抽真空排水，底模排水孔下排水，压制完成后压头上升，边模下降，压头抽真空把板吸起，托板架运动至主机下方，下板，码垛。

两工位压滤法水磨石通过更换模具，可生产1600mm×800mm×(20～50)mm以下规格板材，该种成型方式的特点是产品花色以小颗粒为主，大骨料容易压裂。产品通过磨抛后亮度可达到50～70GU左右。单块成型周期：20～30s。这种成型方式的缺点是产品会出现中间分层，四角有裂纹，骨料分布不均等问题。

此设备可半自动化生产，长时间使用的钢托板容易变形，影响产品质量，设备使用时环境比较差，易产生污水、泥垢。

（2）旋转盘压滤法水磨石的生产工艺及设备构成

旋转盘压滤成型机的旋转工作盘上装有工作台，工作盘旋转动作一次旋转一个工位。每个工作台上，均有一组模具装在振动板上，振动板下配有一台可调式偏心垂直振动器。压力制坯机工作台构造示意图和可调式偏心垂直振动器示意图如图4-10所示。

3）旋转盘压滤法水磨石成型过程

旋转盘压滤法水磨石坯体生产从放入钢托板开始，在放钢托板工位时，可以人工放入；也可以机器手放入钢托板后，设备旋转至下料位置。下料位置配有一台供料机，供料机配有下料装置（圆形定量杯），下料完成后，依次旋转至振动位置，电机振动把料摊平，振动位置越多振动时间越长，转动至压制位置后压头工作，压头下降进入边模腔体内，加压排水，产品单位作用力约8MPa，排水方式为上下排水，压头上开有排水孔与排水槽。压制时开始抽真空形成负压，真空度在-0.09MPa以下，多余的水分

图 4-10 压力制坯机工作台构造示意图和可调式偏心垂直振动器示意图

通过压头排水孔及排水管排出，产品成型后，压头上升，转盘旋转至出板工位，出板位置下方配置一个顶托板装置，将水磨石坯体顶出后由码垛机进行码垛，如图 4-11 所示。

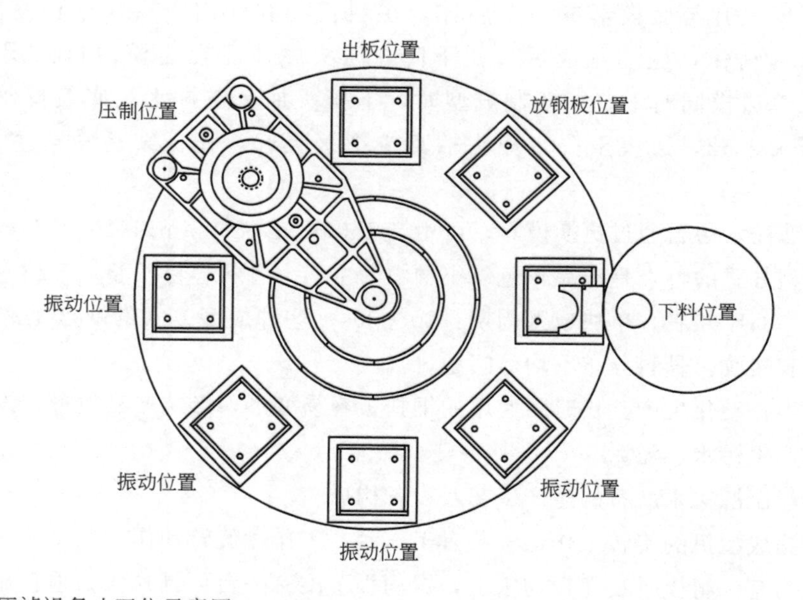

图 4-11 转盘压滤设备八工位示意图

在水磨石制品坯体成型的过程中，伴随着复杂的物理化学变化，涉及水泥的凝结、硬化等问题，而这些问题同普通混凝土的相似，本书不予赘述。

4）旋转盘压滤法水磨石成型工艺参数

工艺参数是在设备正常运转条件下，保证坯体质量的关键，应予严格参照执行，如图 4-12。

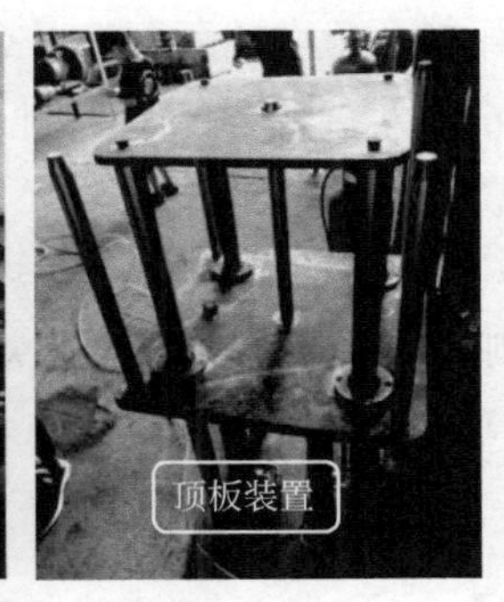

图 4-12 旋转盘压滤法压机配件图

（1）压滤法水磨石的配合比　即拌和料工艺参数，压滤法水磨石拌和料的工作度测定，应为小于 30s，加压时间为 9s，参考脱模时坯体强度再作调整。

（2）工作台上振动模板的振动条件　频率 2800～3000 次/min，振动方向为垂直上下（拌和料不能跑偏），振幅 0.2～0.5mm。

（3）振动延续时间　在振动条件不变的情况下，振动延续时间应大于 30s，但不要过长，否则会影响生产效率，如果拌和料工作度有较大的改进，振动延续时间也可适当小于 30s。

（4）单位成型压力　水磨石坯体成型时的单位压力，是决定制品强度的一个重要因素。在压制过程中，随着压力的增大，制品内部结构的密实度相应增加。由于减少了物料的空隙，使得研磨后的板面针眼气孔大量减少，提高了板面质量。在一定压力范围内，随着压力的增大，相应的物理性能，如抗压强度、抗折强度、防渗水性能等均得到提高。因此，合理地选择成型压力是很重要的，应根据不同产品的骨料颗粒级配情况，确定相应的成型压力。当采用的骨料强度较高、颗粒级配合适时，可以施加较大的成型压力，但最大的成型压力应小于骨料破坏时承受的压力。

骨料的强度（用压碎指标来衡量骨料的抗压碎能力）比较与生产中的实际情况相似。通过几组试验，可以列出不同压力与骨料压碎指标的对应关系。然后，以此确定比较合适的压力，作为骨料的强度。目前压力机的单位成型压力一般在 6～23MPa。

（5）模具　模具的性能和质量，直接影响水磨石制品的质量和经济效益。如漏浆、坯体的规格、角度达不到产品公差要求，出模的坯体侧面粗糙，外观质量就差。厚度达不到规格尺寸，骨料磨不出来，制品就达不到样板标准。厚度超过规定尺寸，磨削量大，加工费就高。

① 模具的构造。模具是由模板上的模框和橡胶底板封闭组成。模框是由四块优质钢材，先加工成断面形状的单条，再经热处理、精磨后组装焊接而成。模框表面条的内表面光洁度要高，以保证模框寿命和水磨石制品侧面的外观整齐。

模框上口尺寸 A 和下口尺寸 B 可用下式表示：

$$A=\text{产品规格尺寸}-1.5\text{mm}$$

$$B=\text{产品规格尺寸}-0.5\text{mm}$$

模框内表面有适当的斜度，上口小、下口大，便于坯体脱模。规格尺寸比产品稍小一些，是适当考虑了坯体在脱模时的变形量。在坯体经硬化收缩后，仍留有余量，需考虑模框长期使用磨损等因素。当然，模框的尺寸要根据不同产品的性能和成型工艺参数，由实际测得。

模框与橡胶底板应全部封闭，无间隙，不漏浆。为此，除各机件制造和组装精度要高外，关键有两点：其一模板的刚度要大，无变形或少变形，这就要求尽可能地加大模板厚度；其二是采用适当方式使模框压紧橡胶底板，靠橡胶产生的压入变形，使接触部位封闭，无间隙。无论过去采用的弹簧压紧，还是现在采用的气罐压紧，其产生的模框下口与橡胶底板接触部位的单位压力，一般在 0.6～0.8MPa。在其他条件一定时，需要根据一次成型块数来具体选定模框下口模条的宽度，一般在 2～5mm。

② 橡胶底板的硬度。这也是一个重要的参数，如果胶质太软，容易粘灰浆，若太硬，容易跑浆，影响生产效率。橡胶底板一般有中间、四周和下层三种硬度。中间和四周的硬度不同，上层和下层的硬度也不同。中间软，为邵氏 D55 度；四周硬，为邵氏 D75 度；下层最硬，为邵氏 D90 度。这是符合实际情况的，因为模框正好压在四周，硬度中等，既可以延长使用寿命，又能够满足封闭要求。中间软能使坯体在受压成型时，骨料突出，便于磨削。下层最硬，目的在于防止上层过软，发生粘水泥浆的问题。

旋转盘压滤法压机可生产 1600mm×800mm×60mm 以下规格板材，旋转盘压滤法压机的特点，产品花色以小颗粒为主，大骨料容易压裂。产品通过磨抛后亮度可达到 50～70GU 左右。单块成型周期为 10s 左右。旋转盘压滤法每工位换位时间为 10s 左右；压制时间为 9s 左右；压头上下时间约 2s，每个振动工位振动时间约 10s 左右。

4.3.2 压板法水磨石的生产

1）压板法水磨石的简介

它所用水磨石混合料是一种干态散状，混合料不能自行流动，用手捏能成团，掉到地上就能散开的一种状态。用水量较少，通过布料、振动加压、抽真空的方式使板材成型，最大可生产的成品板尺寸为1620mm×3240mm、2000mm×3300mm，板材厚度12～36mm。总布置图如图4-13，表4-1为其性能指标。

图 4-13 压板法总布置图

（1）无机压板法水磨石的简介　采用真空状态下高频振动压制成型，成型后的毛坯板厚度范围19～36mm。

板材的厚度有很多种，这是根据其使用目的决定的，最常用的净厚度为30mm、20mm、15mm，定厚和磨抛使坯板的厚度减小4～6mm。34～36mm厚的坯板定厚抛光后净厚度为30mm；24～26mm厚的坯板定厚抛光后净厚度为20mm；19～21mm厚的坯板定厚抛光后净厚度为15mm。

⊡ 表 4-1 无机压板法所生产的水磨石主要性能指标

项目		技术指标			
		岗石		石英石	
		优等品	合格品	优等品	合格品
吸水率①/%	≤	0.8	2.2	0.5	1.8
体积密度/(g/cm³)	≥	2.35		2.30	
弯曲强度②/MPa	≥	15.0	9.0	18.0	12.0
压缩强度/MPa	≥	80	50	100	70
耐磨度/mm	≤	38	44	32	36
莫氏硬度	≥	4	3	6	5
线性热膨胀系数/(1/℃)	≤	10.0×10^{-6}	14.0×10^{-6}	12.0×10^{-6}	16.0×10^{-6}
落球冲击/cm	≥	20		20	
燃烧性能		符合GB 8624—2012中A级要求			
放射性核素限量		符合GB 6566—2010中A类要求			
光泽度/GU		高光板≥70；70＞光板≥20；亚光板＜20 （客户有特殊要求时以供需双方约定值为标准）			

① 如有特殊用途，由供需双方协商确定。

② 报告时标注样品试验状态，如弯曲强度（干燥）、弯曲强度（水饱和）。

压板法水磨石的成型过程如下。首先将各种原材料按配方比例要求的数量输送到强制型行星搅拌机中，进行高速分散，使物料分散均匀，不结团。其次将搅拌好的物料输送至打散机，进行打散。随后进入布料机开始布料，在宽幅的布料口用齿辊均化机对所下材料进行均化，这样所布的料更均匀，便于密实压制。布料的面积以压制板材的模具密实布满为好，对于机械布料不足的地方，要求人工补料。将布好料的模具，输送至压机内，开始压机的压制工序。压机的外罩下降，形成密闭空间，开始抽真空，抽真空时间大约1min，真空度在－0.09MPa以上。待抽真空完成后，压头下降，压头自重18t左右，压头上配有10台振动电机，振动电机外置在压头外部，电机振动频率以高频振动为优，加压时，振动电机启动，压头在振动电机作用下拍揉材料，使材料成型，作用在材料上单位作用力为：压头自重＋气压（＞0.65MPa）＋振动电机作用力。

压制结束的无机水磨石板材需要封闭进行养护，用来封闭压制水磨石板材的是0.1mm厚的聚乙烯膜，上下两层将板材夹在中间，但封闭膜的放置是在压制板材之前，底层聚乙烯膜是在布料之前，通过热压方式让PE膜贴紧底板然后进入布料工序。在布料完成后，进入压机前，在水磨石混合料上面覆盖好上层聚乙烯膜，通过压机后封闭膜被压紧在板材上。从压机出来的板材就已被封闭，放入一定温度环境进行24h养护，随后进行常温7d养护，再进行打磨。

图 4-14　无机压板法水磨石成型设备

压板法成型的水磨石产品通过磨抛后亮度可达到80GU左右，单板成型周期为3～5min。

（2）树脂压板法水磨石的介绍　树脂压板法水磨石是用不饱和聚酯树脂作为黏结剂，石英石、大理石或花岗石为骨料。与无机压板法水磨石的区别是，所用胶黏剂不同，由于水泥的性能与不饱和聚酯树脂的性能有很大差异，则所成型的水磨石板材的工艺及性能也有较大的差异。树脂基水磨石拌和料搅拌阻力小，很容易搅拌均匀，拌和料较无机材料松散，拌和料中骨料与骨料之间有树脂润滑，摩擦力小，所以压制板材更密实。树脂的密度小，压制出的板材较无机板材轻，树脂韧性好，所以压制板材抗折强度比无机板材高。但树脂板材防火性没有无机板材好。

树脂压板法水磨石压制设备与无机压板设备（图4-14）主体基本相同，具有加压、振动、抽真空的功能，但振动只需工频或低频就可以压制出能够达到很好性能的板材。

树脂压板法水磨石生产工艺过程同无机压板法水磨石工艺过程基本相同，如图4-15所示。有几点区别如下：

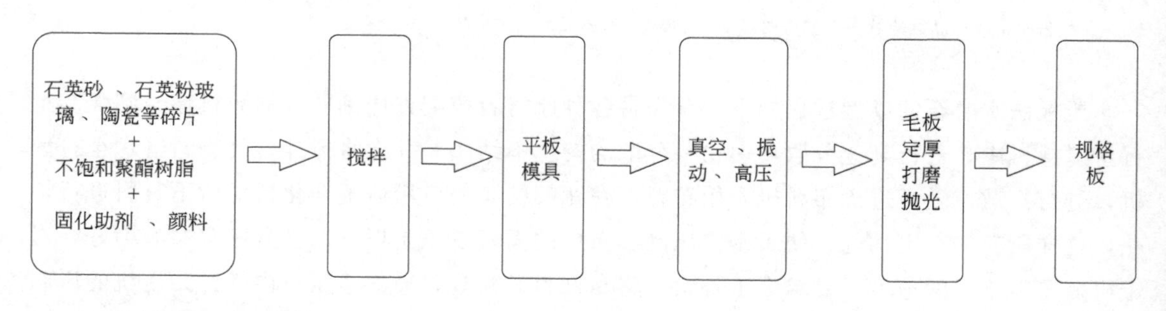

图 4-15　树脂压板法水磨石

① 原料状态有所不同，搅拌速度、时间不同。不饱和聚酯树脂要先与固化剂、催化剂、颜料预先混合搅拌均匀，再与骨料、粉料进行搅拌混合。搅拌机必须做好内衬，防止搅拌机铁质材料与搅拌物料摩擦变色。

② 树脂压板法水磨石板材压制。将搅拌好的物料依次通过混料机、打散机、布料机、均化机摊铺在平板模具内，刮平摊铺材料，对于机械摊铺材料不足的区域，要求人工补料。覆盖保护膜，通过压实机预压，进入压制设备，按照真空、振动、加压的步骤通过控制盘来控制压制过程。

树脂压板法水磨石所用为平板模具，这种模具是由下部容器构件和上部遮盖构件组成。通过皮带传送模具，模具在不同工位传送，模具在布料之前就要准备充分，具体如下：

a. 模具由模底板和模框组装而成，必要时可配置模芯，底板可用不锈钢、玻璃钢或硬聚氯乙烯等制作。模框以选用铝合金效果较好。根据需要，模芯可选用硬聚氯乙烯模芯或硅橡胶模芯等。先安放模具的底部构件，再安装模框或模芯。

b. 将混合料摊铺在模具底部构件上，并将混合料抹平压实。

c. 放上覆盖构件。

d. 使用真空、振动、加压设备，对摊铺好的树脂水磨石混合料进行压制密实，使之成为板材。

e. 将压实的板材传送到硬化装置中。

③ 树脂压板法水磨石硬化设备。树脂压板法水磨石硬化设备也叫固化炉，如图 4-16 所示，它是立体的、可放多层板材、每个板材独立加热的固化装置。压制好的板材经过传送带输送至固化炉前，取掉模框，留下板材上下的保护覆盖层，通过牵引装置，将板材放入固化炉。牵引机将压制好的水磨石板材放置在由两块铝加热板材组成的夹具中间，铝板夹具上布有导热油循环系统。通过热油泵站将装在铝板夹具上的热油循环系统加热，通过热传导作用将水磨石板材加热硬化，并持续加热一定的时间，水磨石板材完全硬化。

图 4-16　立体固化炉

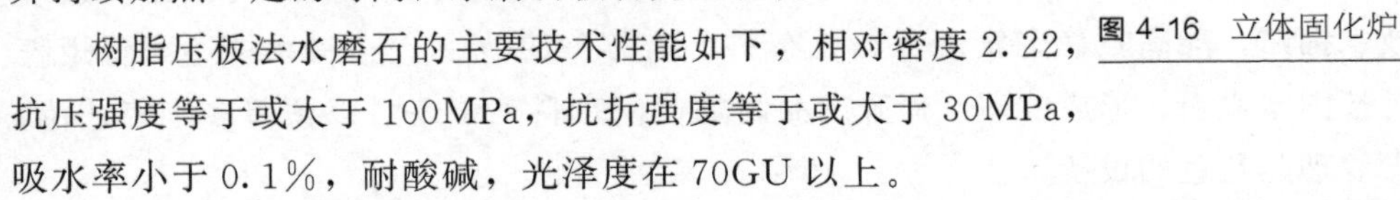

树脂压板法水磨石的主要技术性能如下，相对密度 2.22，抗压强度等于或大于 100MPa，抗折强度等于或大于 30MPa，吸水率小于 0.1%，耐酸碱，光泽度在 70GU 以上。

此外，还有大拼花压制成型。它是把天然大理石或花岗石按照设计需要切割成四周呈规则或不规则自然形状的薄片、薄石片，然后将大小混合的薄石片密布在模具底面，再铺上水磨石拌和料，经压制成型而成，主要用于特殊需要的建筑部位。

2）压板法成型水磨石的生产工艺及设备构成

无机压板线由原料系统、搅拌及混料系统、布料压制回模系统、一次养护系统、二次养护系统、磨抛系统等组成。每个系统由单个或多个设备共同完成工艺生产功能。

（1）原料系统

① 粉料系统包含 4 个 80 吨粉料仓，用于存储预混好的水泥及水泥助剂、石英石粉、高岭土、碳酸钙粉等，根据不同的配方需求，选定的粉料经过精准称量后用气力输送到搅拌机。如图 4-17 所示为骨料原料仓。

图 4-17 骨料原料仓

图 4-18 搅拌机

② 骨料包含 2 个 40 吨和 8 个 10 吨颗粒料仓，2 个 40 吨颗粒料仓用于存放细颗粒骨料，用于满足做细颗粒板材的产能需求；8 个 10 吨颗粒料仓，可存储各种不同粒径骨料，满足不同的工艺需求。颗粒骨料称量配比后可通过皮带机传输上料的方式到搅拌机。

③ 液体系统配置 2 个 $3m^3$ 的乳液储存罐，通过泵送系统经过计量后准确送到搅拌机。

（2）搅拌混料系统

① 为水泥基水磨石专门设计的转筒式搅拌机，相较于普通立轴带桨叶的搅拌机，高速桨叶有更好的分散性，可以保证水充分包裹润湿水泥，消除水泥水化不彻底，导致抗折强度降低的不利情况，如图 4-18 所示。水泥基水磨石的搅拌设备也可完全用于树脂水磨石的搅拌。

② 通过应用成熟的四筒打散机，进一步对料进行打散，完全消除球团，提高无机板的强度。打散机可自动清理并自动清渣，保证生产连续性。

（3）布料压制回模系统

① 布料系统采用专用于水泥基的高效布料机，配合模具使用；模具内腔的聚乙烯膜采用真空吸附技术铺贴，能高效稳定实现自动化布料，如图 4-19 所示。布料系统还配置矩阵撒粉装置，可按图案撒粉，形成纹理，提升产品附加值。布料工位还可以预留多个工艺位，后续可增加做纹理、花色的设备。

图 4-19 布料机

图 4-20 高频振动压机

② 压机系统包括高频振动压机和真空控制系统，如图 4-20 所示。采用振动压机对板坯进行高频压制，使板坯密实度大大提升。采用真空控制技术，保证整个压制过程在真空状态下完成，又不会造成过度抽真空使得水分蒸发，大大提升板材质量。整个压制过程，包括从定位到压制完成出板，可以自动完成。

③ 压制结束后，用塑封机自动对板坯塑封，避免水分损失，减少养护期间对水分的补充。

(4) 一次养护系统

① 板材经过脱模翻面机脱模后，放置在钢化玻璃板上，通过码垛机自动送入养护区，玻璃托板在养护结束后自动循环。

② 码垛机可快速将玻璃托盘上的板材送入养护托盘上，同时将养护完成后的板材取出，托盘在养护区内自动循环。

(5) 二次养护系统

① 一次养护完成后的板材通过下板机放在储板架上，通过摆渡车送到二次养护区域，然后通过二次养护码垛机自动送入空位。二次养护采用立式储板架的方式存放板材，可大大节约厂房面积。

② 二次养护码垛机可将板材自动送入空位，同时计时，达到养护时间后自动取出。可使板材养护时间同步，不会产生磨抛后的板材的光泽度差异。

③ 码垛机的速度相比行车更快，贴地行走，安全性更高，且故障率低。

(6) 磨抛系统　水磨石磨抛系统是从定厚开始的，定厚机采用可调节压力定厚盘，可根据板材强度调节不同的压力，有效降低由于崩角、掉砂导致的板材质量问题。抛光机后可增加陶瓷纳米抛光机填补微孔、提高抗污性。

综上可知，压板法水磨石成型流程图如图 4-21 所示。

4.3.3 荒料法水磨石生产工艺

1) 荒料法水磨石的介绍

荒料法水磨石，是模仿天然石材的荒料，进行水磨石的生产的工艺过程，生产效率很高。其花纹图案可以人为控制，外观可仿大理石、花岗石等，具有质量小、强度高、耐污染、耐腐蚀、便于施工等优点，按黏结材料不同，岗石可分为树脂型岗石、水泥型岗石。它通过黏结剂，与天然碎石、石粉、颜料等混合配制成混合料，经过真空、高压成型、固化、脱模、烘干、切削、打磨、抛光等工序制成。其性能特点如下：

① 色彩花纹仿真性能强，其质感和装饰效果完全可与天然大理石和天然花岗石媲美。

② 强度高，不易碎。板材产品厚度小，质量小，同时施工很方便。

③ 外观色彩花纹均匀划一，避免天然石材存在的色差缺陷，特别适用于大面积装饰。

产品按外观色彩可生产多种的花色品种，它的色彩、花纹、骨料大小都超出了压板法的限制，拥有更多的选择空间。按厚度主要有 12mm、14mm、16mm、18mm、20mm 等规格，平面尺寸可由客户任意指定，规格为 2.75m×1.85m×1.2m 的块料。

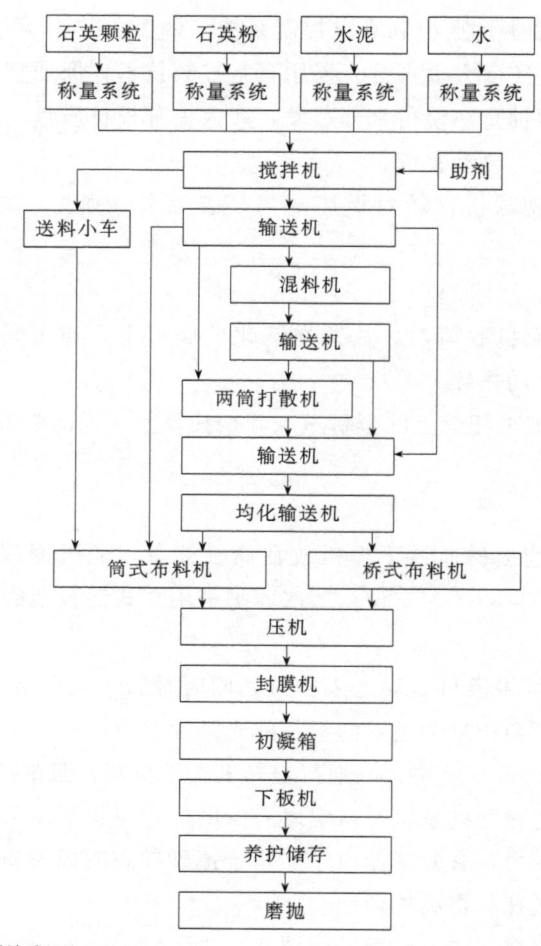

图 4-21 压板法水磨石成型流程图

生产的主要构成系统如下：

① 荒料成型机系统。其是成型机荒料成型的核心系统，荒料水磨石产品的质量好坏都是由该系统决定的，如果该系统出现了不良，则荒料水磨石的质量将难以改变，它是荒料水磨石花色和机械性能的决定者，所以该系统至关重要。

② 平移式金刚石框架锯。该机采用同类产品的传动、液压机构，具有高稳定性、低功率、高产量等优点，可以切割的毛板最少厚度为 1.2cm，平整度达到 0.3mm 以下。

③ 石材连续磨机生产线两条。该生产线采用自动控制系统，具有产量大、加工精度高、表面光洁度高等优点。

2）荒料法水磨石的生产工艺及设备构成

（1）无机荒料法水磨石的生产工艺及设备构成　无机荒料法水磨石的生产是模仿天然石材的荒料进行的水磨石的再造与分切，并最终成为装饰水磨石的过程。无机荒料法水磨石依据水泥基荒料水磨石的配合比设计方法进行配合比设计。将各种岩石骨料颗粒和岩石细粉，把白水泥做为胶凝材料，并用颜料、矿物添加剂、减水剂和化学外加剂等辅助原料，经过混合器、输料系统、布料系统、振动、压制成型系统和水泥养护工序制作成立方体的荒料，再经过锯切、打磨抛光和倒角等工序加工获得板材。在现有设备条件下，除了采用莫氏硬度 4 度左右的大理石、白云石和石灰石等易于加工的材料，还用玻璃、陶瓷、贝壳、碎镜片等与天然石材配合作为骨料来制作无机荒料法水磨石。该法生产效率高，成本低。

各种用于荒料成型的真空成型机，技术及工艺主要来源于意大利百利通公司，经过反复实践和技术的发展，国内荒料成型设备也趋于成熟，也有很多企业用这些设备进行无机荒料法水磨石和树脂荒料法水磨石的生产。其中采用的真空行星式搅拌、振动压制技术及工艺，已经在水磨石荒料行业大量使用。无机荒料法水磨石的生产也必然随着时代的进步，包括理念、相关技术及工艺的变革，也将不断更新。

无机荒料法水磨石的生产通常是在荒料型水磨石连续生产线上进行的，因客户对板材规格要求不同，生产的荒料尺寸也有不同规格。现在生产荒料型水磨石生产线规格最多的是意大利百利通公司无机荒料型水磨石生产线，由于生产产品的规格较大，能生产大骨料类产品，又能生产大理石、白云石、石灰石之类的软质细骨料类水磨石。

图 4-22 荒料法水磨石原料输送系统

无机荒料法水磨石连续生产的工艺过程如下：

① 原材料配料前的准备阶段。

a. 水磨石骨料。包括石块、碎石、粗粒大理石粉和一些特殊色彩骨料等，分别用装载机送至为配料系统准备的骨料斗，用称量带进行配料，如图 4-22 所示。

b. 水磨石的填料包括大理石细粉和粗粉，通过空气输送系统将其送至立式筒仓中，在由螺旋输送机输送至密闭的称量器进行称重计量，当质量达标后，开启风动闸门，将粉料倒入搅拌机。

c. 白水泥储存于立式配料的筒仓中，可通过仓底的螺旋输送器将其送至密闭称量器进行称重计量，当质量达标后，开启风动闸门，将水泥倒入搅拌机。

d. 水及水箱的控制，以水泥做胶黏剂制作无机水磨石时，水是必需的，而所用水是用计量水箱控制的。

e. 色料（颜料）一般使用小型专用称量装置，依据设计的品种，将适量的色料预先拌匀后倒入搅拌机中。

② 无机水磨石荒料制备阶段。其是水磨石生产的最主要的工艺阶段，是将原料变成水磨石的关键技术过程。

a. 混料搅拌。无机荒料水磨石主要以各种岩石骨料为原料，如果所生产的荒料是有色彩的花纹，则要按一定配比关系加入两种或两种以上的颜料和碎石均匀搅拌制成。其加工流程如下：

如果主要有两种色彩，则将两种色彩分别放入两组行星式搅拌机中，预先均匀搅拌，然后将两种颜色的均匀物料散布到转动的圆盘上，转盘分成两层，并以一定的高差卸落到输送带上，进而使两种颜色的物料，得到适当混合。最后经输送带送至真空搅拌机中，稍加混合后抽去真空。

图 4-23 荒料法水磨石搅拌机

无机荒料水磨石的制作是将各种粉料按一定比例直接输送到真空搅拌机中。预先将水泥及各种细料、液料搅拌成糊状，现场操作人员可根据料态的干湿程度，灵活调节，并可在搅拌前期、中期和后期设定不同的搅拌桨转速；然后依次放入粒度大的石块和碎石，在搅拌过程中抽取真空室中的空气，如图 4-23 所示。

b. 均匀布料。将混合料注入荒料磨具中，大理石、花岗石、石英石等的骨料，经搅拌后在真空条件下，边搅拌边均匀地落料到荒料成型模具车内，此时的模具车以一定的速度自行往复地在下料口处运动，以使物料均匀地散布在模具车内。

③ 无机水磨石荒料的成型。当设定的物料卸完后，模具车带着矩形模具从真空搅拌室进入加压振动成型室，这时模具车上方的加压振动装置自动下降到模具车内的物料中，进行加压振动，同时抽真空，如图 4-24 所示。这道工序的目的是尽可能地将物料中的空气排挤出去，使无机荒料法水磨石密度提高，并尽量减少空气在料体中的存在，加压振动完成后，装置自动上升，取消真空度，恢复常压。真空室的密封门自动打开，由模具车将模具及其中荒料运出真空室至预定的场地，静置养护。这种成型工艺经过加压振动和真空工序后，还可使无机水磨石中的水泥浆更充分地与骨料结合，从而提高了水磨石的密度，如图 4-25 所示。

图 4-24 荒料法水磨石成型机

图 4-25 荒料法水磨石压振动加压系统

④ 无机水磨石荒料的养护。由于荒料养护时间长，且具有不连续性，因此又称为生产的缓冲期。荒料在室温下硬化及养护，可得出规格为 2.75m×1.85m×1.2m 的块料。无机

荒料水磨石需要在20℃以上的水中养护7d，自然养护则需15d以上方可锯切。

⑤ 无机水磨石荒料板材加工。无机水磨石荒料板材加工是将硬化的荒料锯切成板材，然后校平、粗磨、精磨、抛光的过程。该过程与天然石材加工工艺基本相同，所不同之处是该加工过程在粗磨之后需要加一道抹浆工序，以便将锯切后板材上的小孔填平，使板面更为平整，利于抛光和表面美观。

将无机水磨石荒料锯切成板材，从节约资源和经济角度讲，现大多选择冲程较短的垂直式金刚石框架锯，部分生产企业也有使用水平式金刚石框架锯。事实上，垂直式金刚石框架锯锯切荒料可以连续送料，并且金刚石刀头较薄，可充分利用板材。此外，根据所要板材厚度不同，每次锯切前都要对锯切机的锯条进行调整。

⑥ 无机荒料法水磨石生产线中的关键设备。

a. 无机荒料法水磨石生产线的石料破碎及筛分系统，由原材料、破碎机、筛分机、装载机、骨料仓等构成。压制成型系统，由骨料仓、送料机、搅拌机、布料机、真空压机、模具、水泥仓、混合机、成型荒料等构成。

b. 荒料成型机的基本结构及工作原理。该设备由平轴混料器及其下部的台车通道、真空压制室和四个密封门组成。平轴混料器由两个水平轴，六个混料杆，上部为密封门，下部为弧形双开门的结构构成。下部的台车通道、底部的铁轨延伸至压制室及其成型机两侧，并在其通道的两侧设置有闸门与封闭门。在其下部的台车通道右侧的顶部连接有抽真空的胶管，以及在其左侧与平轴混料器之间连接有抽真空管，使上下部构成真空通路。真空压制室的外侧设置有垂直提升的密封门，上部装设有四个气动活塞，气动活塞的下端连接着一个内部装设两个液压马达和振动器的压具。压具的左、右、前、后四侧用钢丝细绳分别连接铁件，同四个传感器进行位置感应，在活塞的两侧用胶管与气动阀控制盘及其气压罐相连，并以此实现活塞及压具的动作，压具的液压振动马达分别经胶管与液压装置相连接。

c. 荒料型水磨石锯切系统。荒料的锯切有两类，一类是锯切成平板类，另一类是采用其他设备加工成立体异形构件。锯切成平板类主要由框架锯、水磨石荒料、移动荒料的导轨、污水处理系统组成。异形构件采用专用异形加工设备，如绳锯、五轴雕刻机等。通过上述方式将荒料锯切出来的板状料或异形料，按图纸要求加工成指定尺寸和形状的产品，并对需要上光的部位，采用磨抛机械或水砂纸擦磨的方式进行打磨抛光。无机荒料法水磨石的外观要求和加工要求见表4-2～表4-4。

无机荒料法水磨石生产工艺流程如图4-26所示。

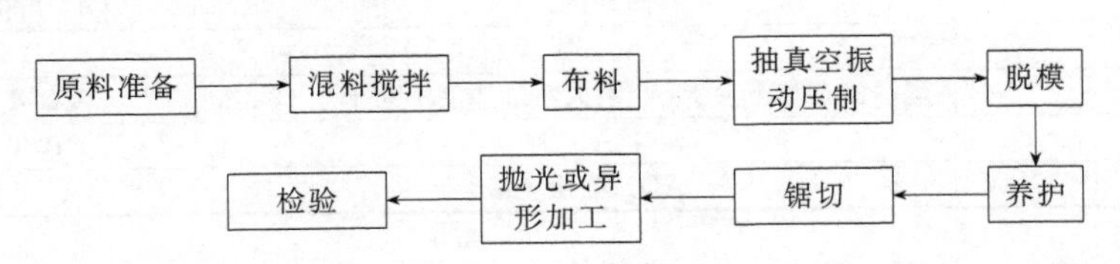

图4-26 无机荒料法水磨石生产流程

▣ 表 4-2 无机荒料法水磨石外观质量要求

<table>
<tr><th colspan="3" rowspan="2">项　目</th><th colspan="3">技术要求</th></tr>
<tr><th>优等品</th><th>一等品</th><th>合格品</th></tr>
<tr><td rowspan="4">荒料外观质量</td><td colspan="5">同一批荒料的色调花纹应基本一致</td></tr>
<tr><td>缺角</td><td>每块深度≤35mm,允许个数</td><td>≤1</td><td>≤1</td><td>≤2</td></tr>
<tr><td>缺棱</td><td>每块缺棱长度不超过 10mm,宽度不超过 1.2mm,周边每米长允许个数</td><td>≤1</td><td>≤1</td><td>≤2</td></tr>
<tr><td>裂纹</td><td colspan="4">不允许出现裂纹</td></tr>
<tr><td rowspan="7">板材外观质量</td><td colspan="5">同一批板材的色调应基本调和,花纹应基本一致,色差不明显</td></tr>
<tr><td>缺角</td><td>缺角面积不超过 5mm×2mm(小于 2mm 不计),每块板允许个数</td><td rowspan="3">0</td><td rowspan="3">≤1</td><td rowspan="3">≤2</td></tr>
<tr><td>缺棱</td><td>缺棱长度不超过 10mm,宽度不超过 1.2mm(长度≤5mm,宽度≤1mm 不计),周边每米长允许个数</td></tr>
<tr><td>裂纹</td><td>长度不超过两端顺延至板边总长度的 1/10(长度小于 20mm 不计),每块允许条数[不包括骨料中石粒(块)自身带来的裂纹和仿天然石裂纹;底面裂纹不能影响板材力学性能,干挂板材不允许有裂纹存在]</td></tr>
<tr><td>自然斑印</td><td>产品生产产生的符合自然感官的微小斑印,面积≤15mm×30mm(面积小于 10mm×10mm 不计),每块允许个数</td><td>0</td><td>≤2</td><td>≤3</td></tr>
<tr><td>泛碱</td><td colspan="4">板材正面不允许有</td></tr>
<tr><td>变形翘曲</td><td colspan="4">允许有不明显的变形、翘曲,但不能影响使用性能</td></tr>
</table>

▣ 表 4-3 无机荒料法水磨石加工质量要求

<table>
<tr><th colspan="3" rowspan="2">项　目</th><th colspan="3">技术要求</th></tr>
<tr><th>优等品</th><th>一等品</th><th>合格品</th></tr>
<tr><td colspan="3">光泽度(光泽单位)/GU</td><td colspan="3">镜面板材不低于 75,光面板材不低于 45 且小于 75,亚光板材不低于 20 且小于 45</td></tr>
<tr><td colspan="3">荒料尺寸偏差/mm</td><td>0～10</td><td>10～20</td><td>20～35</td></tr>
<tr><td rowspan="3">板材尺寸偏差/mm</td><td colspan="2">边长</td><td>0～1.0</td><td>0～1.0</td><td>0～1.5</td></tr>
<tr><td rowspan="2">厚度</td><td>>12mm</td><td>±1.0</td><td>±1.5</td><td>±2.0</td></tr>
<tr><td>≤12mm</td><td>±0.5</td><td>±1.0</td><td>+1.0～+1.5</td></tr>
</table>

▣ 表 4-4 无机荒料法水磨石性能质量要求

项　目	技术要求			检验方法
	优等品	一等品	合格品	
体积密度/(g/cm^3)	≥2.30			GB/T 35160.1—2017
吸水率 /%	≤2.5			GB/T 35160.1—2017
弯曲强度/MPa	≥12	≥9	≥7	GB/T 35160.2—2017
压缩强度/MPa	≥80	≥50	≥40	GB/T 35160.3—2017
耐磨性/mm	耐磨度≥12			GB/T 35160.4—2017
放射性核素限量	A 类			GB 6566—2010
耐污染性	耐污值总和不大于 64,最大污迹深度不大于 0.12mm			JC/T 908—2013
燃烧性能	A1 级			GB/T 8624—2012
烟气毒性	AQ1(安全一级)			GB/T 20285—2006

(2) 树脂荒料法水磨石的生产工艺及设备构成　树脂荒料法水磨石的生产与无机荒料法水磨石的生产基本一致，区别是所用胶黏材料不同。这样导致所用设备虽然大体相同，

但工艺参数不同，生产出来的荒料性能、密实度、色彩等都不相同。树脂荒料法水磨石采用不饱和聚酯树脂及其固化剂、催化剂，并用颜料、偶联剂等预先混合，再与各种岩石骨料颗粒和骨料细粉搅拌均匀，经过输料系统、布料系统、振动、压制成型系统和固化工序制作成立方体的荒料，同无机荒料法水磨石一样也要经过锯切、打磨抛光等工序加工获得板材。

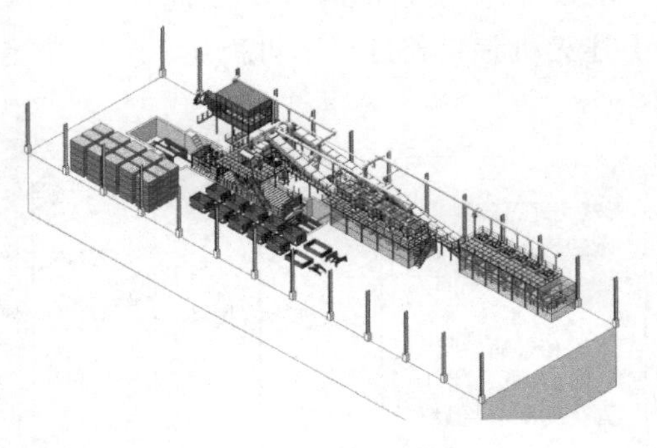

图 4-27　生产线模型

树脂荒料法水磨石的生产设备要求的工艺参数没有无机荒料法水磨石的要求高。大部分的生产设备为国产设备，生产工艺过程与无机荒料法水磨石基本相同，这里不再赘述。树脂荒料型水磨石连续生产线模型如图 4-27 所示。

树脂荒料法水磨石生产工艺过程中与无机荒料法水磨石生产工艺的区别如下：

① 原材料配料的准备阶段。

a. 两种荒料法水磨石骨料、粉料准备环节一样。计量、进料方式相同。

b. 不饱和聚酯树脂，装入容积 20～30m^3 的玻璃钢制成的树脂罐内，使用时用树脂泵将其抽出，注入搅拌机中。树脂颜色透明（铁钴加氏比色≤1），20℃时密度 1.11～1.14g/cm^3，酸值 29～36mgKOH/g，固体含量 63%～68%，23℃时黏度 0.3～0.6Pa·s，25℃贮存期不超过半年，80℃贮存 24h 保持清澈、透明、不胶凝，耐温范围 180～230℃。

c. 固化剂、促进剂、其他微量添加剂，事先将其装入容积为 50～1000L 的不锈钢容器中，使用前用定量泵。严格按比例注入搅拌机后，实际上，整个水磨石的固化时间就已经开始了，所以要严格按时间要求控制输入。

过氧化甲乙酮：外观无色透明，活性氧含量 9%～13%，25℃活性保质期 6 个月。

促进剂：外观紫红色黏稠液体，钴含量 5%～9%（环烷酸钴）。

d. 色料（颜料）一般使用小型专用称量装置，依据设计的品种，将适量的色料预先拌匀，再倒入搅拌机中。

② 树脂荒料法水磨石荒料制备阶段。该过程是水磨石生产的最主要的工艺阶段，是将原料变成水磨石的关键技术过程。

a. 混料搅拌。该过程与无机荒料的搅拌相近，不再赘述，流程如图 4-28 所示。树脂荒料法水磨石的制作是将各种粉料按一定比例直接输送到真空搅拌机中。预先将不饱和聚酯树脂及固化剂、催化剂、颜料搅拌成糊状，加入搅拌机中，然后依次放入粒度大的石块和碎石，在真空下搅拌物料。

b. 用混合料注入荒料磨具中，与上述方法相同。

c. 水磨石荒料的成型，与上述方法相同。

③ 荒料的养护。树脂荒料法水磨石的养护不需要水分，只要保持足够的温度和时间即

可完全固化。在室温下树脂水磨石荒料需养护7d。

④ 树脂荒料水磨石板材加工阶段。树脂荒料型水磨石生产线中的关键设备及原理，与上述无机荒料相近，不再赘述。

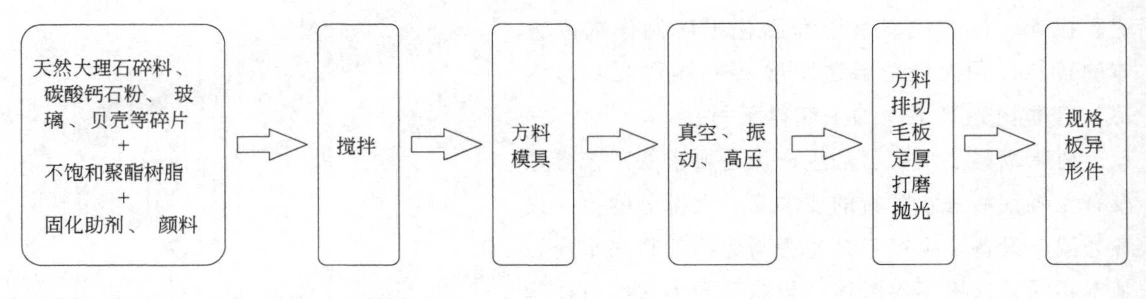

图4-28 树脂荒料法水磨石加工流程

4.3.4 挤出法水磨石生产工艺

1）挤出法水磨石简介

挤出法水磨石是通过螺杆旋转推进物料沿螺纹方向挤压形成产品的一种工艺方法。挤出法水磨石采用超高性能水泥基水磨石的设计原理，将各种岩石颗粒和岩石细粉作为主要骨料，白水泥为胶凝材料，并用颜料、矿物添加剂、减水剂和化学外加剂等辅助原料，经过搅拌混合、锥形捏合机、真空挤出、同步切坯、高温养护系统成型的水磨石板材。它是一种历久更新的工艺，工艺是传统的，但在新材料、新技术的推动下，产生新的使用价值。挤出成型虽然有很多优点，但更新技术仍不够成熟，仍处于发展的初级阶段。然而挤出成型水磨石的生产也必然随着时代的进步而一同发展。

通过增大挤出成型螺杆的直径及螺杆的数量，目前已可实现1.6m宽板材的挤出，挤出长度理论上无限长，但通常为了降低水泥制品收缩带来的负面影响，产品长度不宜过长，通常不超过3m为宜。产品厚度最薄可实现10mm以内的挤出，最厚则可达到100mm。真空挤出机可实现水泥基大颗粒板材或异形产品的高效生产，骨料粒径在10mm以内的产品均可高效挤出。

挤出成型的工艺制备水磨石，采用螺旋式真空挤出机挤出水泥基水磨石板材或部件，其优点是挤出速度快、板材密实度高、可实现连续式挤出，因此效率也非常高。

采用螺旋真空挤出成型工艺制造的水泥基水磨石有以下优势：

（1）性能好　因采用真空挤出成型，材料经筛板过筛后，经抽真空工艺，再经螺旋压力挤出，材料密实度好，内部无宏观孔隙，因此板材的力学性能优秀，抗弯强度可达20MPa以上，属于高性能水泥基水磨石。

（2）效率高　螺旋式挤出工艺的特点就是可以实现连续挤出，板材宽度800～1600mm均可实现，挤出速度可达2～3m/min，双班日产能可达3000m^{2}以上，挤出生产效率非常高。

（3）异形成型　使用挤出成型工艺可轻松实现多种尺寸规格板材的挤出，更改挤出口模具可制造不同宽度及厚度规格异形材料，亦可生产异形板材或部件，如中空板、L形板、圆弧形或圆柱形水磨石，非常灵活高效，如图 4-29 所示。

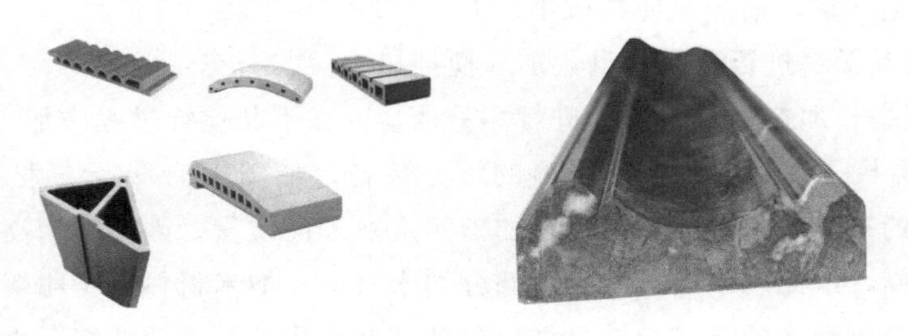

图 4-29　可挤出的异形水磨石

（4）共挤成型　挤出成型可在两台挤出机的协同作用下实现双层材料共挤成型，可实现饰面层加结构层或功能层的形式，生产出具有特殊功能或性能的复合板材，可实现产品的多功能化，如图 4-30 所示。

图 4-30　共挤成型示意图

2）挤出法水磨石的生产工艺及设备构成

其装备最大差别在于前端的成型部分，该部分生产线设备主要包含：高速混料机、捏合机、挤出机及同步切坯机。该部分的设备与其他成型方法不同。而后端工序中的设备则基本相同，包含的产线装备有养护窑、定厚磨抛机、修边机等。

（1）挤出成型水磨石连续生产的工艺过程　原料入仓储存→原料称重配比→原料混合机→挤出成型→自动切坯机→养护工序→精加工工序→包装出厂。

① 原料入仓储存，将各种原料储存在不同的料仓内待用；

② 原料称重配比，将各种原料按配方要求进行称重配比；

③ 原料混合机，将按配比混合的原材料送入混料机进行混合搅拌，再进入捏合机进行捏合混料；

④ 挤出成型，将捏合混料后的原料，送至真空挤出机进行坯体的挤出成型；

⑤ 自动切坯机，将挤出后的坯体，按照产品的尺寸要求进行自动切割；

⑥ 养护工序，将坯体放入热养护室进行养护，至达到产品强度要求；

⑦ 精加工工序，将干燥后的坯体进行磨边、抛光等精加工，至达到出厂要求；

⑧ 包装出厂，将经过精加工后的产品进行打包待出场。

（2）原材料配料前的准备阶段

① 挤出成型水磨石骨料以细骨料颗粒和粉料为主，少用大颗粒骨料，将这些粉料和细骨料预混后，称重计量，输送至搅拌机中。

② 将白水泥及颜料进行称重计量，加入搅拌机中。

③ 将水及液态外加剂、减水剂等进行称重计量，在不断搅拌过程中加入搅拌机中。

（3）高速混料机　高速混料机是混料的核心装备，如图 4-31 所示。材料混合的均匀程度，决定了材料的挤出工作性、挤出板材的密实度及表面质量，因此使用高速混料机是非常有必要的。一方面，水泥基水磨石采用了部分纳米材料，纳米材料易于团聚，使用物理分散的方式是最直接简单经济的方式，纳米材料分散性好且化学反应活性好，水泥水化均匀，体现在板材上则是力学强度好，密实度高，无色斑、无点状缺陷；另一方面材料混合均匀也有利于分散色粉，减少色差及色斑等影响表面观感的因素。

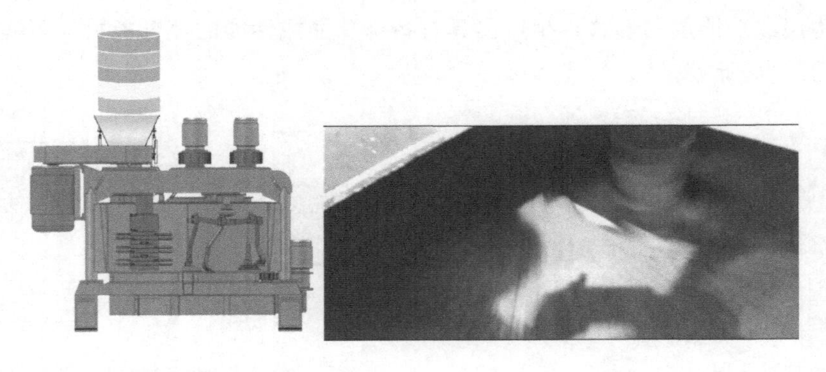

图 4-31　高速混料机示意图和实物分散图

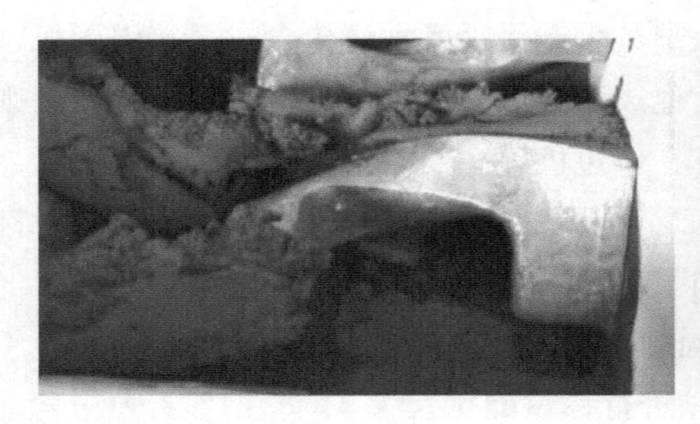

图 4-32　捏合机的捏合与出料

（4）捏合机　材料从搅拌机出来后进入捏合机，经过捏合机反复揉捏后再进入挤出机挤出成型，如图 4-32 所示，其过程类似揉面团。捏合机起到了搅拌工艺和挤出工艺桥梁的作用。一方面捏合机可作为物料的中间缓存仓，实时调节物料供给平衡。另一方面，捏合作用使得搅拌机壁面、锅底、搅拌叶片上残留的干粉料参与搅拌，使得物料水分均匀，更加易于挤出。捏合作用是挤出前的关键工序，如图 4-33 所示。

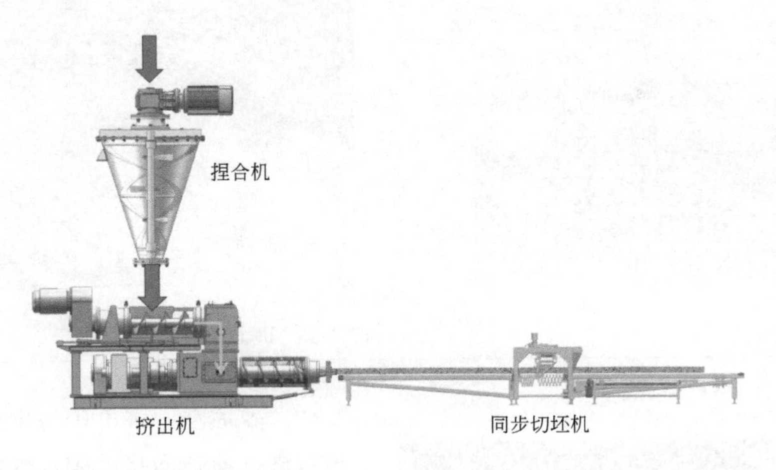

图 4-33 捏合机、挤出机及同步切坯机示意图

（5）真空挤出机　真空挤出机包含上轴、真空室和下轴 3 个部分，由捏合机出来的料喂入挤出机上轴，经过上轴螺旋挤出至真空室，在真空室进行抽真空处理，再流入下轴，因上轴和下轴都有连续流动且密实的水泥基水磨石拌和料，因此可实现连续式抽真空处理，减少板材孔隙，提升密实度，如图 4-34 所示。

图 4-34 输送捏合料、挤出机螺旋杆及挤出成型

挤出机在螺旋杆的旋转及缸壁阻泥槽的约束作用下推动物料在内部流动，物料太湿或太干均影响挤出效果，挤出的物料受模头的约束和压缩作用而定型。因此模头的形式也决定了挤出物料的形式，这也是挤出成型在异形构件成型方面的优势，如图 4-35 及图 4-36 所示。

（6）同步切坯机　挤出机挤出的具有塑性的板材由同步皮带输送至下一道工序，并在装入模具前需由同步切坯机进行切割，同步切坯机可在板材输送过程中进行同步切割，切割尺寸可根据需求进行设置，如图 4-33 所示。

图 4-35 真空挤出机

图 4-36 挤出成型机生产中

图 4-37 蒸压釜

(7) 养护窑　挤出机挤出的板材需送入养护窑进行养护固化处理，水泥基水磨石挤出料需在合适的温度和湿度情况下进行水化反应以提升强度，对于超高性能混凝土而言，热养护通常非常有必要，养护工艺直接决定了产品品质的稳定。在养护达到一定强度后进行脱模处理，再进入下一道工序。

(8) 蒸压釜　以超高性能混凝土作装饰材料，不仅对材料物理力学性能有一定要求，还对装饰性有非常高的要求，水泥水化反应的程度直接就决定了后期的装饰效果，水化反应不完全的装饰材料在后期的使用过程中通常容易出现开裂、翘曲、泛碱的问题，除了与配方工艺有关外，还与养护程度有非常大的关系。因此蒸压釜（图 4-37）作为这道养护设备非常重要，通过二次养护，大大推进了板材的水化反应进程，使得后期性能更加稳定，耐久性更好。

(9) 深加工设备　板材挤出成型并养护后，即可进行深加工处理，深加工包括板材定厚、磨抛、切割、防护、覆膜包装等工序，加工流程与石材及其他人造石加工工艺类似。

4.4 异型水磨石产品密实成型工艺

由搅拌制备的水磨石拌和料，在浇灌入模后必须经过密实成型，才能赋予水磨石制品一定的外形和内部结构。

水磨石拌和料的成型和密实是两个不同的概念。成型是水磨石拌和料在模型内流动并充满模型，从而获得所需要的外形。密实是水磨石拌和料向其内部空隙流动，填充空隙而达到结构密实。成型和密实是同时进行的，即水磨石拌和料在向模型四周流动的同时，也向其内部空隙流动。因此，水磨石密实成型工艺的目的，在于使水磨石拌和料按一定的要求成型，并达到结构密实。

水磨石拌合料在模内一次密实成型的制品。它的密实成型工艺，一般采用振动加压、振动模压、振动真空模压、真空浇筑、搓打辊压等。这里主要叙述目前常用的手工特殊造型密实成型工艺。

手工特殊造型制坯成型工艺，是针对造型曲面多、体积大的特殊产品进行手工成型工艺。对于一些体积不大的特殊造型产品可以用荒料压制出来的荒料块加工而成，但这样的话，浪费的材料较多，一般采用手工成型。它的生产效率较低，投资少，容易操作，可以加工任何形状的产品，适用于异形产品。手工制坯成型工艺操作过程如图 4-38 所示。其是以铁皮模型、木质模型为主，根据产品形状规格制作模型。将水磨石材料装在模型内，人工拍打密实后，抹平压实，在压实过程中，完成人工振捣动作，静停后脱模养护。

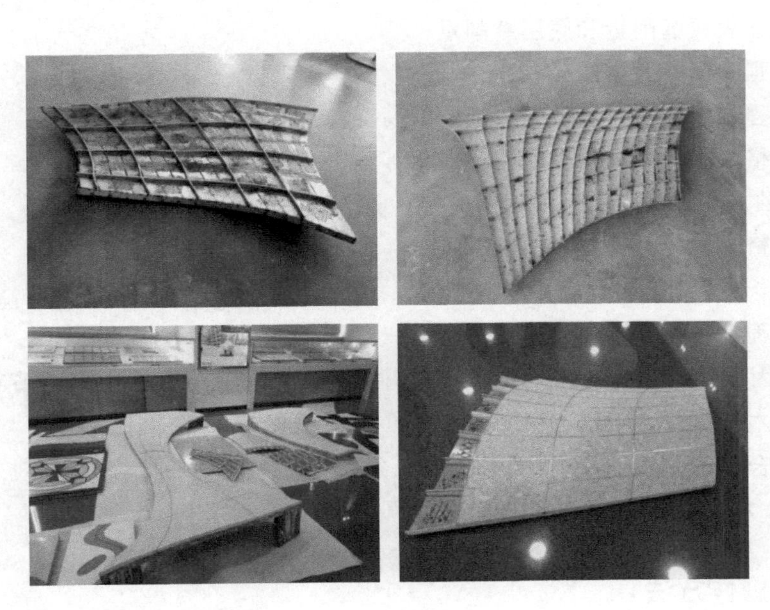

图 4-38　手工特殊造型制坯工艺操作过程

4.4.1　模具制作

铁皮模具是由专业的模具制作厂家来完成，只需提供产品形状和尺寸，便可完成模具制作。图 4-39 为水磨石模具和模具所作水磨石制品。

木制模具是根据产品的形状、大小尺寸，切割成模具所需尺寸的木板。由模具制作者把

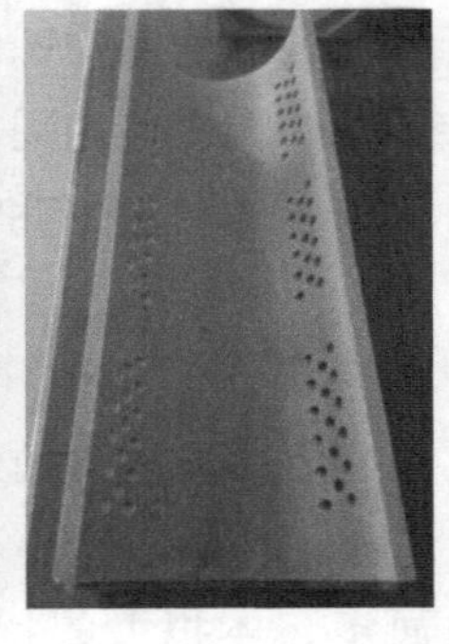

图 4-39 水磨石模具和水磨石制品

木板钉成模具成品，使用亚克力薄板作内衬来脱模，然后在组装模具的时候用美纹纸固定好亚克力板，并且在两个模具之间加上小木塞，保证厚度。

木模分木案和板条两部分。木案即是木模底板，又是工作台，一般尺寸为 600cm×140cm，长方形面，高度可因人而异，约70cm，以易于操作为宜，木材选用质地密实的材料。案面用 5cm 厚板材钉成，表面不得露钉帽，两板之间要有间隙，用来防止胀缩变形，以能保持案面平整，操作安全可靠为准。一般规格产品平整度要求在公差 5mm 之内，大规格产品平整度要求应从严掌握，超过公差要随时修整。

(1) 木模的深度　由下列因素决定：

① 产品的厚度；

② 预留最佳表面磨削量和底层磨削量；

③ 定型过程中可能产生的公差；

④ 制作过程中水磨石拌和料超出板条的高度；

⑤ 产品规格大小所带来的平度公差变化等。

(2) 木模的长宽尺寸　由下列因素决定：

① 产品规格要求；

② 坯体的长宽公差；

③ 钉型过程中可能产生的公差等。

以上各种因素，除产品规格要求外，都同各工序操作人员的技术水平和熟练程度有关。如确定的木模规格与加工技术不适应，就可能做不出合格的坯体；或做出合格的坯体，磨不出合格的产品。一定要不断地总结经验，向着少加工和不加工的方向努力。如图 4-40 所示为由木模手工成型的异形地桌。

4.4.2 成型操作方法

成型操作是将水磨石拌和料填充在模具内，然后采用振动板对边角骨料不密实处填补骨料，振实。通过振打可将高低不平处打平，将凸起骨料振入板面，加速水磨石拌和料的活动，消除骨料间空隙，排除拌和料中的空气，减少气孔，提高强度。振打要振遍全板面，由高处向低处振，并着重振好各边各角。搬运中必须轻拿轻放，注意搬运和码放操作规程，为产品转入养护工序做好必要的准备。图 4-41 为先张法预引力振动模台，其是用大板密实成型操作或放置模具来进行振动密实成型。

图 4-40　由木模手工成型的异形地桌

图 4-41　先张法预引力振动模台

4.5 水磨石养护工艺

水磨石坯体经密实成型后，水泥基水磨石要进行水化反应，才能获得所需要的物理力学性能和耐久性。利用设置的温度和湿度来充分进行水化过程的工艺阶段称为养护工艺。树脂基水磨石密实成型后要进行固化反应，才能获得所需要的物理力学性能和其产品特性。通过加热来加速固化反应称为固化工艺。养护分常温养护和人工养护两种。

4.5.1 常温养护

常温养护是水磨石坯体在自然气候条件下进行的养护或反应。这种养护比较简单，凡气温在 15℃ 以上时，均可采用，如图 4-42 所示。

图 4-42　常温无机压板法水磨石养护场

对于水泥基水磨石坯体早期大量失水将产生干缩裂缝，甚至使水化反应停顿，因此在自然养护时，必须及时覆盖坯体的裸露面，采取浇水润湿、防风防干、保温、抗冻等措施。温度要保持在 20℃ 左右，养护时间、湿度保持都要通过试验确定，不同配方会有一定差异。力求使坯体湿润，以利于水化反应顺利地进行。而树脂基水磨石坯体在室温下自然固化时间长，固化性能较差，一般采用加温固化。

对于树脂基水磨石只有荒料型的水磨石采用自然常温养护，树脂基压板水磨石往往采用加温固化。

自然养护时间较长，占地较多，限制了产品产量的增加、设备的周转和资金的流通，一般大多采用人工养护工艺。

4.5.2 人工养护

人工养护是加速水磨石坯体硬化过程的重要工序。水泥基水磨石采用人工养护是将坯体进行湿热处理。坯体含硅原料中的活性二氧化硅和三氧化二铝在水蒸气或热水的湿热介质中发生水化反应，生成水化硅酸钙、水化铝酸钙和水化硫铝酸钙等水化生成物，最后离析结晶硬化，在较短的时间内获得设计强度。

人工养护常有以下几种：

① 水泥基水磨石的湿热养护，包括水泥基水磨石蒸汽养护、水泥基水磨石浸水（有热水和常温水）养护、水泥基水磨石浸养护剂养护；

② 水泥基水磨石蒸压养护；

③ 水泥基或树脂基加温养护。

水磨石坯体成型后和湿热养护前，要在室温下预先养护，即在适当的位置，静停 8h，以提高水泥在蒸汽养护或热水养护前的水化程度，使坯体本身具有一定的初始结构强度，以增强抵抗湿热养护对结构破坏作用的能力。一般认为，硅酸盐水泥的预先养护温度不应过高。

1）水泥基水磨石的湿热养护

（1）水泥基水磨石蒸汽养护、热水养护工艺　常采用的湿热介质是纯蒸汽或蒸汽空气混合物，介质的最高温度达 95℃，若在常压下养护，称为常压蒸汽养护；采用的湿热介质是热水，介质的最高温度达 50℃或 80℃，若在常压下养护，称为常压热水养护。湿热处理的效果一般通过坯体的相对强度来评定。

水磨石坯体的常压湿热养护过程分预养期（静停期）、升温期、恒温期和降温期。各养护期温度均指湿热介质，即蒸汽或热水的温度。各养护期的主要工艺参数，包括预养期的静停时间、升温期的升温时间（或升温速度）、恒温期的恒温时间和恒温温度以及降温期的降温时间（或降温速度），这些总称为常压湿热养护制度。这个养护制度，一般用连写表达，例如静停时间 8h，升温时间 5h，恒温时间 6h（恒温温度 80℃），降温时间 3h，可以连写[8＋5＋6(80℃)＋3]h。

升温期是水磨石结构的定型阶段，水磨石的结构缺陷主要发生在这个阶段。升温期的主要工艺参数是升温速度。由于水磨石坯体是薄壁制品，又是脱模养护，所以蒸汽养护工艺的升温速度一般不超过 30℃/h，热水养护工艺的升温速度一般不超过 40℃/h。

恒温期是水磨石坯体强度的主要增长期，是水磨石结构的巩固阶段。恒温期的主要工艺参数是恒温温度和时间。水磨石坯体在恒温养护时的硬化速度，取决于水泥品种、制坯时的水灰比和恒温温度。在恒温温度和水灰比相同的条件下，硅酸盐水泥拌和料的强度增长最快。水灰比越小，水磨石坯体的硬化速度越快，所需的恒温时间也越短。恒温温度越高，水磨石坯体的强度增长速度越快。蒸汽养护和热水养护的恒温温度，以 80℃为好。恒温时间则以取 6h 为佳，时间过长，可能会出现强度波动现象。同一品种水磨石坯体，用不同恒温温度养护，会出现不同时间的强度变化。

水磨石坯体的温度、湿度和压力梯度在降温期是由外部向内部降低的。这会引起内部水分的急剧汽化，以及坯体体积的收缩和拉应力的产生，造成坯体的结构损伤。降温期的主要工艺参数是降温速度。采用合理的降温速度，充分利用停止恒温后所剩余的热量，可使坯体的强度继续增长，并节约能源。蒸汽养护工艺和热水养护工艺的降温速度为 20℃/h。热水养护工艺恒温后即可抽出热水，自然降温水依然可循环利用。

常压湿热养护结束后，水磨石制品进入后期养护阶段。水磨石坯体孔内有较多的余留水分，周围介质保持足够的湿度，也有利于水化的继续进行和后期强度的增长。

湿热处理之所以能在较短时间内使水磨石坯体获得设计强度，是因为坯体结构的形成，首先是水泥颗粒表面开始水化。水化产物在自由区扩散，逐渐析出晶粒形成胶体系统，继而生成结晶连生体，形成晶架。湿热处理加速了水泥的水化过程，增加了水泥水化产物从水化薄膜层向自由区的溶解迁移和扩散的能力，从而在较短时间内在自由区形成水化产物的过饱和溶液，加速了胶体系统和凝胶结构的形成，同时，结晶连生体和空间晶架的形成速度也得以增加。因此，湿热处理能加速坯体结构的形成，并使其强化，使之在较短时间内完成。

(2) 水泥基水磨石浸水养护　这里主要介绍常压常温水的养护。水磨石坯体完成以后，在浸水养护前，要在室温下预先养护一定时间，以提高水泥在浸水养护前的水化程度，使坯体本身具有一定的结构强度，便于吊装沉入水下，进行浸水养护。待养护足够的时间，吊出水面，晾干，即可进行下道工序。

(3) 水泥基水磨石浸养护剂进行养护　该种养护工艺操作方法与浸水操作方法一致，只是所用的养护剂一种是水，一种是水的养护剂溶液。常用的养护剂有硅酸盐水溶液，如硅酸钠水溶液、硅酸钾水溶液、硅酸锂水溶液、硅溶胶水溶液，浓度在 0.2%～3%。水磨石坯体完成后，要在室温下预先养护一定时间，吊装沉入养护剂水溶液中，进行浸泡养护。待养护足够的时间，吊出养护液面，晾干，即可进行下道工序。

(4) 加湿加热密室养护　加湿加热密室养护与水泥基水磨石蒸养养护类似，首先有一个密闭的能够控制温度在 40～50℃，湿度在 90%以上的养护室环境。温度通过加热器来控制，湿度通过雾化喷淋装置来控制湿度。开启这些控制装置，将压制好的水泥基水磨石坯体通过静养后，直接送入加温保湿养护室进行养护，待完成养护后取出即可进行下道工序。

2) 水泥基水磨石蒸压养护工艺

水泥基水磨石蒸压养护工艺需要专用的设备，使水磨石在较高的压力下进行蒸汽养护，它可以使养护温度达到 195℃左右，湿度 99%以上进行水化。这种养护条件下，产品强度能提高 20%～30%，性能更稳定，在较短的时间就能完成水化。

图 4-43　蒸压养护设备

蒸压养护是将水泥基水磨石制品放在密封的蒸压釜中，如图 4-43 所示，用高温饱和水蒸气加热，进行水化合成的过程。蒸压养护过程一般分为抽真空、升温升压、恒温恒压和降温降压四个阶段。

水泥基水磨石的蒸压养护是从水磨石坯体完成后，经过预养期即在室温下预先养护，使坯体本身具有一定的初始结构强度后，进入蒸压釜进行坯体蒸汽预热，随后经过抽真空、升温升压、恒温恒压和降温降压。

（1）抽真空　在蒸压釜中，除了待养护的水泥基水磨石外，很大一部分空间被空气所占有，这些空气的存在，不仅会占据饱和水蒸气所需的空间，影响饱和水蒸气更多更快地进入蒸压釜，而且空气越多，蒸汽分压就越小，饱和温度下降越多，空气与水蒸气混合体的热焓比饱和蒸汽低，加上空气阻碍水蒸气与水磨石制品热交换，在一定程度上影响了传热效果。为了最大限度地减少空气对传热的影响，将蒸压釜内所留空气抽出，改善水泥基水磨石自身的传热性能，使整个温度均匀快速上升，可以缩短升温时间。抽真空一般用 20～50min，将真空度从 760mmHg[1] 抽到 150～300mmHg（相应表压为 −0.08～−0.06MPa）。

（2）升温升压　用 1.5～2h，将压力从 −0.08～−0.06MPa 上升到 1.0～1.3MPa（这个压力下水蒸气的温度约 198℃）。

（3）恒温恒压　保持温度和压力，约 6～8h。

（4）降温降压　用 1.5～2h，将釜内压力从 1.0～1.3MPa 降至一个大气压。

水泥基水磨石在高温养护过程中，引起一系列的物理、化学和力学变化，使产品获得所需要的强度性能。研究蒸汽养护过程中的化学变化，可以更经济合理地确定养护方式和养护制度。

化学反应速度和温度有很大关系。温度升高，化学反应速度急剧增加，水泥的水化凝结硬化过程在较高的温度下也迅速加快。温度降低硬化过程减慢，当温度下降到 5℃以下时，水泥的水化作用也就停止（制品内的温度比气温高，因为水泥有水化热）。

在正常温度下，水泥水化时硅酸三钙和硅酸二钙主要生成水化硅酸钙和氢氧化钙水化物。但在高温下，氢氧化钙与活性氧化硅作用，生成一定数量的水化硅酸钙，提高了强度。蒸汽养护对矿渣水泥和火山灰水泥比较有利，就是因为能加快氢氧化钙和矿渣或火山灰中的活性氧化硅生成水化硅酸钙的化学反应。

不同矿物组成的普通水泥在高温蒸汽养护时，其硬化强度降低顺序为：铁铝酸四钙、硅酸三钙和铝酸三钙。而强度增长速度降低顺序依次为：铁铝酸四钙、硅酸二钙和硅酸三钙。

3）加温养护

有些水泥基压板水磨石在压制坯体时采用不透水蒸气的塑料薄膜进行封装保护，让坯体内的水蒸气不挥发，确保坯体内的水分能够充分水化坯体中的胶黏材料，使得水磨石坯体的水化用水不受环境的影响。这种养护有利于大批量的生产，能降低成本、增加产量和提高性能，并便于过程控制。

另外这种直接加温的养护工艺也特别适用于树脂基水磨石的固化。树脂水磨石固化不需要水蒸气，只要足够的温度和时间就能够充分的固化，以便树脂的性能完全展现。

---

[1] 1mmHg 约等于 133.3224Pa。

4）养护工艺对养护效果的影响因素

水磨石坯体大部分掺有颜料。如果温度过高，会引起颜料溶解褪色，所以水磨石坯体热水养护或高温养护时，要注意所选的颜料是否能够在高温下或热水中稳定，性能不变等。

水磨石坯体在蒸养过程中，随着水化程度及强度增加，坯体内外会产生温度差、湿度差的应力，有变形破坏坯体的矛盾。这对矛盾在升、降温阶段表现得比较突出，因而和缓而均衡变化过程很重要。处理的不好，坯体就可能会出现裂缝。

5）养护设施

常压湿热养护分间歇式养护和连续式养护两种。间歇式养护设施有养护池和养护室等，连续式养护设施有立式养护窑和隧道式养护窑等。目前，各地水磨石厂选用的养护设施，主要是养护池、养护室和固化炉或固化室。

（1）养护池　养护池亦称养护坑，建造容易，布置方便，能适应各种规格产品需要，蒸养效果比较好，但热耗较大，是水磨石工业中应用比较广泛的一种养护设施。

养护池可建筑在地下、半地下或地上，其几何尺寸由水磨石制品和装载架的外形尺寸以及运输工具来决定。

养护池内壁用钢筋混凝土建造，宜设置钢件防撞。池壁要求不透气，不透水，能保持良好的热工性能。池壁防水可采用防水砂浆，池底要设置坡度或水沟，借以排除冷凝水。池盖应具有良好的严密性和保温性，要求结构简单、变形微小、有足够的刚度。池盖一般用钢板制成，其中填充沥青、矿棉等用作防水和保温材料，并设降温洞和测温孔。

养护池用蒸汽花管供气，蒸汽花管直径约 40～50mm，沿管长每隔 150～200mm 钻有 3～4mm 的孔。花管一般设在距池底约 100mm 的池壁上，管孔朝下，使经由管孔喷出的蒸汽经池底反射向上，达到均匀加热的目的。也有在下部和上部均匀设置花管的。上部花管设在距池口约 300mm 的池壁上，管孔向上，同水平成 30°角。

养护池池盖的密封十分重要，它直接关系到蒸汽的温度和耗量，一般采用水封、砂封和胶垫密封。

（2）养护室　养护室占地小，投产容易，设备简单，但进出门口却比较难以封闭，热耗较高。

养护室可建筑在地上，单侧或双侧开门，水磨石坯体进出多利用小车，适宜养护小型水磨石坯体。

养护室规模可从实际出发，经过调查研究和试验验证作出决定。养护室的密闭问题是十分重要的，因为养护室的内外侧存在着气压差，外侧空气密度大于内侧蒸汽空气混合物的密度，所以在蒸汽喷入、上升，并从顶部等空隙外流的过程中，就有可能在上下侧的缝隙之间造成气流循环，外面的冷空气从底缝吸入，里面的热空气从顶缝流出。为了提高蒸汽热能的利用效率，减少蒸汽的损耗，必须尽力使养护室的进出门口密封和隔热。

(3) 固化炉或固化室　树脂基水磨石的养护主要是提供合适的树脂固化条件，让树脂固化后的性能得到充分地展现。采用固化炉，利用两个可以控制温度的加热金属板，将压好的树脂基水磨石板夹在中间存放在固化炉中进行固化。根据固化炉的大小，可以存放不同数量板材。

同样原理可以建造一个能够加温的房间，这样保温性好，便于水磨石坯体的存放或运输，温度控制精度高，也能满足加温养护或固化的要求。

4.6 水磨石磨抛加工

4.6.1 水磨石磨抛加工工艺

水磨石磨抛加工工艺包括粗磨、细磨、抛光、罩面保护。

1) 粗磨

水磨石坯体养护后，在磨床上进行粗磨，使其几何尺寸和出石均匀度都达到预定的要求，这种粗磨加工称为定厚。粗磨加工机床复杂，劳动量大，消耗磨料多，是水磨石生产的重要工序之一。由于水磨石的结构处理不同，预留的磨削量也不一样。粗磨加工的任务，首先就是磨去预留的磨削量，使被加工的坯体表面的出石均匀度达到设计要求。其次将水磨石坯体加工成所要求几何形状，达到预定的长度、宽度、厚度、角度、平度和弧度。这里需要强调的是，定厚加工前，必须了解水磨石坯体加工面的表面要求是不加工面、粗面，还是光面。不加工面不必加工，粗面只进行粗磨加工，而光面则在粗磨加工之后，还要完成细磨加工任务。影响水磨石粗磨加工的主要因素有磨料、压力、用水、运动速度和轨迹。

在水磨石坯体质量相同、磨削量不变情况下，影响定厚粗磨加工效率的主要因素是：所选用磨料的品种、磨料的颗粒大小、磨料的颗粒级配、磨料的硬度及耐磨性能。磨料中的一些添加剂对表面的磨蚀影响，都会影响粗磨加工效果；在所使用的粗磨工具中，通过磨料施加给水磨石坯体的单位压力的大小，对粗磨量的多少起到很大的影响，压力越大，磨损量越大。其中冲洗废泥浆和冷却用水的加量，也是影响水磨石粗磨的重要因素，另外，对粗磨影响比较大的是磨料在坯体上的运动轨迹和线速度。

2) 细磨

水磨石的细磨加工，即在粗磨后，对制品进行精细研磨，使其被加工表面进一步平整细致，为水磨石表面的抛光打下良好的基础。细磨加工和粗磨加工一样，质量和效率同样受磨料的质量、线速度、加水量和压力的影响。粗磨加工的基本理论均适用于细磨加工。这里必须先说明一下，水磨石表面磨削时，不同细度的磨料由于压力、线速度、被磨削的水磨石材料硬度不同等，会产生不同深度的划痕，即磨削深度（在同一硬度的水磨石材料上）。较粗粒的磨料磨削深度深，较细粒的磨料磨削深度浅。

为使被加工的水磨石表面达到平整和细致，要一层一层地进行磨削加工，使粗糙表面一步一步地趋向细致平面。选用磨料的细度差，是影响生产效率和产品质量的主要因素。选择的标准是要用较少的时间、较低的消耗，将被加工表面原有的粗磨痕道磨除，使表面细度进一步提高。如果第一步细磨加工选择的磨料细度间隔过大时，那么第二步细磨加工耗用工时会成倍增加，致使第三步细磨加工更加困难，水磨石的细磨质量也会下降。选择的间隔过小时，虽然容易磨除原有的痕道，但必须多用几种磨料，这样会增加环节，同样浪费工时。

经过细磨后的水磨石产品如果掉角超过 7mm×7mm，掉边超过 5mm×5mm，仍需返回到修补工序修补。如果掉角 7mm×7mm 以下，掉边 5mm×5mm 以下，则可用聚合物胶泥小修补。聚合物胶泥由 128 环氧树脂、胺类固化剂、填料粉、颜料粉和水泥按质量比组成。

聚合物胶泥的配置方法比较简单，即按质量比称取 128 环氧树脂和 1,3BAC 改性脂环胺固化剂，混合均匀，再加入所需要的填料粉、颜料粉和水泥搅拌均匀，使其成面团状。一次配制量不宜过多，以不超过两小时使用时间为好。修补时，先用聚合物胶泥补在缺陷的地方，然后用油灰刀刮平，修补的地方不得凸出或凹陷，角要成直角，边要平直，并保持板面整洁。修补的产品要放置固化后才能验收。

3）抛光

细磨加工后，如果有些成型不够密实，在细磨后表面有小孔，要对这些小孔进行封堵填满。待其彻底凝固即在抹浆养护后，对制品进行精细研磨，使其被加工表面进一步平整细致，抛光加工主要是要消除细磨加工留下的微细痕迹。将被加工的水磨石表面打磨得更光亮，此环节所用的磨料比细磨用磨料要软，磨料中的硬质材料减少，软质材料增加，以使被加工表面产生镜面效果。为了增加抛光效果，除了磨片也会使用一些抛光棉和聚合物抛光材料，以增加更好的抛光效果。

（1）常用抛光辅助材料

① 水溶性硅酸盐。其适用于水泥基产品，能使水磨石表面增硬增亮。它作为抛光的辅助材料使用，水泥基水磨石的强度主要来源于水磨石拌和料水泥成分中的硅酸钙在水的作用下，生成水合硅酸钙化合物，水合硅酸钙化合物就是水泥基水磨石中起主要强度作用的物质。水泥基水磨石在初凝后仍一直在进行着缓慢的硅酸钙水合反应，这种反应在自然状况下无法彻底完全进行，总有大量游离的氢氧化钙没有反应，强度的提高仍有潜力可挖。而水溶性硅酸盐（硅酸钠、硅酸钾、硅酸锂和硅溶胶）中所含的活性硅酸根离子，与拌和料中未反应的游离氢氧化钙反应生成硅酸钙水合物，使拌和物中的氢氧化钙进一步参与反应，更大幅度地提高水磨石的强度和硬度。

在水化硅酸钙体系中，当残留在硬化体中的水分蒸发时或外部的水浸到干燥了的硬化体内，再蒸发时，因氢氧化钙的存在使氢氧化钙在硬化体的表面析出。该析出的氢氧化钙与水和二氧化碳反应生成白色的碳酸钙结晶，使硬化体的表面产生碳酸钙的白色斑点污染，即返碱。

在水泥基水磨石表面先使用水溶性硅酸盐进行密封固化后，可以再使用一种亮光剂，例如氟硅酸盐（如氟硅酸钠）进行表面处理。由于氟硅酸盐与密封固化剂可以进行再反应，使得表面更加光亮，水磨石的硬度提高，减轻碱集料反应，防止因碱集料反应而导致裂纹的产生。

② 聚合物乳液。聚合物乳液作为抛光辅助材料的使用是有很长历史的。最早人们用羊奶作为水泥基水磨石抛光增亮材料，后来用棕榈蜡作为水泥基水磨石的抛光增亮材料。现在用于水磨石抛光增亮的材料非常多，例如：自干性硅丙乳液与二氧化硅胶体的搭配进行水磨石表面的增亮及防护；由高密度聚乙烯蜡乳液（高密度聚乙烯的熔点130℃，乳液pH值7～9）作为目前常用抛光蜡乳液种类已是很多；聚四氟乙烯蜡分散体（熔点320℃）作为抗污型抛光增亮剂增加水磨石的防水抗污能力。通常还采用一些由天然蜡或从石油中提取的固体石蜡和溶剂配合而成抛光蜡。

③ 研磨膏。研磨膏又称研磨抛光膏，主要由磨料和高分子聚合物混合制成，磨粒在聚合物中呈悬隔分离状态。在水磨石抛光加工中，用来除去较小的磨削加工余量，并起抛光作用。研磨膏按高分子聚合物的不同，分为软研磨膏和硬研磨膏两种。软研磨膏的高分子聚合物主要是工业凡士林、油酸、硬脂酸、机油和定子油等，产品为糊状液体；硬研磨膏的高分子聚合物主要是硬脂酸、石蜡、蜂蜡和煤油等，成品为蜡状固体。水磨石工业选用硬研磨膏而不宜选用软研磨膏。

（2）常用抛光辅助工具

① 磨料。水磨片50＃、150＃、300＃和500＃；干磨片1000＃、2000＃和3000＃；钢丝棉；兽毛垫。

② 高速抛光机。转速在0～2500r/min，功率为7.5kW的高速抛光机，一般在1500～2000r/min进行干磨抛光。

③ 手磨机。采用可调速手磨机，转速不应过快，过快会使表面材料在抛光的时候甩出板面。

④ 钢丝棉、百洁垫、推刀和美纹纸。使用0＃或1＃钢丝棉，保持表面干燥无锈迹，有水情况下容易导致抛光过程中板面发黑发污，不易清理。

4）罩面保护

常用的水磨石罩面保护材料有五种：水性聚氨酯罩面、有机硅树脂罩面、聚脲罩面、光固化罩面和结晶蜡。

（1）水性聚氨酯罩面　常用单组分聚氨酯分散液和双组分聚氨酯表面涂层料，作为罩面材料，目前双组分应用较多，双组分聚氨酯罩面材料固化后表面的光泽度可以通过固化剂的种类和用量的多少控制。光泽度从10～90GU都可得到。耐磨性能也非常好，为了改善抗污性能，可用加含氟聚合物乳液或者含氟聚合物蜡粉来通过降低表面张力，减小污染物的附着性。

（2）有机硅树脂罩面　溶剂型有机硅树脂往往在罩面施工中应用，俗称玻璃树脂的有机硅在水磨石表面处理中常被用到。它硬度高，抗污能力强，操作简单。

(3) 聚脲罩面　常用异氰酸酯聚合物与受阻胺类聚合物搭配，配制使用期相对较长的一类聚脲罩面材料。该产品耐候性好，耐磨性能优良，耐腐蚀性能也特别突出，是目前水磨石罩面材料的主要选用对象。

(4) 光固化罩面　光固化胶黏剂在水磨石表面应用，能够快速高效的固化，光固化在水磨石表面应用的步骤是：首先清理表面，然后涂刷树脂，再用紫外光照射固化。所用树脂不同，所需光照强度时间也有所不同。

(5) 结晶蜡　其作为一种聚合物分散液与一些超微无机晶硬材料混合使用的增硬增亮剂，在水磨石表面养护过程中广泛使用。

4.6.2 磨抛加工设备及配件

1) 手扶摇臂研磨机

(1) 手扶摇臂研磨机简介　手扶摇臂研磨机是最传统的水磨石表面磨削和抛光设备，它是利用更换不同磨料粒度的磨头来磨削水磨石。手扶摇臂研磨机按磨头升降类型可分为手动升降手扶磨机和气动升降手扶磨机两种。

手动升降手扶磨机主要靠人工推动手柄带动前臂和后臂绕后臂的回转轴前后左右摆动，完成对水磨石表面的磨削加工。这种磨机磨削压力难以控制，劳动强度大，磨削质量比较差。气动升降手扶磨机采用气缸推动磨头对水磨石板材施加磨削压力，由气缸自动调整磨削压力，减少对水磨石板材的冲击和振动，磨削效果比较好。

(2) 手扶摇臂研磨机基本结构、性能和工作原理

① 手扶摇臂研磨机基本结构与性能（图 4-44）。手扶摇臂研磨机，主要由底座、立柱、升降机构、前后摇臂、磨头主轴、磨头、操纵机构和电控系统组成。设备的整个支撑完全由立柱和底座承担，因此，立柱和底座要求有很大强度和刚度，立柱和底座可以采用铸铁整体

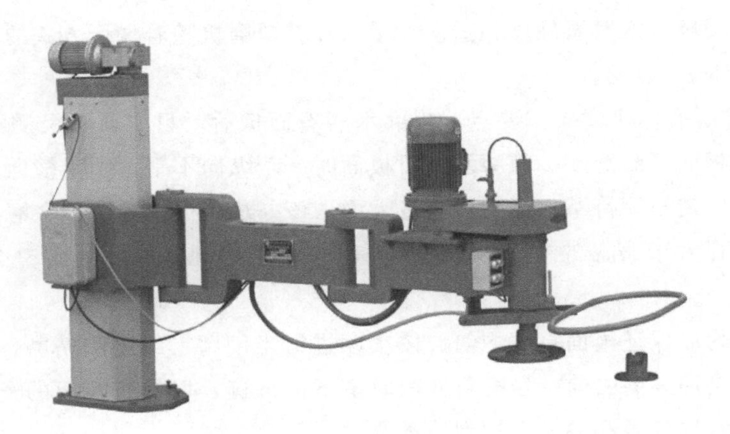

图 4-44　手扶摇臂研磨机设备图

制造，底座与地基基础使用地脚螺栓连接。后臂与后部的丝杠连接，通过电动机控制前后臂快速升降的高度。主轴由汽缸控制微量轴向进给，而以往同类设备仅由主轴控制升降高度。丝杠部分的运动由电动机控制，由活塞式气缸往复运动来实现主轴的微量进给运动。电动机和气缸的结合控制，基本上实现了自动化，从而大大降低了工人的劳动强度，有效地提高了劳动生产率。

该机根据安装形式不同，分为柱式手扶摇臂研磨机和墙式手扶摇臂研磨机。该机磨盘加压方式有四种：气动、液压、机械和人工。

② 手扶摇臂研磨机工作原理。手扶磨机的工作过程主要分为两部分运动，丝杠转动带动摇臂实现直线升降运动和主轴微量进给运动。

丝杠部分工作原理是直流电动机输出轴由联轴器与减速器相连接，经过减速器变速输出转速达到 200r/min，联轴器与丝杠相连接，丝杠的螺旋运动带动后摆臂内的螺母转动。进而实现把螺母转动变为后摆臂的上下直线运动，用继电器来实现对电流的控制，电动机的转向由电流的方向控制，摆臂的上下运动通过直流电动机的正反转控制。

主轴部分的工作原理是主电动机输出经过 V 形皮带传动，降速传给主轴转动，从而实现与之相连接的磨头转动。而主轴的轴向进给运动则是通过汽缸上下运动带动手柄上下运动，从而带动与手柄相连接的主轴，实现轴向进给运动。主轴采用空心结构，冷却水管与主轴上端的接水管连接，冷却水直接从主轴内孔流出对磨头进行冷却。

(3) 手扶摇臂研磨机研磨操作工艺

① 开车前准备工作。检查各部件紧固情况，对全部润滑点加油，经试车正常后才能投入生产。严禁开车上盘，上盘时磨盘卡要卡稳。

② 磨料和磨盘的选择。磨料和磨盘主要有两类，以研磨大理石骨料为主的水磨石和以研磨石英石骨料为主的水磨石。

③ 研磨加工工艺参数的选择。磨盘研磨线速度主要指转速、研磨压力，研磨时所加压力大小应与磨料硬度、水磨石硬度相适应。手扶摇臂研磨机随着加压方式的不同，研磨压力一般在 0.4～0.6MPa 之间。

④ 手扶摇臂研磨机研磨操作要点。粗磨水磨石面板后，目测或平尺测定其平整度，更换磨料将水磨石板面不断磨平。粗磨水磨石板面时，若纵向不平，则应横向走车，反之若横向不平，则应纵向走车，待基本磨平后再走大面，该办法能很快地磨平水磨石面板。每次平移磨盘的距离不得大于磨盘的 1/2，以使研磨轨迹能很好地衔接，达到整个板面磨均匀的目的。

走车速度均匀以保证板面打磨均匀。按次序进行半细磨、细磨和精磨，逐号更换磨料，后一号磨料研磨是用来磨去前一号磨料磨削时留下的痕迹，以提高表面的光滑和细腻程度。操作人员应熟悉掌握各号磨料进而达到质量要求。

细磨、精磨、抛光时磨盘应纵向、横向顺序交替匀速运动，同时注意水磨石边角处的磨削余量与其他部位的磨削余量保持一致，以保证整个板面均匀磨削。为了避免打盘，磨盘伸出水磨石板边的距离不得超过磨盘直径的1/2。

粗磨、半细磨、细磨、精磨时加适量的水，加水除了能排除泥浆、保护模料、冷却板材、避免板面烧伤外，还在一定程度上起着调节磨料硬度的作用。当水量大时，则起衬垫和润滑作用，使磨料相对变硬；当水量小时，则加剧磨料与板面的摩擦，使磨料相对变软。故应视各研磨工序的具体情况适当调节供水量。

研磨时，在操作者体力允许的范围内，可加大压力以提高研磨效率，还必须对板面磨料施加一定的压力，其大小与磨料硬度、水磨石硬度及操作者体力相适应，施加适当的压力。磨料较硬，则应加大压力，在加压情况下，磨料会相对变软，故能提高研磨效率。但对于较软的磨料这样操作会增加磨料的消耗量。

抛光是研磨加工的最后一道工序，水抛光、磨料抛光和精磨后随即进行，干抛光可单独加工。抛光工艺操作过程是在抛光盘与水磨石板面间辅以适量的抛光剂，抛光盘旋转并在水磨石板面纵横方向顺序交错、均匀抛光。

2）桥式研磨机

（1）桥式研磨机（图4-45）简介　桥式研磨机不同于连续磨机，其工作台固定，磨头做磨削和进给运动。桥式研磨机根据磨头数量有单磨头桥式研磨机和双磨头桥式研磨机。

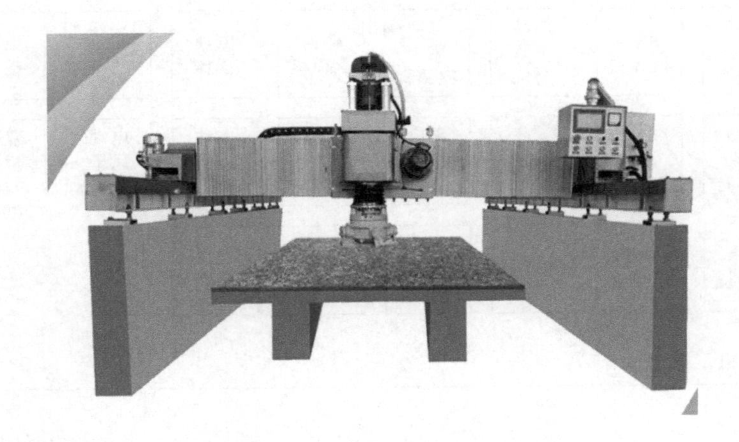

图4-45　桥式研磨机设备图

（2）桥式研磨机基本结构、性能和工作原理　桥式研磨机由桥架、托架、主电机、主轴、磨盘、工作台、操作控制面板和喷水冷却装置等几大部分组成。

桥式研磨机工作时，由磨头带动专用磨料在水磨石板材表面做有规则的波形运动并且自转，对水磨石进行磨削抛光。对水磨石板材进行由粗到细的磨削和抛光，采用不同粒度的磨料，通水冷却进行研磨，磨料对板材的压力通过气压进行控制调节，以适应每道工序不同的压力要求。桥式研磨机磨头行走的轨迹有纵波回纹、横波回纹、周边回纹等。

(3) 桥式研磨机研磨操作工艺

① 开车前准备。对机器的各部位加注润滑油，打开主电源开关，运行油泵15min。不同型号的桥式研磨机要求磨盘直径和所装磨料块数不同，磨料应均匀分布，其端部不得伸出盘边。

将待研磨的水磨石板材置于工作台上，支平垫稳，根据板材大小确定纵横方向限位开关的位置。磨头到极限位置时，磨盘越出板边的距离不得超过盘径的1/2，进而达到既把整个板面磨均匀，又不打盘的目的。

② 进行研磨操作，磨头升降，先逆时针拨转磨头升降手柄，待磨头徐徐下落到与板面接近时，再摇动磨头升降手轮，使磨头与板面接触。对于要进行研磨抛光的板材，磨头低速启动，磨头的轨迹可根据需要随时变换。桥式研磨机的供水要适当，磨头压力应与磨料及水磨石的硬度相适应。桥式研磨机调速要适当，磨头的前进速度应与磨头压力相匹配，主轴电机负载电流不得超过额定电流。

3) 连续研磨机

(1) 连续研磨机简介　连续研磨机能够连续自动完成水磨石的研磨抛光全过程，研磨生产效率高，磨抛板材质量稳定，是目前水磨石板材大批量加工的主要设备。连续研磨机主要由输送皮带及传动装置、横梁、磨头部件等组成，连续研磨机的工艺流程如图4-46所示，连续研磨机如图4-47所示。

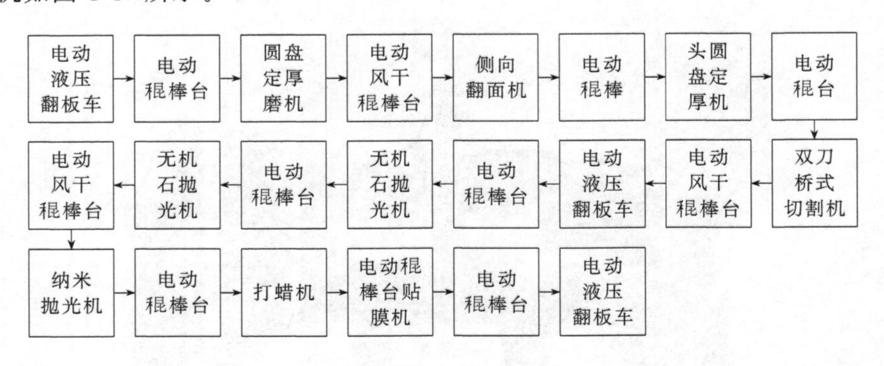

图4-46　连续研磨机工艺流程

图4-47　连续磨抛机（部分）

（2）连续研磨机结构性能及工作原理　磨头主要由升降汽缸、磨头及其驱动电机和供水管等组成。连续研磨机工作时，磨头与板材之间的压力由升降气缸控制；水磨石板材置于输送皮带上，其加工进给借助于输送皮带的水平运行实现；磨头部件固定在横梁上，并随其做垂直于板材进给方向的水平式往复运动，往复行程基本上与板材加工宽度等同；电机驱动磨头做水平旋转运动，同时通过行星轮系统传动机构使磨头往复摆动，磨盘上磨料对板材表面产生磨削作用，从而实现研磨抛光加工。连续作业研磨机磨头数量不等，有 6 头、8 头、10 头、12 头、16 头、20 头和 24 头研磨机，连续研磨机板材宽度最宽有 2.2m。磨头加压方式采用液压。按研磨工作时的状态，磨头有摆动式和固定式之别，目前多用摆动式。摆动式磨头较固定式磨头的加工效率高，板材加工质量好，摆动式磨头较固定式磨头优势在于改善了板材加工工艺状况，不但能提高磨料对板材的磨削力，还有利于磨削过程中磨屑的排弃。

圆锥形金刚石辊轮铣刀的行星式磨头用来对石英石水磨石板的磨削加工，辊轮铣刀自转的同时，磨头公转并随磨头桥架做往复直线运动。辊轮铣刀的母线与板材线接触，公转运动形成平面铣磨，往复运动可适应不同宽度的板材。圆锥形辊轮铣刀的小直径端处于公转半径最外端，使母线上各点的线速度相等。这种磨头具有很高的生产效率，是一种结构十分合理的金刚石磨头。

（3）连续研磨机研磨操作工艺

① 连续研磨机研磨过程及特点。连续磨抛机的工作过程是按照规定的步骤，自动循环连续进行的。它的每一个工作循环包括：送板；磨头旋转下降与板材接触；工作台运输板材，按设定的运动轨迹做纵向直线运动，磨头做横向往复移动，对板材进行磨削加工；最后磨机开始进行下一个循环的送板工作。

连续磨机的工作特点是被加工的板材以连续方式沿直线向前移动，磨头按多元复合轨迹方式运动，完成水磨石板材的粗磨、细磨、精磨和抛光的全部加工过程。

② 工艺参数的选择。为了达到高质量高效率水磨石板面的磨抛加工效果，必须选择适当工艺参数。工艺参数应根据加工水磨石的品种、板材尺寸等因素综合考虑。连续磨机主要的工艺参数设定有以下几点要求：

a. 横梁往复移动速度一般控制在 5～15m/min，当水磨石质地较软或加工板材宽度较窄时，应选低值，反之应提高横梁往复速度。为改变老式磨机对板材边缘磨抛程度不足的弊端，连续磨机在横梁运行至板材边缘区时特别设计了一个小的往复移动，略作停留，从而提高了板材边缘部分的磨抛质量。

b. 板材进给速度大小与板面光泽度有直接关系。对于质地较软的水磨石板材进给速度选择范围为 0.5～1m/min，对于质地较硬的水磨石板材进给速度范围为 0.25～0.9m/min，水磨石板材进给速度调整通过调节输送皮带运行速度来实现，在输送皮带控制装置中设有速度调解机构，且操作十分方便。

c. 磨头压力。一般增大磨头压力，能提高磨石的磨削效果，但也存在可能压裂板材、磨削热过大造成板材表面产生细裂纹的风险。磨头压力过小，磨削效果会降低。磨削压力的大小与磨石消耗成正比，因此，在连续磨机生产线随时调整各个磨头的压力，能提高生产效率和质量。

各种型号的连续磨机的工作压力与磨头升降汽缸直径、缸的工作介质、磨头安装的磨料数量有关，并根据水磨石板的规格、硬度、产品质量要求和不同的加工次序确定合适的磨头压力，一般粗磨阶段的磨头压力为细磨和精磨阶段磨头压力的 1.2～1.5 倍。抛光磨头的工作压力，要略低于一般磨头的工作压力，通常为一般磨头工作压力的 50%～70%，抛光磨头压力选择范围为 0.2～0.4MPa。

连续磨抛机上的磨头中磨料粗细数量搭配方式应根据板材的特性随时调换。

连续磨抛机上各道工序使用的磨料粒度范围，由于机器型号、水磨石品种和研磨达到的标准不同，粗磨细磨所使用的磨料粒度最好经过试验选择。一般的规律是，粗磨选择紧密的磨料粒度；中硬的磨料，细磨选择中等密度磨料粒度，选择中级硬度磨料；精磨选择疏松的磨料粒度，中软的磨料。按其磨料粒度由粗到细排列。一般要求后道磨料能磨去前道磨料在水磨石板材表面产生的磨削沟痕，以使板材表面质量逐步提高直至达到成品板材的质量要求。

图 4-48 圆盘研磨机设备图

4）圆盘研磨机

（1）圆盘研磨机的构造，性能及其加工原理（图 4-48） 圆盘研磨机由砂轮运动系统、工位自转系统和工位运动及升降系统三部分组成。砂轮运动系统由主轴电机通过一对三角皮带轮减速，带动主轴旋转。主轴上装有环形砂轮对水磨石板进行磨削加工。砂轮升降位置调整通过手动涡轮旋杆实现。工位自转系统由工位自转电机经齿轮变速机构驱动位于该机中部的短齿齿轮旋转，短齿齿轮驱动工位胶轮，在摩擦力的作用下工位胶轮自转，即坯体自转。

工位运动及升降系统由工位运动电机经变速机构通过一对伞齿轮和直齿轮，驱动大盘转动，盘上装有相对固定的筒形工位体，使大盘工位同时运动。工位下部的相应部位，装有自身升降变化的滑轨，借助工位运动的力使工位上升或下降，形成与砂轮接触、脱离两个动作。

在实际磨削产品过程中，轨迹必然是中心重合多于四边，四边重合多于四角。在单位时间内，产品自转角度越大，这种差别越明显，反应在产品上是四角高、中心低，一般偏差小于 0.33mm。由于产品还要进行抹浆和细磨，对产品平整度影响不大。

（2）圆盘研磨机操作及维护注意事项 在操作圆盘粗磨机前，要检查工位有无杂物、破板和碎屑。清理干净后空车运行，确保液压系统工作正常；启动主电机，开始粗磨加工前升起砂轮，打开水源；启动工位自转电机，坯体夹持器开始转动，再打开工位移动电机，大盘开始转动；放入坯体后下降砂轮，砂轮接近坯体逐步加压；运行期间需要注意全机各部润滑状况，润滑不良或缺油及时补充，必要时应停车加油；变速时必须先停车，停稳后进行调档，检查无误后再开车；车速根据产品规格品种，砂轮软硬以及水磨石耐磨程度选择；对底面有磨平要求的产品应先磨平底面再进行磨抛加工；修整砂轮要使用规定的工具。

5）方边机

(1) 方边机的构造和性能　方边机由左右箱体、进给部分、上下料装置和操纵机构四部分组成。

左右箱体装有立式电机，通过联轴节与主轴相连。主轴一端装有砂轮卡盘，卡盘上安装树脂砂轮，通过手轮调整砂轮进给量。送进部分有导轨、主油缸系统和产品送进系统。导轨上安装产品送进系统，靠主油缸系统活塞推进或退出送进系统，推进或退出采用可变速运动方式。当送进系统装满平板被卡紧后，通过操纵系统推进被磨的产品，先快后慢进入两个砂轮之间，进行方边加工。加工完毕退回原位，转动平台自动旋转90°后，再进入两个砂轮之间，进行另外两边的方边加工。上下料装置由运送油缸、叉头、卡爪及定位板等组成。上料时，产品靠定位板码齐，经卡爪卡紧，逐块平码在叉头上。运送油缸将上料装置上的产品送到送进部位的相互部位，并松开卡爪，退回装置。下料装置与上料装置近似，先将下料装置用运送油缸送到相应部位，而后叉头将加工完毕的产品脱离送进系统，退回原来装置，准备下车。

操纵机构由液压系统和自动控制系统组成。除人工上料、下料外，均可自动操作和手动操作，整个设备协调运动。左右箱体各配置立式电机（17kW，转速为1450r/min）一台，要求同步运动。油泵电机2.2kW，转速为1450r/min。齿轮泵转速为32r/min，压力为253kgf/cm^2[❶]。

方边机外形尺寸（不包括防护装置）3730mm×1940mm×1440mm，设计生产能力为每小时生产尺寸为30.5mm×30.5mm×1.9mm的水磨石平板800块，冷却水用量3t/h。

(2) 方边机加工原理　方边机使用的砂轮为直径492mm的环形树脂结合剂粗磨砂轮，碳化硅粒度为F30#～F36#，线速度37m/s。将产品平码，堆摞高度不超过300mm，卡紧不松动，组成一个立方体。通过人工控制的进给速度，对立方体的两个端面同时进行铣磨加工。

方边机加工两端面同时受到砂轮施加给制品的相对方向的压力，使其相互抵消，从而使制品得到比较平整的两个被加工面。经过转向90°角再加工，可以保证产品的规格尺寸。

方边机对平板双面同时加工，砂轮的磨耗程度直接影响产品规格，因此，需要选用效率高、磨耗少的砂轮，在使用过程中需要经常调整砂轮的进给量。为了避免两端面由于砂轮振动造成边线不直的扫角现象，可将磨头体中心线和送进部分中心线设置成89.5°夹角，使砂轮轮缘部分磨削制品。

(3) 方边机操作方法　按照方边机的使用要求，检查紧固件位置的松紧状况，导轨润滑系统是否完好油足，液压系统是否正常等；空车运行，进一步检查设备情况；砂轮上不应有裂纹，安装紧固；进给量先粗调，开车磨板后再进行细调，使之达到要求的位置；产品上车

---

❶ 1kgf=9.80665N。

前要求底面平整，无凸点及砂粒；上车时，底朝下面朝上，顺序码齐，一般不超过 30cm 高度；先打开供水节门再开车；开车后，先磨两侧，检查规格尺寸无误才能继续加工另外两个端面；操作人员应根据砂轮磨耗情况，随时调整进给量；磨头电机超负荷时，应降低进车速度，防止超负荷运行；下车后的平板，要用水冲洗干净，检查规格后，码垛堆放，以备运往下一工序。

6）水刀

（1）水刀构造和性能　水刀包括四个基本组成部分：压力发生装置，如高强度的加压泵、蓄能器；水供给装置，如过滤器、输送管线；切割装置，如控制阀门、喷嘴等；回收装置。有的还具备精确控制装置、磨料供给装置等。

水刀技术特点较之激光、等离子、线切割等传统的切割方式，有其独特、显著的优势，如切割品质优异，几乎没有材料和厚度的限制，节省成本，清洁环保无污染，便于实现一机多能和自动化、数控化，优化材料的利用率，如图 4-49、图 4-50 所示。

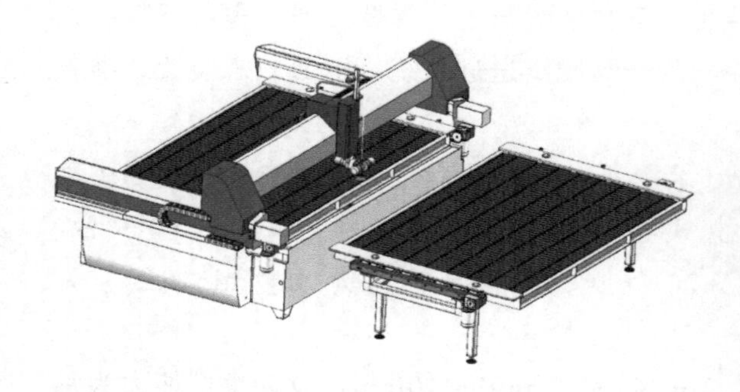

图 4-49　水刀切割设备示意图

图 4-50　水刀切割机

（2）水刀加工原理　数控水刀是将超高压水射流发生器与二维数控加工平台组合而成的一种平面切割机床。它将水流的压力提升到足够高，使水流具有极大的动能，可以穿透化纤、木材、皮革、橡胶等，在高速水流中混合一定比例的磨料（如石榴砂），则可以穿透几乎所有坚硬材料，如陶瓷、石材、玻璃、金属、合金等。在二维数控加工平台的引导下，可在材料的任意位置开始加工或结束加工。按设定的轨迹以适当的速度移动，可实现任意图形的平面切割加工，其水刀机喷嘴高压水的水压最高可达 400MPa，在喷嘴的出口处，水束速度达到 800m/s，是砂轮线速度的 20 倍。水束可以只是水，也可以在水中加入磨料（如石榴石）。磨料水射流是纯水射流技术的进一步发展，其实质是在纯水射流中混入磨料颗粒，磨料粒度为 80～120 目，和水一同喷出，借以提高纯水射流的冲击动能。混入磨料的水射流其冲蚀动能有了较大的提高，可以方便地切割高硬度材料。高压水喷嘴的材料采用蓝宝石和金刚石等制造。只通水时，喷嘴的小孔径为 0.181～0.4mm，磨料喷嘴采用硬质合金制造，孔径为 0.81～1mm。其原理是利用高速水射流作为能量载体，工作时通过增压器将水压增压到 138～414MPa，使高压水通过喷嘴，以 500～900m/s 的速度喷出，射流的流量为 0.4～19L/min。射流的速度取决于水压。利用这样的磨料射流可以对水磨石进行加工，一般以切割雕刻为多。磨抛加工较少使用，这里不作过多介绍。

(3) 水刀操作方法　开机前检查设备的水、电、气是否供应正常，有无泄漏等现象，检查水刀行程范围中有无遮挡物；操作人员需具备相关常识，无关人员禁止开机操作；水刀加砂时，应检查水刀砂是否干燥无杂质；操作人员需规范着装，佩戴劳保手套和护目镜。

(4) 注意事项　在切割工件的过程中，操作人员以及无关人员应和设备保持一定的距离；切割较小、较轻的工件采取固定措施，防止在过程中切割走位；保证被切割工件摆放平整，避免切割砂管损坏造成安全事故；切割的过程中工件被冲击走位禁止利用其他物件去校正；在进行取料、换喷嘴的过程中一定要先将高压水开关或高压关闭，等残留的高压水卸除后再进行操作；使用水刀切割应根据不同材料选择不同的压力进行操作；使用水刀的过程中要注意水刀的增压器和高压管工作密封情况；紧急停电高压水会残留在高压系统里，一旦来电，残留的高压水会喷出，因此不要靠近切割头，重新接通电源后，需将残留的高压水卸除；水刀加工好的工件边缘锋利，因此应高度注意被划伤、割伤。

7) 水磨石磨抛常用磨料

(1) 常用磨料的原材料种类、物理性能、化学成分　硬度是磨料的重要的物理性能。所谓硬度即是物体抵抗其他物体刻划或压入、研磨的能力。磨料的硬度通常用莫氏硬度和显微硬度表示。莫氏硬度又称矿物硬度，按十种常见的矿物硬度从小到大分为十级，即：1-滑石；2-石膏；3-方解石；4-萤石；5-磷灰石；6-长石；7-石英石；8-黄玉；9-刚玉；10-金刚石。鉴定时可在未知矿物上选一平滑面，用上面已知矿物的一种刻划。下面分别介绍常用磨料原材料的物理性能和化学成分。

① 石英砂的主要化学成分为二氧化硅。它是由石英散粒组成的未胶结的松散堆积物。石英占95%，粒径大小不一，常呈不规则的圆粒或棱角状。在自然界中，石英砂是由含石英的岩石经外力作用，破坏后沉积而成。相对密度为2.5～2.8，莫氏硬度为7，晶体呈六方柱体，常成晶簇状、粒状、块状等单体或群体，颜色不一。做磨料用的为细石英砂，粗磨加工时，一般就地取材，选用海砂或河砂。这种磨料的缺点是难以磨抛含有石英的水磨石坯体。

② 石榴子石，俗称红砂，化学通式为$A_3B_2(SiO_4)_3$，其中，A为二价金属元素，以镁、铁、钙为主；B为三价金属元素，以铝、锰、铬为主。相对密度为3.4～4.3，莫氏硬度为7～7.5。由于有较高的硬度和强度，它是异形水磨石制品粗磨加工较好的磨料。

③ 黑碳化硅，俗称金刚砂，呈黑色或深蓝色，它是由石英砂和焦炭混合，在电弧炉中经高温冶炼而成，有光滑的表面和玻璃光泽，六角形结晶。以46＃粒度为代表号，相对密度不小于3.12，莫氏硬度9.15～9.5。维氏显微硬度为2840～3320kg/mm^2。以金刚石为1作比较，研磨能力为0.25。性脆而锋利，具有一定的导电和导热性能。按国家标准规定，铁合金允许含量为零，磁性物允许含量不大于0.2%，其化学成分应符合规定。

④ 绿碳化硅，呈绿色，是由较纯的石英砂和焦炭混合，加配料氯化钠，在电弧炉中经高温冶炼而成。以46＃粒度为代表号，相对密度不小于3.18，莫氏硬度同黑碳化硅相近，但脆性更大。维氏显微硬度为2840～3320kgf/mm^2。以金刚石为1作比较，研磨能力为

0.28。国家标准规定，铁合金允许含量为零，磁性物允许含量不大于0.2%，其化学成分应符合规定。

⑤ 棕刚玉，又称普通氧化铝，呈棕褐色，它是用矾土无烟煤和铁屑在电弧炉中经过熔化还原制得。主要矿物成分为物理刚玉，并带有少量其他矿物杂质。以46#粒度为代表号，相对密度不小于3.90。莫氏硬度为9.05～9.1。维氏显微硬度为2000～2200kgf/mm^2。以金刚石为1作比较，研磨能力为0.10。按国家标准规定，铁合金允许含量为零，磁性物允许含量不大于0.3%，其化学成分应符合规定。

⑥ 白刚玉，又称白色氧化铝，呈白色。它是用铝氧粉在电弧炉中熔融结晶制的。以46#粒度为代表号，相对密度不小于3.90，莫氏硬度同棕刚玉近似。维氏显微硬度为2200～2400kgf/mm^2，以金刚石为1作比较，研磨能力为0.12。按国家标准规定，铁合金允许含量为零，磁性物允许含量不大于0.04%，其化学成分应符合规定。

⑦ 铬刚玉，呈紫色或玫瑰红色，它是用铝氧粉掺1.5%～2%的氧化铬在电弧炉中熔融结晶制得。铬刚玉的相对密度为3.97，它的硬度同白刚玉相近，而韧性比白刚玉高。维氏显微硬度为2278kgf/mm^2，以金刚石为1作比较，研磨能力为0.13，其化学成分应符合规定。

（2）水磨石磨抛用磨料

① 水磨石磨抛用磨料的结构。水磨石磨抛用磨料的结构是指磨料骨料、结合剂、气孔和填料之间体积的比例关系。其表示方法有两种，一种是以磨料中的气孔率或填料率表示，磨料气孔率或填料率大，结构疏松，磨料气孔率或填料率小，结构紧密；另一种是以磨料中磨粒体积的百分数，即磨粒率表示，磨粒体积的百分数大，磨料的结构紧密，磨粒体积的百分数小，磨料的结构疏松。

以气孔率或填料率表示磨料结构的方法，直接地表现了磨料结构的松紧程度，反映出磨料气孔或填料在磨削加工中的作用。从磨料的使用角度来看，结构的松紧程度对磨削加工有直接的影响，但目前尚未按照此法进行分级。一般磨料的气孔率约为10%～20%；大气孔砂轮的气孔率约为20%～40%，甚至更高；而高密度砂轮的气孔率趋近于零。

以磨粒率表示磨料结构的方法，间接地表现了磨料结构的松紧程度，反映出磨料工作部分单位体积或单位面积可能参加磨削的磨粒量的多少。磨料结构通常按此方法分为紧密的、中等的和疏松的三类，还可进一步分为更多的级别。

磨料结构的松紧程度和均匀程度，直接影响着磨削加工的效果。磨料的结构疏松，磨粒之间容屑空间大（填料占的位置也相当于空间），排屑和容纳冷却水的地方多，磨削效率高，但单位面积上磨粒少，磨出的坯体表面比较粗糙。磨料的结构紧密，磨粒之间容屑空间小，排屑和容纳冷却水的地方少，磨削效率低，但单位面积上磨粒多，轮廓形状易于保持不变，可提高成品的精度和表面光泽度。

② 水磨石磨抛用磨料的种类。按基本形状和使用方法，分为砂轮、磨块、锯片和磨片四种。砂轮是安装在粗磨机上，在高速旋转下进行磨削的磨料，用于粗磨加工。磨块是安装在研磨机上在高速旋转下进行细磨的磨料，用于细磨加工。锯片是安装在切断机上在自身高

速旋转下进行切割的工具，水磨石坯体粗磨加工时使用圆盘型磨机。磨片是在磨机转动的情况下，直接在磨盘上使用，是目前用量很大的一种磨料。

按结合剂分为无机结合剂和有机结合剂两种。用高铝水泥制作的粗磨砂轮，用青铜作黏结剂制作的金刚石锯片，属于无机结合剂；用酚醛树脂制作的磨石，以树脂结合剂制作的砂轮和锯片，属于有机结合剂。

按磨粒品种，分为碳化物系磨料、金刚石系磨料和天然磨料三种。碳化物系磨料，有碳化硅砂轮、碳化硅磨块等；金刚石系磨料，有金刚石锯片等；天然磨料，有石榴子石（红砂）、河砂等。

人造金刚石磨料的金刚石浓度，是指工作层内 1cm^3 体积中含有的金刚石的质量。按规定，100%浓度就是工作层内 1cm^3 体积中含有近 4.4 克拉[1]重的金刚石，50%浓度则含有近 2.2 克拉重的金刚石，其余类推。常用浓度、金刚石含量及其代号来表示。

高浓度金刚石砂轮保持形状的能力强，也就是说，它比较耐用，但浓度过高，会降低结合剂对金刚石磨料的黏结力，使磨粒过早脱落，不能充分发挥每一颗粒的作用。低浓度金刚石砂轮磨削时金刚石的消耗比较低，但浓度过低，会提高结合剂对金刚石磨粒的黏结力，磨削时作用在每颗磨粒上的切削力会相应增加，从而使磨粒容易过早的磨损。因此，应根据需要合理地选取金刚石砂轮的浓度。

③ 金刚石磨料常用的黏结剂有树脂、青铜、陶瓷和电镀金属等。树脂黏结剂金刚石磨料磨削效率高，加工表面光泽度好，砂轮容易修整，使用中砂轮不易堵塞。青铜黏结剂金刚石磨料可以承受较大负荷进行磨削，而且比较耐磨。目前，国内金刚石切割片，多采用青铜黏结剂。陶瓷黏结剂金刚石磨料耐磨性好，砂轮磨削中不易堵塞和发热，适合做平面磨削。电镀金属黏结剂金刚石磨料结合力强，多用来制作磨头、切割锯片等。

黏结剂是把分散的磨粒黏结在一起，使之成为有一定形状和强度的磨料材料，黏结剂对磨料性能有直接的影响。在加工时，它能使变钝的磨粒及时脱落，以保持磨料有良好的磨削性能。此外，磨料能否耐腐蚀，能否承受冲击和高速旋转而不裂开，主要取决于黏结剂的种类及其性质。用黏结剂结合起来的磨料还要有一定的耐水性，以保证水磨石坯体湿磨时不会受到损坏。

黏结剂的品种较多，可分为无机黏结剂和有机黏结剂两类。水磨石工业常用的无机黏结剂有硅酸盐、陶瓷、青铜等。有机黏结剂有酚醛树脂和环氧树脂等。用有机黏结剂制作的磨料强度高，有一定的弹性，耐冲击；缺点是需要加热固化，使用粗颗粒磨粒时，自锐性比无机黏结剂制作的磨料差一些。金刚石磨料常用的黏结剂有树脂、青铜、陶瓷和电镀金属等。树脂黏结剂金刚石磨料磨削效率高，加工表面光泽度好，砂轮容易修整，使用中砂轮不易堵塞。青铜黏结剂金刚石磨料可以承受较大负荷进行磨削，而且比较耐磨。目前，国内金刚石切割片，多采用青铜黏结剂。陶瓷黏结剂金刚石磨料耐磨性好，砂轮磨削中不易堵塞和发热，适合做平面磨削。

---

[1] 1 克拉＝0.2 克。

黏结剂必须稳定，不能太强，也不能太弱。太强，则第一层的磨粒变钝，仍不脱落，第二层的磨粒的锋芒就显露不出来，影响加工质量。太弱，则第一层的磨粒还没有用钝就脱落下来，磨粒的消耗量就会变大，而且要经常更换磨盘，在经济上是不合算的。

④ 磨料的硬度。磨料的硬度是指磨料工作表面上的磨粒受外力作用时脱落的难易程度。磨粒容易脱落，就称为磨料的硬度低；磨粒很难脱落，就称为磨料的硬度高。

磨料的硬度取决于结合剂的性能、用量以及磨料的制造工艺，如成型密度、养护时间等，尤其是结合剂的用量。一般说，结合剂多，磨料的硬度高；结合剂少，磨料的硬度低。

⑤ 涂敷磨料。涂敷磨料是以布、纸或其他复合材料为基体，用黏结剂将磨粒均匀地粘附在基体材料上的制品。它用来研磨、抛光各种水磨石工件和制品，以及特种水磨石。

涂敷磨料，按基体材料不同，分为砂布和砂纸两种；按使用条件不同，分为耐水和干磨两种。涂敷磨料的形状有页状、筒状、接头带状和无接头带状。

4.7 预制水磨石饰面加工

预制水磨石表面形状纹理是体现水磨石装饰效果的一个重要环节，也是建筑物装饰后给人们近距离接触的部分，在使用过程中至关重要。一种水磨石的制作水平质量往往就可以通过饰面的加工来展现，所以水磨石的饰面加工特别重要。市场上水磨石装饰面的加工效果很多，磨光的水磨石，制品表面有一定光泽度，使用表面呈现大理石光泽；磨粗的水磨石，制品表面磨平，呈现大理石颜色，且有防滑能力；有水刷石效果的水磨石，压制成型后，进行表面处理，呈自然美，有水刷石效果，多用圆形石子制作。

图 4-51　光面水磨石

4.7.1　水磨石的光面加工

水磨石的光面加工是水磨石坯体在养护到一定强度后经研磨抛光设备进行定厚研磨抛光处理，饰面趋向镜面效果的一种饰面。其光度在 70GU 以上，如图 4-51 所示。

1）水磨石光面的处理工艺流程

光面的水磨石使用非常广泛，地面、墙面和台面都大量的使用。不论是水泥基水磨石还是树脂基水磨石，光滑面的使用都很大。光滑表面的处理一般都要经历如下的几个环节，如图 4-52 所示。

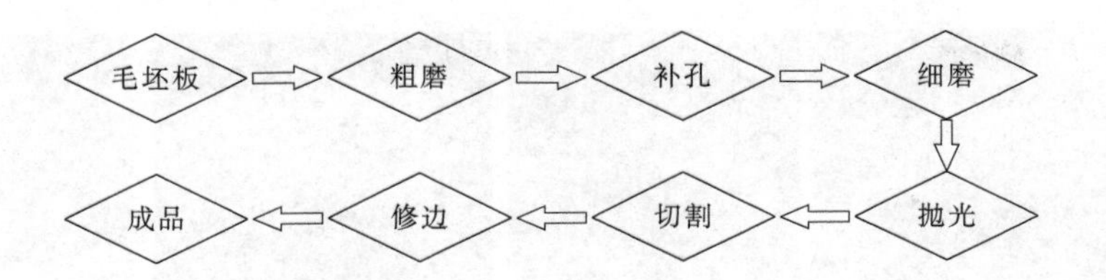

图 4-52　水磨石加工流程

（1）毛坯板　毛坯板在压机成型后，进行养护。

（2）粗磨　将毛坯板用研磨机研磨，先用金刚石磨头粗磨定厚，再依次使用 50＃、300＃、500＃、1000＃树脂磨片打磨。背面只需要用金刚石磨头打磨即可。

（3）补孔　粗磨后的板表面会出现孔洞，这时候将板表面晾干，配制环氧树脂与细砂颜料混合修补料，使用刀板涂刮，将材料填入到气孔里。再将表面多余的树脂全部刮掉，待表面固化后再重复一遍上述过程，进一步渗入微孔，将全部气孔补完位置。

（4）细磨　将补过孔的板用研磨机进行打磨，用 500＃、800＃、1000＃磨片打磨，打磨时注意切勿打磨时间过久，将表面树脂打磨掉即可，再用 1500＃、2000＃磨片打磨。抛光后光泽度 40～50GU 左右。

（5）抛光　细磨后的板先用 0＃或 1＃钢丝棉配合抛光机抛光，将表面清洁干燥后，涂刷硬化剂，再用 0＃钢丝棉或者 3M 红垫抛干即可，再使用结晶剂涂刷，最后再使用 0＃或 1＃抛光。最终光泽度达到 80～90GU 左右。

（6）修边　将切好的板使用磨边机配合磨片打磨四边，将锋利的边磨平，或者使用线条机进行打磨。

（7）成品　按照客户要求表面可以罩一层防污剂或满足客户其他要求。

2）水磨石光面的加工用材料

纳米结晶材料：用于填充细小的微孔，形成结晶纳米镀层，达到持久耐磨及防污的效果，可根据不同颜色的表面选配抛光液的型号及种类。

环氧树脂修补料：采用 128 环氧树脂、耐候性脂环族环氧固化剂，调好颜色。使用快干固化剂以缩短工艺流程，用于修补表面大孔。

4.7.2　水磨石粗面加工

1）荔枝面

荔枝面是用机械对水磨石表面敲击而成，从而在水磨石表面形成如荔枝皮的粗糙表面，如图 4-53 所示。它分为机荔面（机器）和手荔面（手工）两种，一般而言手荔面比机荔面更细密一些，但是费时费工。荔枝面具备防滑效果，所用设备是形如荔枝皮的锤子或 6 头荔枝面生产线。

2）抛丸面

抛丸工艺与喷砂工艺的根本区别是抛射，而不是喷砂，抛射的不是砂，而是钢丸。它的原理是根据要求将不同粒径的钢丸高速射到板材表面，冲击力巨大的钢丸迅速把石

图 4-53　水磨石荔枝面

材表面剥蚀成立体感很强的表层，如图 4-54 所示。用这种方法加工出来的产品，不但质量统一性好，外表美观没有盲区，而且加工速度快，成本低。与机刨工艺比起来，这种方法极具竞争力。

（1）抛丸机的构成及工作原理　抛丸机主要组成有：抛射器、上下料传送带、钢丸轮回系统、自动控制系统和环保系统等，如图 4-55 所示。抛丸机的基本原理是：经由人工或自动化设备将水磨石放至于传送带上，传送带将水磨石送入抛丸室，离心式抛射器将淤滞的钢丸抛射到水磨石表面，经处理后的水磨石通过输送带移到下料区。钢丸则通过回收、分选等程序得以重复使用。

图 4-54　水磨石荔丸面

图 4-55　抛丸设备图

离心式抛射器是设备的核心部件，钢丸通过蜗式阀进入抛射器进口，配量器将钢丸加速到与抛射轮相匹配的速度，高速钢丸被导流套管导向抛投叶片，并被抛射到抛丸室的水磨石板上。

钢丸的流量由蜗形阀控制，通过调整导流套管的启齿来确定钢丸的抛射角度，而钢丸的抛射速度则取决于抛射轮的转速。

水磨石板材离开抛丸室后，直接进入水磨石清理间，残留在水磨石上的钢丸和尘砂被旋转毛刷和高压吹风机清除，并通过旋转螺杆被送到风选机，在这里钢丸从粉尘和水磨石细屑中分离出来，重新进入轮回系统，而粉尘和水磨石残渣则被排放到集尘器中，一台大功率的风机不但为风选机提供足够的风量气流，同时也保证工作的抛丸室始终保持相对负压状态，避免粉尘外逸。系统经由过滤后，风尘被排放到集尘器中，而空气则通过排风扇排放。假如通过二级除尘，空气可直接排放到车间，不会造成任何污染。再在抛丸室附近安装一个隔音仓，即可创造出一个无尘、低噪音的工作环境。自动控制系统可以调整和控制进料速度、抛丸强度等变量，由光栅构成的信号采集系统将上下料信息传递给控制中央，控制中央根据这些信息自动调整机器的运行状态，确保只有当水磨石板材进入抛丸室后，抛丸系统才开始工作，而当水磨石板材驶离抛丸室后，系统则自动休止抛丸，这样就避免了设备空转和无谓的磨损；当工作输送带停驶时，钢丸供给也就自动休止，从而避免了抛丸室内的部件因过度抛丸而报废。

（2）用抛丸工艺和设备加工的产品具有的特点

① 加工质量统一性好，采用统一尺度的钢丸，抛丸过程自动控制，水磨石板材表面的纹路均匀。

② 抛射的钢丸是由镍铬合金制成，不会引发普通钢丸造成的水磨石表面锈斑。

③ 加工工艺环保。取代石英喷砂，粉尘量降到最低水平。钢丸经回收，重复使用。

④ 效率高。进料速度快（3m/min左右），根据加工水磨石的特殊要求还可以上下两面同时加工。

⑤ 表面粗糙程度可根据水磨石的设计需要加工，按粗糙程度选用不同粒种的钢丸即可。

⑥ 加工的水磨石板材规格最大宽度为1300mm。特殊宽度可在设备制作中给予改进，加工水磨石的形式不受限制，既可以是平板也可以是圆柱或其他外形。抛丸糙面加工技术在水磨石糙面加工中，占据重要的位置。抛丸糙面产品以其新奇、廉价、适应性强、装饰性好的特点，为打造城市风景，越加显现出更广泛的应用空间。

3）刷洗面（图4-56）

水泥基水磨石中采用较多圆形骨料，在完成养护后，用钢刷对表面进行刷洗，水磨石中水泥浆体比骨料软，在刷细过程中被洗掉，而骨料比较硬，在刷洗过程中没有变化，水磨石中的骨料就显露出来，形成一种独特的露骨料水磨石板材。

图4-56 水磨石刷洗面

图4-57 酸洗面

4）酸洗面（图4-57）

用强酸腐蚀水磨石表面，使其有小的腐蚀痕迹，酸洗面刮痕较少，外观比磨光面更为质朴。酸洗剂是一种有黏性、含有表面活性酸的凝胶类产品，应用到水泥基水磨石表面，使其达到一种轻微洗过的或略微粗糙的露砂效果。

酸洗剂有普通浓度型和高浓度型。pH值为1～2，普通密度约为1.2～1.3g/cm^3，要求环保，气味小。酸洗剂使已固化的水泥基水磨石表面被酸化，实现类似砂岩外观、温和水洗的表面效果，该反应为中和反应，产物为中性。

酸洗剂要求有稳定的黏性，可以防止产品过快地从水泥基水磨石竖直面上流失。与液态类酸相反，它不会渗透进水泥基水磨石毛细孔，不会破坏水磨石的强度。

用喷壶、刷子或扫把涂刷，湿润水磨石表面并除去多余的水，将酸洗剂涂在完全湿润、固化1～3天以上的水泥基水磨石表面。酸洗剂接触碱性的水泥基水磨石表面发生中和反应。为完全中和酸洗剂，须等泡沫平息后再根据所要达到的效果添加酸洗剂用量，一般用量200～400g/m^2。

5）缓凝剂

缓凝剂是一种能减缓混凝土水化反应的化学试剂，使表层水泥能被冲洗掉而呈现出内部装饰骨料，如卵石、碎石块或贝壳等。缓凝剂一般在预制水泥基水磨石中采用负向缓凝，在现制水磨石中采用正向缓凝。

（1）预制水泥基水磨石采用负向缓凝处理　根据负向缓凝剂处理水磨石的露骨料尺寸，清洗深度可以分很多种类型。实际深度取决于水泥标号、水灰比、骨料种类和肌理。实际效果须依据水泥基水磨石的配方、生产工艺、凝结时间、水磨石板厚度和硬化时间，经试验来确定。负向缓凝剂防冻、密度约1g/cm^3、易搅拌（混合）、快干，不同类型对应不同露石深度、冲洗简便快捷、设备工具和模具易清洁。

使用前充分搅匀，使用短毛油漆滚筒或压力喷枪，准备用负向缓凝剂处理模具，使用量约100～250g/m^2，负向缓凝剂表干后，摊铺水泥基水磨石，第二天预制水泥基水磨石竖起并冲洗干净。通常18～36h后冲洗，冲洗节奏必须保持一致（如压力、速度），使用高压水枪作为冲洗工具。

（2）现制水泥基水磨石正向缓凝处理　正向缓凝剂是一种水基钝化剂，用于粗骨料水泥基水磨石产品，通常用于现浇水磨石表面。实际深度取决于水泥标号、水灰比、骨料种类、肌理，以及其他影响缓凝剂深度的因素（如温度、空气流通度、湿度等）。正向缓凝剂有很多优点，密度与水相同，pH值在3左右，应用简单，清洗方便。一般正向缓凝剂适合于所有正向型露骨料水磨石、装饰性现浇水磨石、水磨石地砖等。

使用前应充分搅匀，用喷壶喷洒。为确保与水泥基水磨石有更好的黏合，水泥基水磨石必须粗糙，水磨石浇筑较平，待现浇水磨石表面收光后，将正向缓凝剂喷涂在其表面，用高压水枪冲洗水磨石表面，使其露出效果面，应用消耗量约100～250g/m^2。45min后开始皂化反应，常温5d之内可冲洗掉。

4.8 包装工艺

预制水磨石制品作为建筑物饰面材料，其强度虽较高，但不同规格的水磨石有其强度薄弱处（如边、角、凸出部位等），属于脆性材料。产品加工完成后，到达施工地点之前，要经过运输、保管等流通过程，受到各种外力的作用。这就可能使产品受到不同程度的损坏，从而影响产品的质量、数量和使用价值。包装起到了对产品的保护作用，使产品的质量得到了保证，还能提供运输、保管上的方便，美化了产品的外观，有利于销售。根据国内外市场流通过程情况的需要，以及包装材料的供应、价格等条件，目前水磨石制品有托盘包装、塑料薄膜包装、木箱包装三种方法。

根据水磨石所用部位、形状规格、数量、运输方式、运输距离、运输路况、储存场地等情况选择合适的包装材料、包装方式以及运输与装卸方式。

4.8.1 包装材料

（1）塑胶打包带　采用市面上销售的优质塑胶打包带，以及与打包带相对应的设备，如图 4-58(a) 所示。

（2）发泡聚苯板　发泡聚苯板，有一定的强度和较低的透气性，防潮性好，防碰，防压，如图 4-58(b) 所示。

（3）发泡聚乙烯　发泡聚乙烯相较发泡聚苯板更柔软，不易破裂、粉碎，防潮性好，防碰，防压，如图 4-58(c) 所示。

（4）缠绕膜　一般采用聚乙烯超薄收缩膜，三层或五层均可，对产品能起到很好的防护效果，如图 4-58(d) 所示。

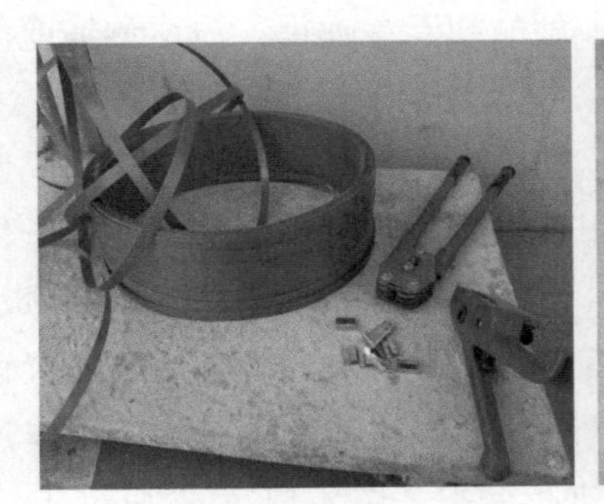
(a) 打包带

(b) 发泡聚苯板

(c) 发泡聚乙烯

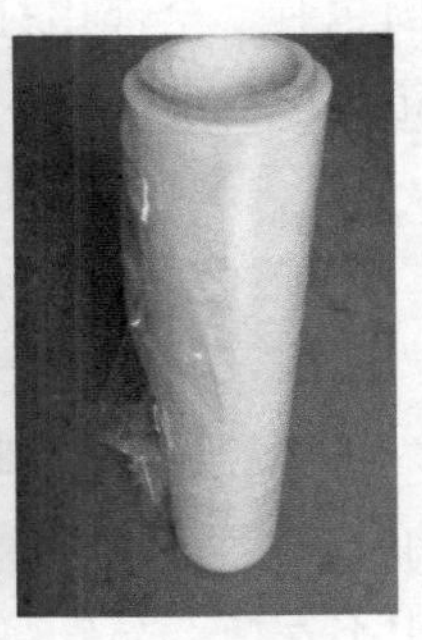
(d) 缠绕膜

图 4-58　常见包装材料

（5）铁包角　铁包角用黑铁皮或镀锌铁皮制成，规格为直角形，边长为 40mm×40mm，长度根据使用需要而定。

（6）铁腰子　俗称打包铁皮，以冷轧的为好，宽度 19mm，厚度 0.94mm。

（7）塑料腰子　塑料腰子规格为 15.5mm×0.654mm。

（8）木托盘　木托盘规格受产品尺寸制约。确定尺寸时，首先要考虑表面利用率，长度和宽度应与产品规格模数相一致。其次要考虑运输工具叉车等相互关系。第三是强度必须满足满载和堆垛时的要求。

（9）卡扣　卡扣规格，铁腰子用 3/4 英寸[1]，塑料腰子用 5/8 英寸。

图 4-59　包装木箱

（10）木箱　木箱由底垫盘、侧面、端面和顶盖组成。先将两侧面和两端面安装在底垫盘上，装水磨石制品后再封装顶盖，如图 4-59 所示。木箱规格依箱内所装水磨石制品规格而定。多数箱内装简易包装的成捆制品。木箱外形尺寸，因受木材质量和用料规格限制，不做统一规定，以适用为宜。

4.8.2　包装方法

（1）打包带包装法　在包装前，包装人员必须按照图纸规定，在水磨石产品侧面逐块书写编号，随包装附上水磨石的拼装图和装箱清单，水磨石的编号标识应清晰。定型产品或同一工程中同一规格产品，可以编号，也可以不编号。白色或浅色水磨石，在打包带包装前，先包一层聚乙烯发泡板，然后再进行塑胶打包带打包。

在水磨石产品包装时，捆扎要紧，棱角要保护好，光面应相对包扎。除大型产品允许单块捆扎外，一般产品均用双数包装。方形或近似方形的产品，采用井字形捆扎，每一捆扎点的打包带应不少于三道，打包带距四边不大于 10mm。条形产品，长 600mm 以下的捆扎两处，610～1000mm 的捆扎三处，1010mm 以上的至少捆扎四处。方形或长方形定型产品为加固包装，全部用打包带捆扎时，产品不得外露，并应刷上产品和安全标记。短途运输或装木箱且能保证产品完整的，可采用简易包装。

（2）托盘包装法　托盘包装法是比较方便的包装方法，托盘上码放的水磨石，先捆成四块一捆和两块一捆的小包装，小包装的产品应面面相对，用两道塑料腰子捆成小件，腰子位置要适当，间距要平行，松紧要一致。各行之间以及四个外露面和顶部，都要放置发泡聚乙烯，不使产品互相硬碰。各小捆码放的要靠紧，两件之间有卡扣相对。最后，各边角放置铁包角，顶部再盖一层聚苯板后，打铁腰。每条铁腰距角铁外边 150mm，紧度一致，操作过程中不要使产品外露。图 4-60 为铁托架简易包装，四周要进行保护。图 4-61 为木托包装。

图 4-60　铁托架简易存放

图 4-61　木托包装水磨石板

[1] 1 英寸＝2.54 厘米。

（3）木箱包装法　木箱包装法是指按设计的装箱方法及制品数量，把简易包装打包带捆装入木箱内，盖上一层规格大于箱盖的聚苯板。每箱质量不宜超过 1.5t。再封上盖，并按常规钉好，加固铁腰子。对于异形水磨石产品，在木箱内要根据异形结构钉制木支架，确保异形产品在箱内稳固，不晃动，在车辆颠簸时不会松动，从而使产品不受到损坏。应在产品保护膜或外包装箱的醒目位置标明“禁止淋雨和暴晒”“小心轻放”等图文信息。

（4）塑料薄膜包装法　塑料薄膜包装法是将水磨石产品整齐纵横交错地叠放在一块底座上。底座是由木材制成，或采用木材、金属混合结构。下面有几道粗的横梁，适合于叉车搬运。四周开有几个槽形孔，可以插入挡板，产品放好后，罩上一个塑料薄膜的外罩。

4.8.3　搬运和保管

无论采用什么包装法，搬运时都要轻拿轻放，大型和条形水磨石产品要直立放置，着地时应向垫层方向倾斜，使垫层先着地。特大型水磨石产品平运时，各搬运点需对称平衡。一般均要直立放置，每行倾斜角度不大于 15°。难以直立者，可平装，但不宜过高。平装时，同运输工具接触部分必须支垫，使之受力均匀，木箱和托盘包装的产品不受上述限制。运输时，要求平稳，严禁冲颠，远途运输时要作好防护。

水磨石产品宜于室内保管。室外存放时，要作好防护，以免风吹、日晒、水浸、雨淋，影响产品质量。码垛方法有直立和平放两种。直立码垛时，要光面相对向支撑物倾斜顺序码放，其倾斜度不大于 15°，垛高不超过 1600mm。最底层必须用木条支垫，层间用木条相隔，各层支撑点必须平衡。平放码垛只限于厚度超过 35mm 的长方形产品，码放时最底层的地面要求平整，垛高不超过 500mm。保管场地排水要畅通，地基要坚实，以防止积水浸泡产品。

4.9
水磨石生产废泥浆的处理和综合利用

在骨料破碎加工、水磨石拌合料制备、水磨石压制成型阶段、水磨石研磨冷却阶段、真空泵水封以及粗磨细磨加工过程中，都离不开水，而且消耗量很大。一般说来，制作 $1m^2$ 水磨石平均要消耗 2.5t 左右水，而消耗的总水量中，粗磨细磨加工要占 80%以上。水在粗磨细磨加工过程中，不仅对磨料和水磨石起冷却降温作用，而且能将磨削下来的泥粉冲走，以便继续进行正常研磨加工。这些废泥浆水 pH 值高达 12 左右，悬浮物含量高达 4000～14000mg/L（如果是树脂基水磨石，则 pH 值 7～8 左右，而悬浮物含量则成倍增加）。如不及时处理，直接排放，一则无法重复利用，浪费水资源，二则对环境造成双重污染，产生严重的后果。因此，在水磨石工业生产中，废泥浆的处理和利用，是必不可少的环节。

4.9.1 水质指标和废泥浆水的特征

所用的水中总是含有杂质的，杂质决定了水质的好坏。各种工业生产中对水质的要求是不同的，即使是同一种工业生产，不同的生产工艺过程对水质的要求也有差异。应根据工艺的具体要求合理地选定，并对水质进行必要的处理。

1）废泥浆水的收集

骨料生产加工作业场所，应综合考虑各位置粉尘产生的多少，进行合理布置工艺设备，统一安装通风除尘设备，将灰尘集中处理，优先采用湿法作业方式。对于易产生粉尘的设备或环节应采取局部封闭措施。对二次扬尘也要进行控制措施，定时进行地面清洁。

切割工艺应选用自动洒水、产尘少的切割设备，并配备具有护尘罩的专用锯台。框架锯机、切机等切割设备应采用吸尘罩，连接吸尘罩的吸风管应置于粉尘散发中心。圆盘锯应设置独立的车间或工作区域，工作时进行封闭，并配备相应的吸尘设备。水磨石研磨宜选用自动研磨设备和连续研磨机械，并配备吸尘罩装置。抛光过程宜采用半密闭作业方式，并采取防尘等措施。手工打磨工序应集中设置单独的工作区域，并配备相应的吸尘设备。水磨石数控加工中心应密闭防尘，控制室要对有粉尘生产场所，应设密闭防尘的工作人员。在异形石材加工中，雕刻机、磨边机、倒角机等设备应采取局部密闭措施并设置排风罩。

磨石生产加工中的局部切割、边角磨抛、槽孔加工、异形造型等易产生粉尘的工序宜采用带冷却水加工法。

磨石干法加工时应设置单独的区域，在产生粉尘的方向和部位配置有效的收尘设备。收尘设备应通过水雾进行收尘处理。

2）水磨石生产用水及其水质指标

水磨石生产用水有成型工艺用水、设备冷却用水、磨抛深加工用水三种。

（1）成型工艺用水　这部分用水主要是指骨料冲洗，水磨石拌合料的制备用水。它的水质指标与普通混凝土用水水质基本相同。任何天然水，只要符合下列要求，均可采用。

① pH 值不得小于 6；

② 硫酸盐含量以 SO_4^{2-} 计，不得超过 2700mg/L；

③ 盐的总含量不得超过 5000mg/L；

④ 不得含有油脂、植物油、糖类、酸类及其他有害杂质。

在直接使用河水时，还要注意河水中是否含有因受污染而带有 Fe^{2+} 、Mn^{2+} 等离子化合物，因为这些离子会使水磨石表面的颜色发生变化。不允许使用海水，因为海水会使产品表面产生盐霜，影响水磨石的装饰效果。

（2）设备冷却用水　这部分用水对其温度有一定的要求，而且不能发生悬浮物和溶解盐类的沉淀，不能滋长藻类和微生物等，以免堵塞设备及有关管道。此外，还要求水质对于设备及有关管道没有腐蚀作用。上述两部分用水消耗量很小，第一部分用水被水泥化合吸收又不排放，可尽量采用合乎要求的天然水不加处理。

（3）磨抛深加工用水　这部分用水消耗量大，必须加以处理才能采用。对于循环用水，尤其应严格控制。当然，水质指标要合理，低了，直接影响产品质量；高了，又会增加处理费用。通过将废泥浆水处理回收进行循环使用，其实际水质指标如下：

悬浮物含量25～140mg/L；pH值11.5～12.5。在使用上述水质指标的循环水时，循环水管道内仍存在结垢问题，尤其在泵内，磨机磨头供水孔内，结垢比较严重。一般运行半年左右就需要停机清理一次，否则不能正常供水，影响生产顺利进行。当然，如果加酸处理，将pH值回调到7左右，也是可以的。

3）废泥浆水的特征

废泥浆水的悬浮物含量一般为4000～14000mg/L，平均约9000mg/L，pH值为11.7～12.4。其水质不稳定，变化幅度较大。当生产不同花色品种水磨石时，品种变化大，水质不稳定。当生产不同粒径骨料水磨石时，15mm以下磨削量约为4mm，27mm以下磨削量增大到7mm左右，悬浮物含量变化大。

在粗磨细磨加工时，由于磨料（磨石、磨轮）磨损、不定期的停机更换，悬浮物含量瞬时变化大。用多条生产线或多台磨机进行生产，开停时间不一，悬浮物含量瞬时变化也大。粗磨加工磨削量大，颗粒粗；细磨加工磨削量小，颗粒又非常细。上下两道工序，一般多为单机间断生产，开机时间、生产品种都比较复杂，水质、悬浮物含量和沉淀速度等变化都较大。

废泥浆浓缩后黏稠，不易排放和过滤，也会使水质不稳定，变化幅度较大。

4）废泥浆的沉淀

通过有代表性颗粒的沉降特性，来总结废泥浆的沉淀方案，如表4-5所示。根据沉淀理论按颗粒为球体计算，可以得出粒径为0.1mm以上的颗粒，其沉降速度在7.5mm/s以上。因此，从水中粒径大于0.1mm以上的泥浆靠沉淀，可以把这类颗粒比较容易除去，而粒径为0.01mm的颗粒，其沉降速度只有0.075mm/s，靠这样低的沉降速度，除去这类颗粒已经是不现实。粒径更小的颗粒，已具有胶体性质，难以下沉，不能用自然沉淀的方法来除去，而要用混合沉淀的方法。泥浆粉来源于粗磨细磨下来的细粉，细度经测定通过400目的占90%以上，所以废泥浆水的处理，实际上就是除去这些细粉的问题。

表4-5 颗粒的沉降特性

粒径d/mm	粒度分类	水温10℃时沉降速度/(mm/s)		Re	适用区域
		理论值	实用推荐值		
>2	砾砂	>314	>205		紊流区
2	粗砂	314	205	480	过渡区
0.1	极细砂	7.5	4.97	0.575	层流区
0.01	粗粉粒	7.5×10^{-2}	5.14×10^{-2}	0.575×10^{-2}	层流区
0.001	黏土粒	7.5×10^{-4}	5.14×10^{-4}	0.575×10^{-4}	层流区
0.0001	黏土粒				

（1）自然沉淀实验　自然沉淀实验是在1L量筒内进行的，将原水注入量筒内，搅拌三分钟后，静态沉淀，用不同时间在水深180mm处取样分析。

从上述结果看，水质沉降性能较好，水中悬浮物易于沉淀。沉淀两分钟，沉淀速度为1.5mm/s时，水中剩余浊度为248～372.5mg/L，去除率为94.81%～98.32%；沉淀五分

图 4-62 沉淀罐及清水池

钟，沉淀速度为 0.6mm/s 时，水中剩余浊度为 153～293mg/L，去除率为 95.92%～98.96%，水质呈现微白色。

（2）絮凝沉淀试验 经分别投加硫酸铝、聚合氯化铝、三氯化铁、硫酸亚铁和聚丙烯酰胺高分子混凝剂的试验比较，在水质 pH 值为 11.7～12.4，悬浮物含量高的情况下，除聚丙烯酰胺高分子混凝剂外，其余的效果均不佳。适宜的絮凝剂以选用阴离子型水解度为 20%～30%的聚丙烯酰胺高分子为佳。现将选用这种混凝剂配制成浓度为 0.1%，即 1L 含 1mg 的聚丙烯酰胺，进行絮凝沉降试验，相关实验装置如图 4-62 所示。

4.9.2 水磨石生产废泥浆的处理

一般采用两级机械脱水处理。第一级处理是对废泥浆水进行浓缩，使其含水量由 98%以上浓缩到 75%左右，以便回收水，再循环利用；第二级处理是把浓缩后的泥浆再脱水，使其由液态变为固态泥饼，以便堆放和利用。第一级处理采用浓缩机和加速澄清池的两段循环水处理流程。由于采用浓缩机做前处理，原水中 98%左右的悬浮物都可在浓缩机中自然沉淀，浓缩后的泥浆含水率也比加速澄清池浓缩后的泥浆含水率低。同时，浓缩机还可以起到调节原水含泥量不均匀、水量变动较大的作用。

1）生产废水的处置和泥浆的回收要求

① 水磨石生产加工企业应建立生产废水、生活污水处理设施和水循环利用系统，生产废水和生活污水的管网应分开布置。

② 车间内的生产废水排水沟底面坡度不宜小于 0.5%，排水沟的起始位置深度不宜小于 0.3m。

③ 骨料破碎除尘的废水处理系统应有单独的过滤和回收装置，充分再利用铁砂和配套砂浆。

④ 生产废水的处理水量应满足生产产品的工艺方法、生产能力的要求。

⑤ 生产废水处理宜采用竖流式沉降罐（或沉降池），处理流程如图 4-63 所示。

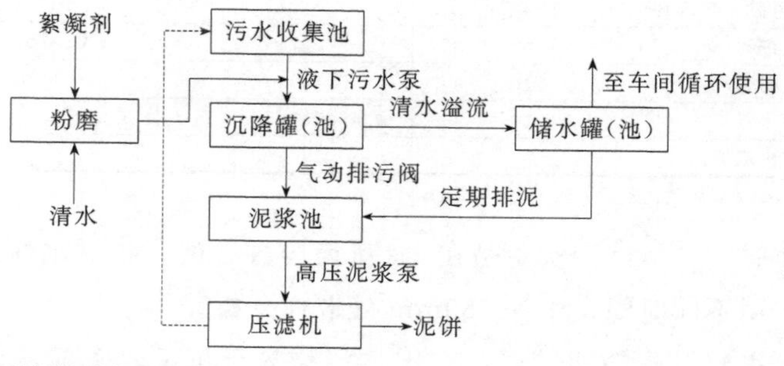

图 4-63 生产废水处理流程示意图

⑥ 生产废水处理后所产生的污泥，应使用压滤机进行脱水处理。对于污泥量较少的废水处理装置，可选用板框、箱式压滤机；对于污泥量大的可选用带式压滤机、折带式真空转鼓脱水机、盘式真空脱水机等设备。

⑦ 脱水后的污泥含水率应不大于20%。

⑧ 脱水后的污泥在储存和运输中应加遮盖物，保持密封状态。

⑨ 脱水后的污泥应集中存放在具有防风、防雨、防水、防渗措施的专门堆放场所。

⑩ 制粉制砂企业安全和清洁生产还应符合相关的国家标准或行业标准。

⑪ 石粉、石砂转运应采用压滤打包或经密罐车运送，防止对环境造成二次污染。

原水在浓缩机中自然沉降后的出水，经加速澄清池投放混凝剂混凝二次处理后，出水悬浮物含量较低，约15～70mg/L，水质稳定，再循环利用能满足要求，并且能加速减少澄清池的泥浆，定期排入浓缩机统一处理，还可充分利用泥浆中剩余的混凝剂，达到尽量减少投放混凝剂量的目的。另外，浓缩机是湿式选矿作业中的通用设备，还配有提升机构。在耙子负荷增大超过额定值时，耙子可以自动升起，而负荷恢复正常时，耙子又可自动降到原始位置。在泥浆黏稠的条件下工作，能有效地保护设备的安全运行。第二级处理选用自动压滤机做二次脱水是比较简易经济的。

2）废泥浆水的全部处理工艺

（1）循环水工艺　其流程示意图如图4-64所示。

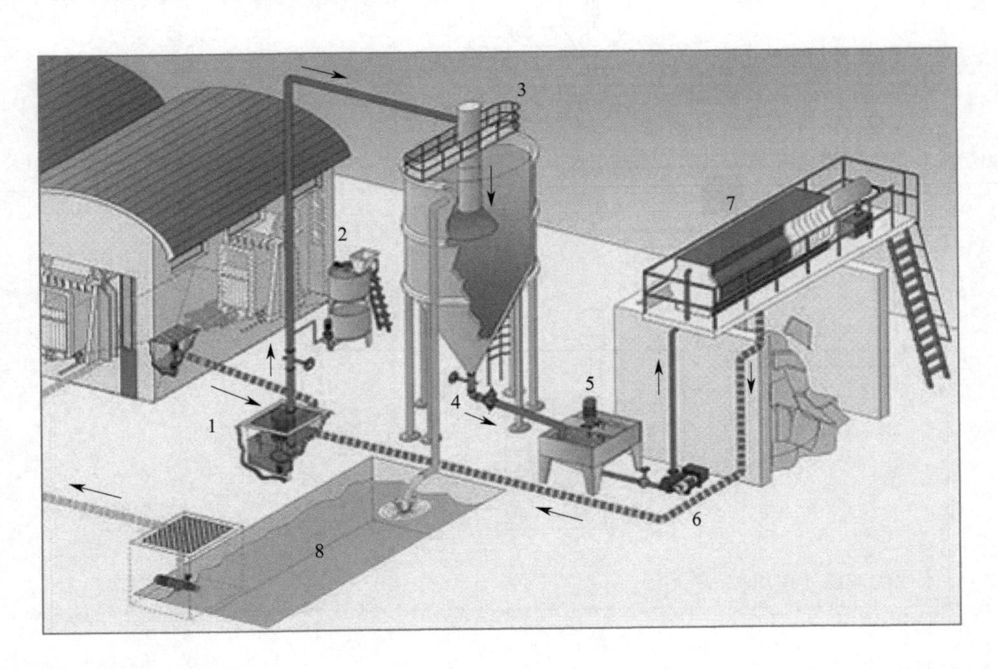

图4-64　循环水处理工艺流程

1—污水储存区；2—絮凝剂添加桶；3—速凝罐；4—污泥输送泵；5—泥浆搅拌桶；6—压滤水输送管；7—压滤机；8—清水池

（2）污水三级沉淀池处理法　如图4-65所示。

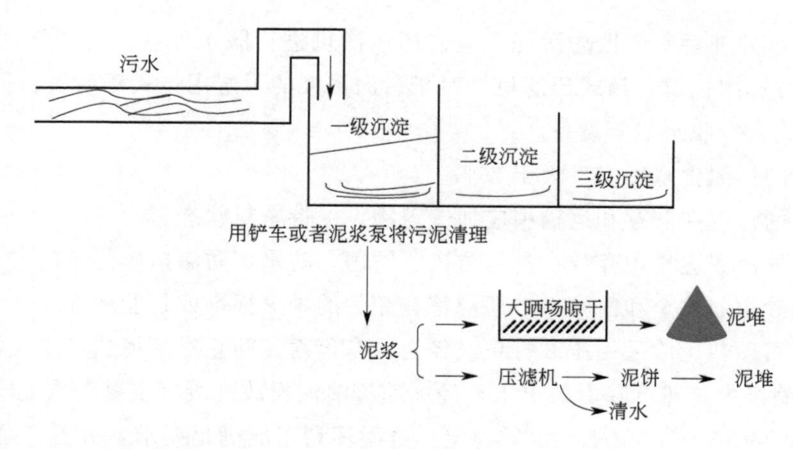

图 4-65　污水三级沉淀池处理流程

（3）污水深锥单罐处理法　如图 4-66 所示。

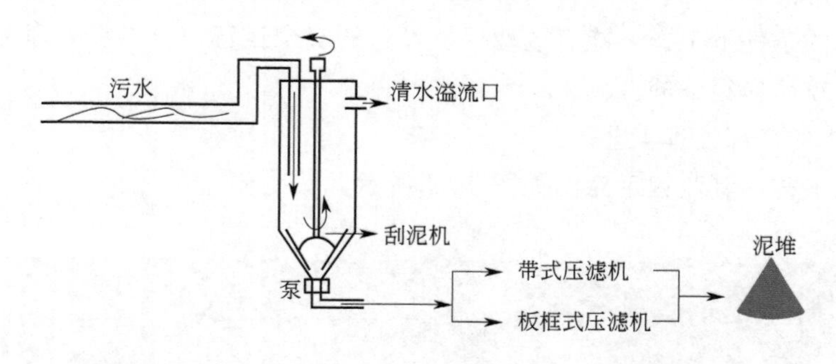

图 4-66　污水深锥单罐处理流程

（4）污水二级双罐处理法　如图 4-67 所示。

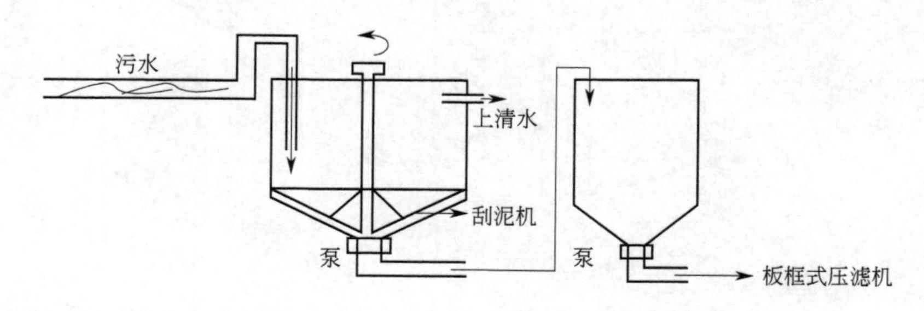

图 4-67　污水二级双罐处理流程

3）主要设备性能和工作原理

（1）浓缩机　浓缩机是一种中心传动式连续工作的浓缩和澄清设备，浓缩机在处理废泥浆水时的工作原理如图 4-68 所示。当废泥浆水送入浓缩池中心部位某一深度处，废泥浆水作均匀辐射状向周围缓慢地流动，泥浆的固体颗粒在漫游中借自重而沉淀。最初由于浓度较低，颗粒基本上做自由沉淀，速度较快，继而沉入浓集带，速度较慢，最后沉到最下部——沉积带，也是浓度较高的压缩区，水分从沉淀颗粒的间隙中不断析出。在耙架连续回转时，耙齿对该部沉积物沿池底的锥形坡面逐级推向池底的中心处，最后由中心处的排料口排出。耙齿推进沉积物，也是刮板对沉积物的一个压缩过程，这也大大地促使析水作用的加强，因而，从排料口排出的沉积物，是经过浓缩的泥浆。池上部是澄清带，澄清水从池边溢流堰排出。这就是浓缩机工作的全过程。

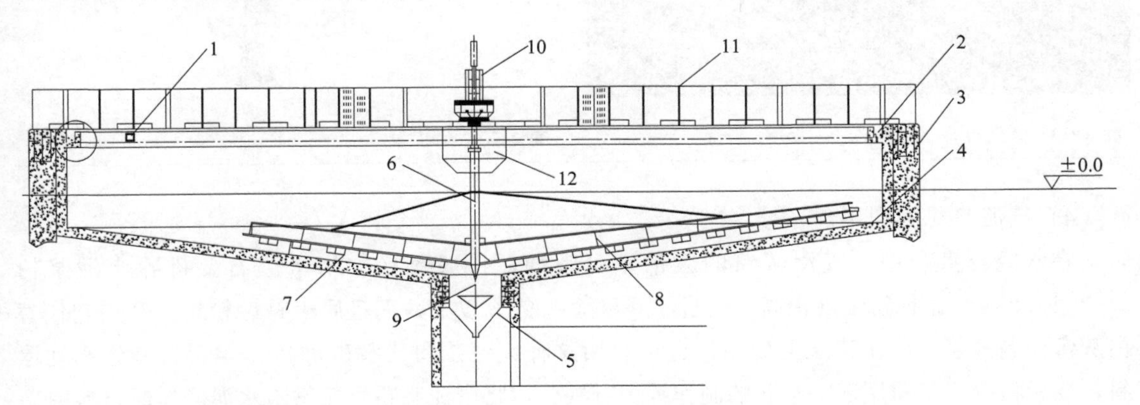

图 4-68 浓缩机结构示意图

1—溢流口；2—溢流槽；3—桥墩；4—壳体；5—排泥口；6—主轴；7—短耙；8—长耙；9—小耙；10—驱动装置；11—桥架；12—稳流桶

（2）加速澄清池 加速澄清池是给水处理中的常用设备。它是利用接触凝聚的原理，把混合、反应和沉淀等三个净化过程合在一个池子进行工作的。其特点是工艺流程集中，净化效率较高，占地较少。实践证明机械加速澄清池，是适于处理废泥浆水的。它由第一反应室（混凝室）、第二反应室（反应室）、导流室、分离室、泥浆浓缩区等部位组成。在混凝室内设有机械搅拌及提升装置。搅拌叶轮的作用在于起搅拌和循环的双重作用。加混凝剂后的废泥浆水进入第一反应室后，与几倍于原水的活性泥渣在叶片的搅拌下进行充分的混合和初步反应，然后经叶轮提升至第二反应室继续反应，结成较大的绒体，再通过导流室进入分离区进行沉淀和分离。一般循环水处理流程，每小时可处理 $120m^3$ 废泥浆。这个澄清池的直径为 8.4m，高度 5.2m，由溶解浓度为 0.12%的聚丙烯酰胺高分子纯混凝剂进行投加，每吨水投加量为 0.33g。出水水质 pH 值 11.5～12.4，水中悬浮物含量为 25～140mg/L。

（3）自动压滤机 自动压滤机作为固体分离设备，具有分离效果好、适应性广等优点，适合于处理废泥浆水。自动压滤机由主体、机头、滤板移动装置、供油器、振打装置和电气柜组成。按操作需要，可以实现从机头松开至机头夹紧这一卸渣过程的自动程序操作，也可通过旋钮盘人工控制各项机械动作。压滤机的自动操作由机械、液压、气动和电气四个方面联合控制而实现，并确保运转安全可靠。全自动压滤机如图 4-69 所示。

（4）泥浆泵或砂泵 泥浆泵或砂泵均可作为废泥浆水处理时的管道压力输送设备。由于它们没有吸上扬程，需低于废泥浆水面 1～3m（由泵轴中心算起）压入才能可靠工作。泥浆泵如图 4-70 所示。

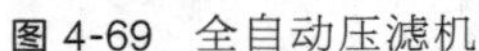

图 4-69 全自动压滤机

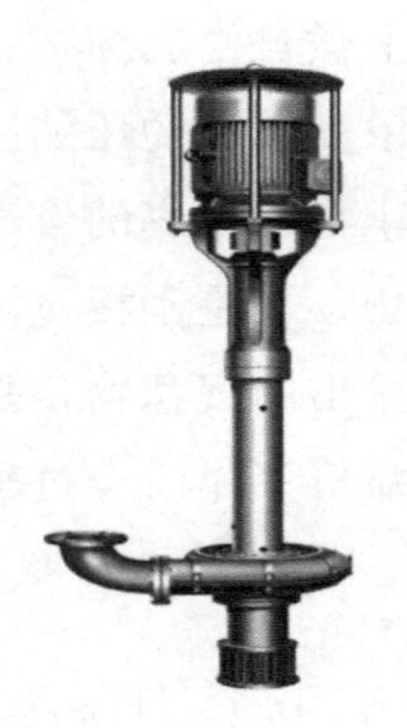

图 4-70 泥浆泵

4）废泥浆粉的利用

在水磨石生产中，废泥浆粉的数量是可观的，一般每平方米水磨石要排除废泥浆粉 9.6～16.8kg。这种粉细度很高，通过 400 目筛占 90%以上，而且属于碱性粉料。利用它代替白灰膏拌制砂浆，可在建筑上使用。也可利用这种废泥浆粉代替碳酸钙作填料，制作水性涂料，或者将废泥浆粉用于水磨石的制作等。有些公司将废泥浆粉直接供给水泥厂作原材料用。

（1）废泥浆在无机涂料中的应用　充分了解废泥浆的物理化学性能，对于废泥浆的应用至关重要。废泥浆作为一种废弃物，如果没有综合利用，对环境生态的破坏也非常严重。废泥浆经过长时间的累积，它的存量也是非常巨大的。合理地利用它会产生很大的价值。

用作无机涂料是一种非常好的废物循环再利用。下面介绍一种废泥浆做的无机涂料，这种无机涂料可用于墙面抹灰材料，在建筑涂料中占有很大的比重。它与常规涂料相似，也有底涂、中涂、面涂。而配制无机墙面涂料中，它所用的主要材料有颗粒度细小的尾矿岩石骨料、废泥浆、水泥、颜料、高分子聚合物改性剂，通过有机高分子聚合物对其改性制成，这种无机涂料比传统的水泥砂浆在机械强度、防水性、施工性等方面都有很大的优势。废泥浆无机涂料根据细骨料、废泥浆、水泥、颜料、高分子聚合物改性剂的配比不同，可以做出废泥浆无机涂料的中涂、底涂和面涂。

（2）废泥浆无机涂料的施工工艺　废泥浆无机涂料一般在外墙裸砖、现浇混凝土、砌块等面上进行该涂料的批刮。它分为底涂、中涂和面涂，依次进行施工，表面可以进行透明硅丙乳液作清漆来罩面。

① 外墙平底腻子施工。将腻子的材料和乳液按比例混合均匀后用批刀满批，在未完全固化前用 100 目砂纸打磨平整。混合后的腻子应在 2h 内用完，一般应满批 1 遍以保持地面平整。

② 底漆施工。如以上条件已具备，可进行底漆施工。用废泥浆外墙底漆加不超过 10%的清水，用中毛滚筒施工或喷枪施工，干燥时间为 3～4h。

③ 废泥浆面涂施工。在施工之前应事先把要施工的墙面按以上的步骤处理完成，将面涂材料调整到施工黏度，用刮板或喷枪进行施工。根据装饰效果，有些需要表面喷涂透明硅丙乳液作清漆来罩面，有些则不需要。

第5章

现制水磨石的施工

水磨石最初是以现制的形式出现的，由于现场制作水磨石受到一些因素的影响，从而预制水磨石得到大量的使用。由于建筑设计的发展，每一个建筑都是一个独立的艺术作品，它是有生命的一个定制作品。那么地面及其装饰就必须与建筑物融为一体，所以协调搭配才能充分表达设计师的建筑设计理念。而现场制作更能表达设计师的设计思想，它适应性强，满足定制的艺术品制作思想，使之作为新型的产品被广泛地使用。现制水磨石主要分为现制环氧水磨石和现制水泥基水磨石。

传统的现制水磨石类似于铺设水泥素灰地面，其间也有花纹造型等装饰线条，也需要整理平整、摊铺、养护等一系列工艺。本章将重点介绍新型水磨石现制地面的施工工艺过程。

5.1 概述

现制环氧基水磨石地坪是用各种大理石、石英石、花岗岩、彩色玻璃、玻璃镜片、天然贝壳、马赛克、天然彩砂等骨材与环氧树脂及固化剂材料相混合，并经现场布料、研磨、抛光等多道工艺而完成的建筑材料。现制环氧水磨石是由多道工序完成的一种多层环保建筑材料，由基础系统、防开裂系统、主摊铺系统、罩面系统等结构组成。基础系统由隔离层、找平层、底涂组成；防开裂系统由环氧玻璃钢层和抗裂膜层组成；主摊铺系统由组合级配骨料与环氧胶黏剂进行混合摊铺，并用环氧胶黏剂灌浆封孔完成；罩面系统则是先抛光，然后涂功能性表面涂层，再次抛光来完成。

现制水泥基水磨石地坪与现制环氧水磨石地坪骨料基本一样，而胶黏剂一个是水泥，一个是环氧树脂。水泥基水磨石地坪是以水泥作胶黏材料，与骨料及其他材料混合，并经现场布料、研磨、抛光等多道工艺而完成的建筑材料。现制水泥基水磨石也是由多道工序完成的一种多层环保建筑材料。

现制水泥基水磨石，基本都是从水泥基灌浆料等得到的启示，而开发出来的一种地面装饰耐用的产品。随着水泥化学和减水剂等外加剂技术的不断提升，机械设备的更新换代推动了现制水泥基水磨石的不断进步。水泥基水磨石的优点是造价较低，施工简单，经久耐用，然而容易出现开裂、空鼓等质量问题。随着材料的选择搭配，施工工艺的改进，各种缺陷都在不断地消除，水泥基水磨石使用的范围也越来越广。

现制水泥基水磨石地坪的发展是经过几个阶段发展趋于成熟，其最初是将水磨石层与基础层区分开来；其次，水磨石层和基础层的拉伸黏结强度得到改进；随后对水磨石使用中出现问题的解决，产生了对水磨石层尺寸变化率和基础层的不同要求；最后不断更新的测试方法，使得水泥基水磨石良性发展。

现制水泥基水磨石与环氧水磨石的区别如下：

① 水泥基水磨石受热尺寸变化率≤0.04%，而环氧水磨石的受热变形比较大。

② 水泥基水磨石抗老化性要比环氧水磨石好，在受到强光照射过程中有机聚合物容易裂解粉化，水泥基水磨石则不会，它有与建筑同寿命的特点。

③ 水泥基水磨石防火性能优于环氧水磨石，水泥基水磨石中可以燃烧的成分含量很低，水泥基水磨石大部分属于A类防火等级。

④ 水泥基水磨石水化周期相对较长，施工周期长，容易出现微裂纹，抗折强度较低，延伸率不及环氧树脂水磨石。水泥基水磨石的色彩表现有一定的局限性，没有环氧树脂那样色彩艳丽，外观及装饰效果比水泥基水磨石差一些。

5.1.1 现制水磨石地坪管理的特点

现制水磨石地坪项目是指在限定资源、限定时间条件下完成水磨石地坪制作的一次性任务。水磨石地坪项目周期，实质上是水磨石项目从开工时间到竣工的时间。开工意味着项目的诞生，竣工意味着一个项目的结束。同时，一个项目的生命周期又可划分为若干阶段，每一阶段都有一定的时间要求，都有它特定的目标，都是下一阶段开始的前提，都对整个项目周期有决定性的影响。除了时间的要求，资源的消耗是另一个重要因素，必须有明确的空间要求，如图5-1所示。

现制水磨石地坪项目具有单件性的特征，它和工厂的车间管理有明显的不同，一旦出现失误，很难有纠正机会。所以，项目现场负责人的选择，人员的配备和机构的设置就成了项目管理的首要问题。由于项目的结果具有永久性和一次性特点，所以在水磨石地坪项目现场管理中，每个环节都实行严厉的管理。

现制水磨石地坪项目生产的不同阶段，例如现场勘察、设计、材料进场，会有专门的部门或者人员去完成。在这样的情况下，更需要全过程的综合管理，按最终目标、时间限制、既定现场地坪功能要求，以及质量目标和预算额度，这就显示了项目管理的难度。

现制水磨石地坪项目管理一般要进行以下五方面的工作：

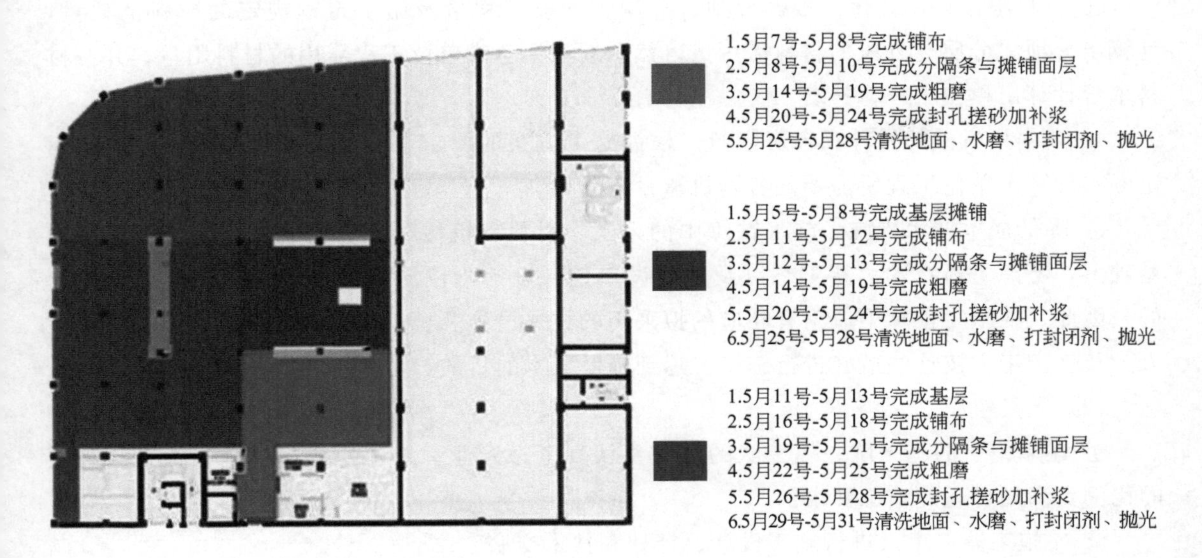

图 5-1　某项目部分施工计划

① 组织工作。包括建立管理组织机构，制定工作制度，明确各方面的关系，选择设计施工单位，组织图纸，材料和劳务供应等。

② 合同工作。包括签订项目承包合同，委托设计合同、施工合同和专业分包合同，以及合同的准备、谈判、修改、签订和执行过程中的管理等工作。

③ 进度控制。包括设计、施工进度，材料设备供应以及满足各种需要的进度计划的编制和检查，施工方案的制定与实施，设计、施工、分包各方面计划的协调，经常性地对计划进度与实际进度进行比较，并及时地调整计划等。

④ 质量控制。包括各项工作质量要求，对设计质量、施工质量、材料和设备的质量监督验收工作，以及处理质量问题。

⑤ 费用控制及财务管理。包括编制概预算费用计划，确定设计费用和施工价款，对成本进行预测预控，进行成本核算，处理索赔事项和作出工程决算等。

以上五方面的工作，其管理过程都由四个基本环节组成，即：确定目标，制定方案和措施，实施方案，跟踪检查。

5.1.2　现制水磨石地坪施工过程管理

现制水磨石地坪的施工过程的管理主要有四点：施工预算、人员组织、材料计划生产与采购、施工机具的准备。

（1）施工预算

① 工程量。依照施工定额和施工图的要求计算分项、分层、分段工程量。

② 人工数量。根据分项、分层、分段工程量及时间定额，计算出分项、分层、分段的不同工种的用工量，最后汇总成单位工程的总用工量及人工费。

③ 材料限额耗用数量。根据分项、分层、分段工程量及施工定额规定的材料消耗量，计算出分项、分层、分段的材料需用量。然后逐项汇总成单位工程需用的材料用量，并按材料单价计算出单位工程材料费。

④ 大中型机械的机种和台班数量。根据施工方案的要求和分项工程量及机械台班使用定额，计算出单位工程所需要的各种机械台班数量。

⑤ 降低成本技术措施。施工预算中的人工、材料、机械、台班数量是在施工图预算的基础上，考虑了新技术、新工艺以及经建设单位、设计单位同意的合理化建议等因素计算的。因此，在施工预算中应附有相应的拟采用的技术措施及合理化建议的内容，以确保施工人员及生产工人按这些措施进行施工，达到降低成本的目的。

（2）人员组织

① 建立精干的施工队。施工队的建立要认真考虑专业、工种的合理配合，技工、普工的比例要满足合理的施工要求。

② 向施工队、工人进行施工设计、计划和技术交底。

③ 施工过程中人员的安全及保障措施要到位。

（3）材料计划生产与采购

① 根据工程设计确定材料类型。

② 根据施工预算确定各类材料用量。

③ 申请采购资金，购买材料前制定采购计划，向生产厂提交材料及生产计划单。

（4）施工机具的准备

① 根据工程规模及施工作业形式，确定施工机具的型号、台件、数量，如图 5-2 所示。

(a) 高速抛光机　(b) 多功能研磨机　(c) 吸尘研磨机1　(d) 吸尘研磨机2

(e) 铣刨机　(f) 美纹纸贴纸机　(g) 金刚石磨片　(h) 磨石块及金刚石磨钉

(i) 金刚石碟　(j) 抹光机　(k) 砂碟及金刚石碟　(l) 铜箔、美纹纸、毛刷及镘刀

图 5-2　部分施工机具

② 检查机具是否完备，运转是否正常。

③ 对机械设备检修保养。

5.2 现制环氧基水磨石地坪的施工工艺

5.2.1 施工前的准备

① 施工现场进入前如果还有其他施工项目，如顶棚、墙面抹灰等，需要完成并已验收，相关区域须做完防水层。

② 对于已安装好的门框要注意防护，与地面有关的水、电管线已安装就位，穿过地面的管洞要堵严、堵实。

③ 准备好施工过程中使用的电源、水源、通道、照明、通风、材料出入通道、人员出入通道、对各仓储点及周边（对粉尘、噪声、气味、流体）的防护规划。

在与客户确定施工合同后，首先根据现场的实际情况制定施工计划，提出达到目标的方案，对于项目的完工时间、交叉施工时间方案进行评审等，分析其长处和短处，确定实现目标的最佳方案。常用现制环氧水磨石的结构如图 5-3 所示。

5.2.2 基础系统施工

1）基础层的施工

（1）原基础地面的处理　现制水磨石的施工基层有已经存在的和浇注一体成型两种。对于已经存在的，要在此基础上施工的，需要勘察现有地面是否满足要求及如何修补。

在已有基础的地面，首先是基层表面的平整度，如果表面凹凸不平的程度很大，那么在随后的找平过程中所用材料多少、厚度、强度也将有所差别。所以，基层表面的平整度很重要。

首先可以采用 2m 的靠尺，用塞尺测量靠尺下的缝隙，控制缝隙不要太大。商品混凝土基础误差在两米靠尺 5mm 内。其次，检测基层的强度。强度不足会使基层受力破坏，影响上层水磨石的开裂风险。一般要求抗压强度大于 25MPa，一般用钢丝刷或金属棒摩擦地面，如果起砂，说明强度不够，用小铁锤敲打基层，如有空鼓，则必须采取灌浆等相应措施处理。第三，去除基层的附着物。将混凝土基层上的杂物清理干净，不得有油污、浮土。用钢錾子和钢丝刷将沾在基层上的水泥浆皮錾掉铲净，研磨、切缝、清理地面。图 5-4 为对不平整的地面的研磨。最后，现场勘查是否有起砂、空鼓、开裂、渗水、返潮，基层缺陷要及时处理。

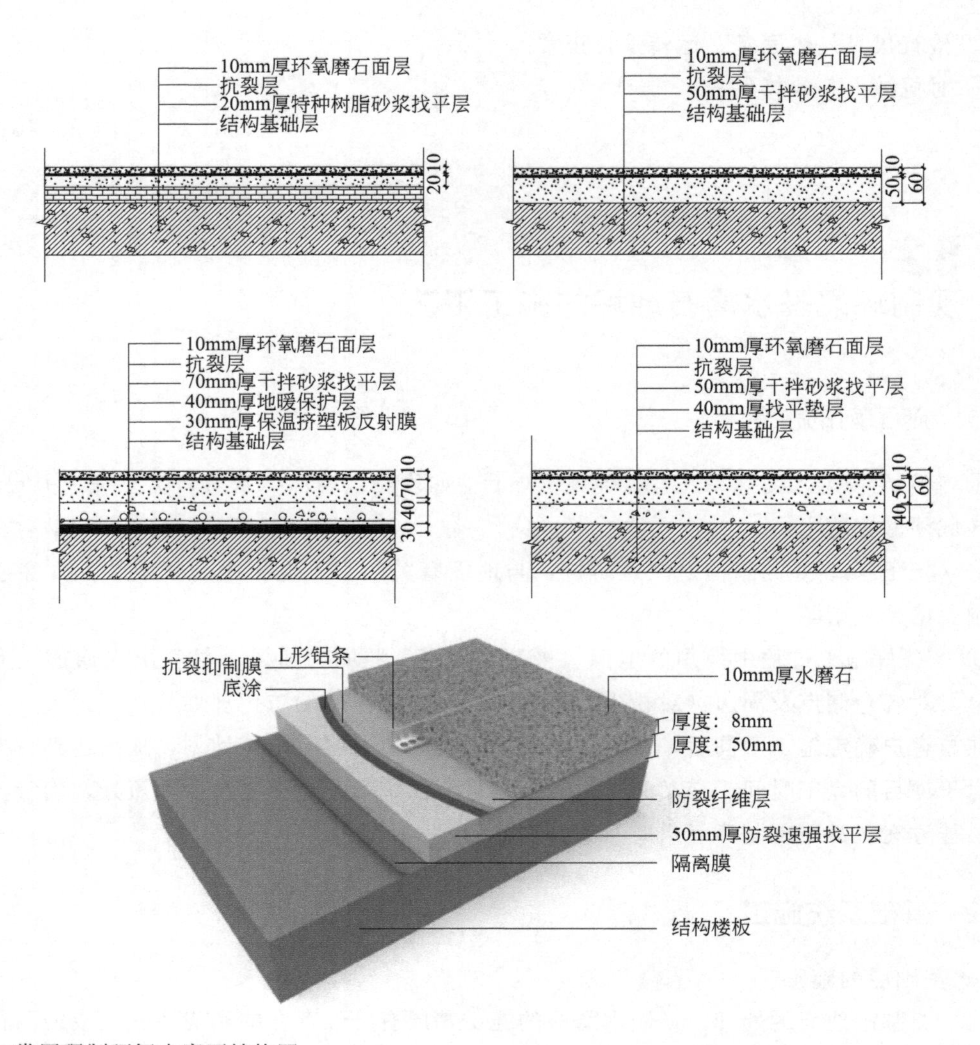

图 5-3　常用现制环氧水磨石结构图

图 5-4　基础层的处理

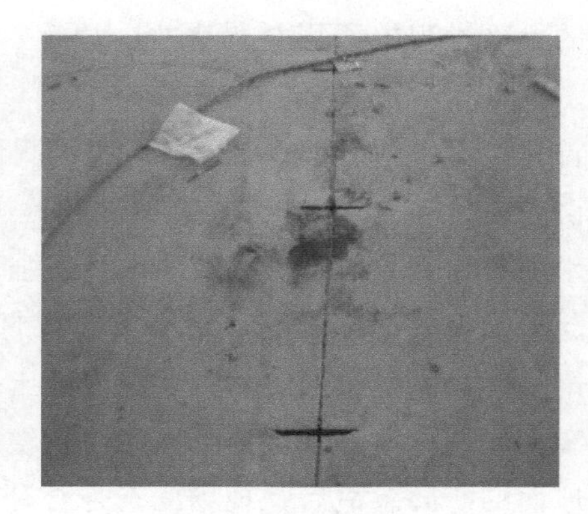

图 5-5　裂缝处理、切槽、放钢筋、补浆

基础层的处理如下：

① 强度差、空鼓的处理。如果整个基面都出现上述问题，则要将基层全部清除重新抹面，如只是部分空鼓可以用环氧砂浆材料灌注的方法修补。

② 裂缝。要沿裂缝部分用电动切割机切开 1cm 左右宽度的 V 形槽，用环氧树脂砂浆修补，伸缩缝处需加固。图 5-5 为裂缝处理、切槽、放钢筋、补浆。

③ 缺口。基层表面有凹坑、缺口时，先将粉尘、松散物用工业吸尘器清除干净，用环氧树脂砂浆抹平，用工业研磨机研磨处理。

④ 按要求切割伸缩缝，浇注一体水泥砂浆成型，如图 5-6 所示。

(2) 新混凝土基础的施工工艺　混凝土施工工艺如图 5-7 所示。

混凝土应采用以下标准：

混凝土标号≥C35；水灰比≤0.45；坍落度为 150mm±20mm（现场）；水泥含量为 320～350kg/m^3；砂的规格为河砂细度模数 2.4～2.7，含泥量少于 1%；骨料规格为级配良好的骨料，石子采用花岗岩碎石；水质要求为使用干净自来水，水温低于 28℃；混凝土车到场时间隔时间为 20～30min；初凝时间为 6～8h；终凝时间为≤18h；添加剂为使用高品质的高效减水剂。

图 5-6　修补裂缝

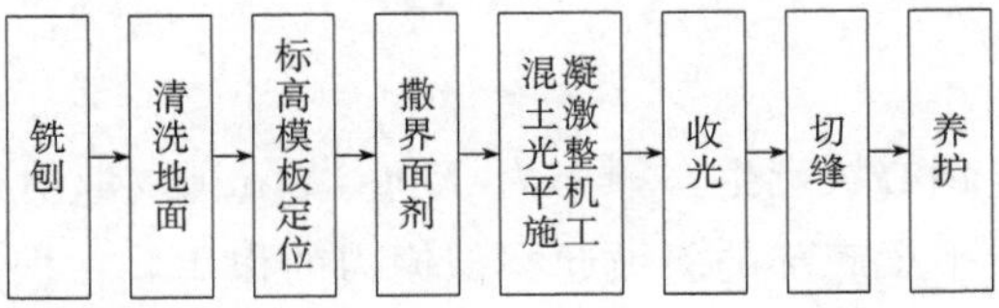

铣刨 → 清洗地面 → 标高模板定位 → 撒界面剂 → 混凝土激光整平机施工 → 收光 → 切缝 → 养护

图 5-7　混凝土施工工艺

激光自动找平的同时可完成整平工作。整平头上配备有一体化设计的刮板、搅拌螺旋、振动器和整平梁，将混凝土摊铺、整平工作集于一身，并一次性完成。一次作业范围为两节伸缩臂长 6.1m，整平头宽 3.66m。

传统导轨加振平梁施工方法，施工分仓为 5～6m，不能满足地坪任意方向每 2m 范围内的平整度误差控制在 3mm 内，地坪剖面中每米范围内的水平度误差控制在 3mm 以内。大面积超平地坪激光整平机一次成型施工技术适合国内外大型工业厂房、仓储、物流等工程地坪施工，激光整平机一次成型技术特点为：

① 地坪顶面设计标高由激光及电脑自动控制，并实时调整（每秒调整 10 次），确保找平精确，试验证明，激光整平找平比传统施工方法平整度质量至少提高 3～5 倍；

② 纵横坡度由电脑自动控制液压系统完成，确保地坪坡度的精确控制与实施；

③ 作业工效大大提高，试验证明，地坪浇注找平每天能完成工作量约为 4000m^2；采用

传统方法，振动梁地坪找平每天完成工作量约900m^2；

④ 激光发射器独立布置，地坪施工可以大面积浇注并能保证地面标高的一致性，标高不受模板控制，不会产生累积误差，与传统方法相比较，可大大减少地坪的施工缝，使地面的后期维护费用和模板的使用量也大为减少；

⑤ 激光整平头由刮板、布料螺旋、振动器、整平梁四部分组成，施工时多道工序整合到一起，由机器一次性完成，提高工效、节省人工；

⑥ 振动器的振动频率为3000次/min，可适用于干硬性混凝土、钢纤维混凝土、大骨料混凝土；

⑦ 根据设备性能，激光整平机配备磨光机、播撒机、软切机、快速直边机等辅助设备；

图5-8 激光整平

⑧ 采用激光整平机整平技术，如图5-8所示；

⑨ 采用刮板刀，作用是将高出的混凝土料刮走，剩下19.1mm高的料交给螺旋来完成施工；

⑩ 使用布料螺旋，其为单方向旋转的螺旋，自左至右，将混凝土料切割、分布到设计要求的标高，多余的料将被送到螺旋最右边；

⑪ 使用振动器及整平梁，振动由偏心块产生，频率为3000次/min，带动整个整平梁一起对混凝土产生振捣、压实作用，整平梁底部的斜坡起类似镘刀的作用，在振动、行进的过程中，该镘刀起刮平的作用，这样做完后的混凝土表面光亮而平整；由于上述各部件为一体化设计，所有动作均由机械控制，故可省去如长刮尺刮平、滚筒滚压、撒水泥浆、木抹子搓打、人工抹平等许多费工费时的施工工序；

⑫ 使用整体施工方法的分仓技术，激光整平机由内向外退行铺设混凝土，混凝土浇筑应连续进行浇筑，每仓的周边及柱根、设备基础周边应先用插入式振动棒振捣，大面使用混凝土激光扫平机进行扫平振捣，并多次反复滚压，柱、边角等部位用木抹拍浆。

(3) 地坪养护　地坪施工一天后，才能允许施工人员进入。完成面应喷涂养护剂或铺盖透气胶布养护，完工后一定要做好产品保护工作。在规定时间内进行伸缩缝切割处理。缝隙分三种类型，即隔离缝、支模施工缝、诱导锯切缝。切割方式：早期干式切割，切割缝宽度7～8mm，深度60mm。切割时间：表面抛光后24小时内切割，原则上以切割缝不崩边为准。切割依据：依柱距和地坪的美观性以及安装螺栓位置确定。

地面伸缝间距为54～108m，缝宽20～30mm。混凝土地坪应设置纵横向缩缝：纵向缩缝间距为5～6m，横向缩缝间距为8～9m。缩缝采用切割做成假缝，假缝宽度为5～20mm，深度为厚度的1/3。

2）原基础地面上的找平防裂基础施工

找标高并标示水平线，是为了在水磨石施工过程中确定各层次的厚度及各层次的水平度。一般用红外线水平仪先在四周的墙壁上标出标高线，往下测量出水磨石面层的标高，而这个标高线就是施工过程中红外线水平仪标高的依据。

（1）铺膜 铺膜是找平层施工前地面的一种处理方法，如图 5-9 所示。也有用丙烯酸乳液混合水泥进行地面涂刷，然后马上进行找平层摊铺。

① 悬浮法满铺铺设聚乙烯膜是为了有效地降低基层找平后期应力释放造成的开裂风险，以及新地面结构不稳定的情况下造成的基层开裂风险。聚乙烯膜的厚度以满足施工要求为主，有些在聚乙烯膜上流有孔洞，便于上下气流通透。隔离膜规范搭接以 10cm 为宜，并确定铺设平整。

图 5-9 铺贴聚乙烯膜

② 有些采用界面剂，混有一定的水泥对基层涂覆后再在其上进行砂浆找平，这种作法使找平层与基层紧密结合，使基层与找平层形成一个整体。

（2）找平砂浆基础垫层 找平砂浆基础垫层一方面是为了对施工面进行找平；另一方面，该找平层混凝土砂含量高，水灰比低，外加剂改善了混凝土的开裂性，然后可增加地面的强度，如图 5-10 所示。

图 5-10 搅拌半干砂浆及铺设速强找平系统

根据墙上弹出的水平线，预留标高必须准确。留出面层厚度（约 10～15mm 厚），用 1∶3 水泥砂浆制成 50mm×50mm×50mm 的灰饼，为了保证找平层的平整度，先抹灰饼（纵横方向间距 1.5m 左右），宽度约 8～10cm。找平砂浆是通过黄砂、水泥、外加剂混合成半干型砂浆，用于进行地面找平。其中水泥、黄砂添加剂严格按照比例添加并搅拌均匀。注意控制用水量，使混合的砂浆处于半干状态。控制加料方式和搅拌速度，不要让混合料结团。通常找平层的厚度 50mm，所用找平砂浆用量 90～120kg/m^2，所用水泥用量 16～25kg/m^2，外加剂用量 0.5～2kg/m^2。

图 5-11 抹光机压实

在铺有薄膜的基层上进行找平砂浆的摊铺，采用水平仪找点控制标高，用刮尺初步刮平，并用抹光机充分压实使平整度达到 3m 靠尺 3mm 塞尺，如图 5-11 所示。灰饼砂浆硬结后，以灰饼高度为标准，抹宽度为 8～10cm 的纵横标筋，它起到找平作用，并防止开裂，提高强度。

如果基层没有铺薄膜，则在基层上洒水湿润，刷一道水灰比为 0.4～0.5 的水泥浆，其中可有丙烯酸乳液界面剂。但面积不得过大，可一边刷浆一边摊铺找平层砂浆，用刮尺初步刮平，并用抹光机充分压实使平整度达到 3m 靠尺 3mm 塞尺。

3）基础养护

在完工的找平砂浆层上满铺薄膜养护 4d，也可以在找平砂浆层上喷洒密封固化剂进行养护。冬天养护 5～7d，待抗压强度达到 12MPa，揭膜风干 3d 后才能满足下道工序施工。

4）基础找平处理

结合水平仪、靠尺来测量平整度，高点用研磨机找平，低点用高倍砂浆找平，见图 5-12。需进行地坪缺陷处理、柱子切缝、裂缝处理、树脂补平加抗裂纤维布加固、整体吸尘处理等操作。

图 5-12 打磨去浮浆

5）底涂施工

底涂施工前把地面上的灰尘吸附干净，用滚筒或刀板均匀地将底涂刮或滚涂在基础地面上，增加附着力。通常采用环氧树脂和聚酰胺类改性固化剂作底涂材料，用量在 0.2～0.4kg/m^2。根据地面孔隙多少，用量有所不同。通过树脂对混凝土地基的渗入，对地基有加固作用，使树脂与地面达到化学锚固的作用。注意施工过程中树脂混合料稠度与对应的地面相适应，完全固化后进行后续施工，地面的温湿度注意控制。底涂施工均匀，接触层树脂滚涂不能有死角及遗漏。

5.2.3 防开裂系统施工

（1）抗裂抑制膜施工　抗裂抑制膜是一种用弹性树脂制作的，能够相对稳定存在，受外力易被撕裂的高分子聚合物。弹性树脂刮涂在底涂上面，通常弹性树脂刮涂量在 1.5～2kg/m^2，从而使抗裂抑制膜下层与上层形成力学性能上相对独立，形成一种桥式的悬浮结构，下层的地基开裂对上层的结构通过破坏抗裂抑制膜而保护了上层结构。在抗裂抑制膜的施工过程中，用刮刀或刮板施工较多，注意施工中涂膜均匀，如图 5-13 所示。施工结束后要确保抗裂膜的完全固化及材料的配比符合要求。

(2) 抗裂纤维层施工　抗裂纤维层的施工一般分两个步骤。第一，选择优质适合的玻璃纤维布，将其按一定的要求进行玻璃纤维的裁剪，然后将裁剪好的玻璃纤维布铺设在抗裂抑制膜上面，使每条玻璃纤维网之间不能有缝隙，如图 5-14 所示。第二，进行环氧树脂涂刮，使玻璃纤维充分浸透环氧树脂，一般环氧树脂的用量在 0.8～1.5kg/m^2，让树脂与纤维充分包裹，如图 5-15 所示。这样能够使玻璃纤维层和环氧树脂形成高强度的环氧玻璃钢层，作为磨石主摊铺层的牢固地基，对上层摊铺层有很大的加固作用。注意施工过程中树脂与玻璃纤维的渗透，减少气泡，固化要完全。纤维布要保证搭接规范，平整无气泡。

图 5-13　涂刷弹性抗裂抑制膜

图 5-14　铺设玻纤网片

图 5-15　刮涂抗裂膜

(3) 造型收口铝条安装　根据设计图纸对地面进行放线，安装分隔条，用红外线调整平整度，用快速固化胶黏剂来固定分隔条，避免在随后的摊铺过程中变形。要求接口处严丝合缝，无错位位移，节点收口处根据实际情况施工方法有所不同，如大理石瓷砖地脚线、闸机等交接处需要在施工之前对其节点详细的了解，大理石瓷砖需采用 5mm 的 L 形分隔条，长度以分块尺寸而定。玻璃条是由平板普通玻璃裁制而成，其 3mm 厚，一般 10mm 宽。铜条是由 1～2mm 厚铜板裁成 10mm 宽，还要根据面层厚度而定，长度以分格尺寸而定，用前必须调直调平。闸机下口的四周也需要采用 5mm 的 L 形分隔条将其围起来，待地面做好后将闸机放上，地脚线待地面全部磨平后做到完成面将其安装，这样能保证地脚线的平整度及美观性。分隔条要照图施工，横平竖直，曲线要流畅。铝条要横平竖直，收缝密实度，曲线顺畅度都要达到要求，如图 5-16 所示。

图 5-16　安装铝镁合金条

5.2.4 主摊铺系统施工

（1）磨石骨料层施工　现制环氧水磨石主摊铺层根据现场的要求可采用不同的摊铺工艺，常用两种摊铺工艺。一种是湿法环氧水磨石摊铺法，其环氧树脂与组合级配骨料混合比例较大，混合料流动性好，通过刮刀可以刮平，密实度高，气孔少，树脂用量高。另一种是干法环氧水磨石摊铺法，其环氧树脂与组合级配骨料混合比例较小，混合料没有流动性，半干态进行现场摊铺，采用抹光机抹平压实，固化后孔隙较多需采用环氧树脂进行灌浆，使其表面无孔、密实。

现就湿法环氧水磨石摊铺法举例说明。根据所施工区域的要求将组合级配骨料和面层树脂按（4～7）∶1的比例进行混合并搅拌均匀，将搅拌均匀的拌和料摊铺在地面上，每摊铺一小个区域采用红外线测水平点，同时用抹子将摊铺好的材料表面压实、收光。骨料与树脂实际配比可根据施工现场温度、骨料的大小及级配方式等实际情况做调整，摊铺厚度一般10～15mm左右，骨料用量在20～30kg左右。固化时间夏天48h，冬天72h。摊铺刮平密实，注意平整度，拌和料不能有漏底情况。骨料均匀，无色差、色斑，粗磨平整度需控制到位，粗磨面必须清洗干净、边角处要着重处理，大面统一，杂质及缺陷需剔除处理，封孔必须处理到位，确保大面无针孔，污水处理必须与甲方协调到位，加强成品保护及整体面的水平度、平整度控制，如图5-17所示。

图5-17　边缘压实处理

在环氧水磨石层摊铺时，保证多遍的收光，通常收光五次。首先采用抹光机设置小油门进行粗略收光；其次撒布拌和料补缺陷；然后用抹光机正式收光，正式收光后如果还有缺陷，零星填补拌和料；最后进行精收光。如果在摊铺过程出现物料混合不均、收光不匀、磨石层固化后，将出现不均匀的斑痕，其无法改变，除非破坏重作。

处理好各种接口和节点也是体现一个现制环氧水磨石是否成功的关键。下面列举一些接口的处理方法和原理。在这个过程中，分隔条是很关键，常用的分隔条是铝合金条和铜条，如图5-18所示，截面规格是3mm×10mm。

（2）现制水磨石地面与踢脚线的处理　现制环氧水磨石主摊铺层的施工过程中不同的场地在踢脚线的处理上有所不同，要求要严格，处理不好就会影响工程质量。有些踢脚线是在工厂预制好后，在现场与现制结合施工安装，有些是在现场直接摊铺制作而成。现制踢脚线是现场进行制作的踢脚线，可采用拥有触变性的环氧水磨石摊铺料用特殊的工具，可制作出要求弧度的踢脚线，再用弧形打磨工具进行打磨补浆等工序，最后直至完成，如图5-19所示。

① 预制环氧水磨石与现制环氧水磨石进行现场安装时，在预制踢脚线与现制水磨石接口处有直接连接的，也有安装分隔条的，如图5-20和图5-21所示。

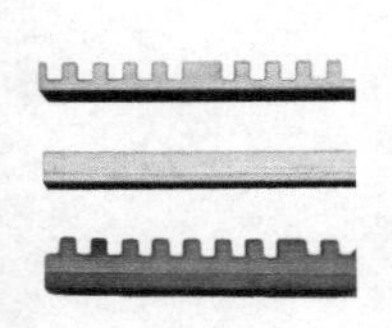
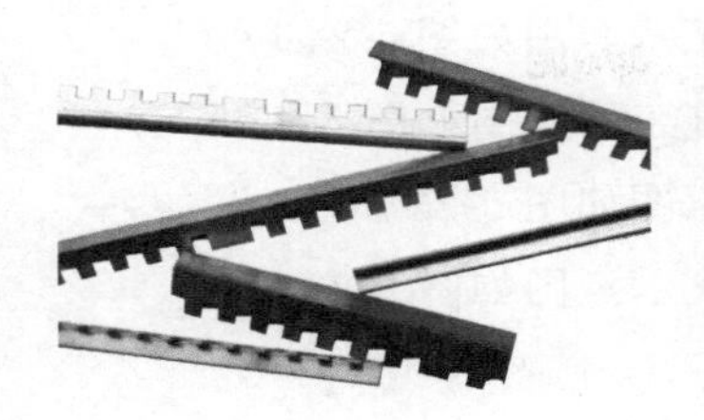

图 5-18 常用铜条及铝合金条的形状

图 5-19 现制环氧水磨石踢脚线

图 5-20 预制环氧水磨石踢脚线

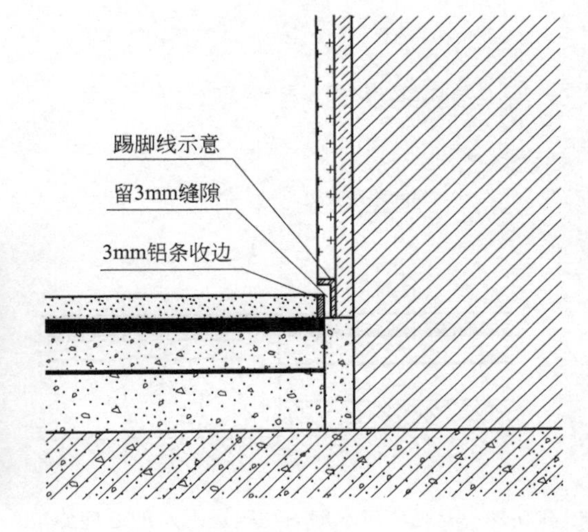

图 5-21 现制环氧水磨石的一种收口办法

② 现制环氧水磨石与窗帘滑轨的处理施工示意图如图 5-22 所示。

③ 现制环氧水磨石与地插盒的处理施工示意图如图 5-23。

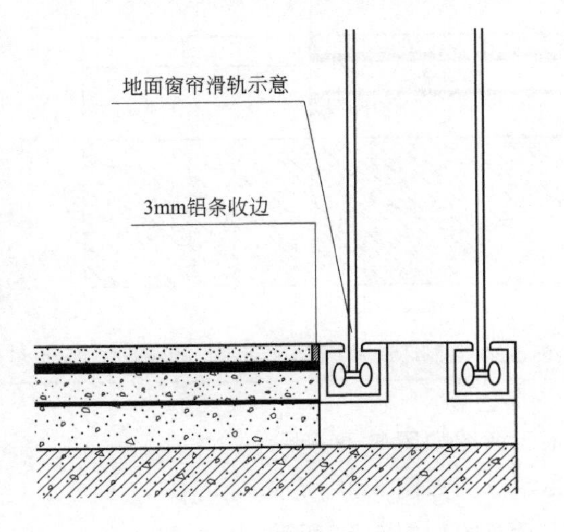

图 5-22 现制环氧水磨石与窗帘滑轨的处理施工示意图

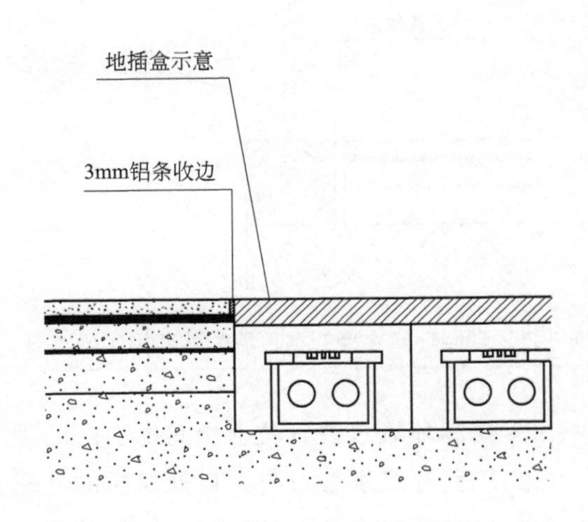

图 5-23 现制环氧水磨石与地插盒的处理施工示意图

④ 现制环氧水磨石与疏散指示的处理施工示意图如图 5-24 所示。

⑤ 现制环氧水磨石与落地玻璃窗的处理施工示意图如图 5-25 所示。

⑥ 现制环氧水磨石与幕墙的处理施工示意图如图 5-26 所示。

⑦ 现制环氧水磨石与地面风口的处理施工示意图如图 5-27。

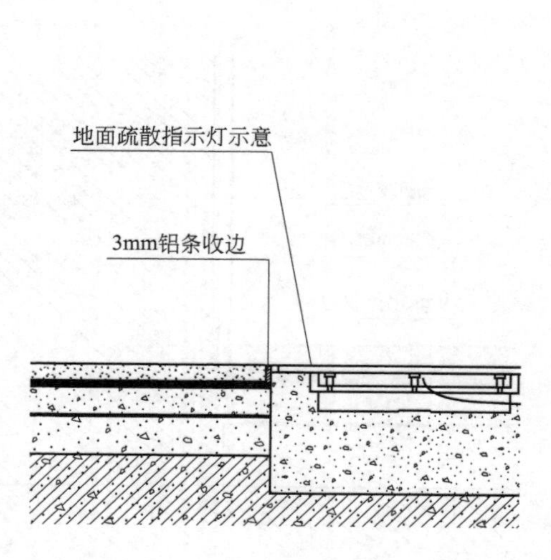

图 5-24 现制环氧水磨石与疏散指示的处理施工示意图

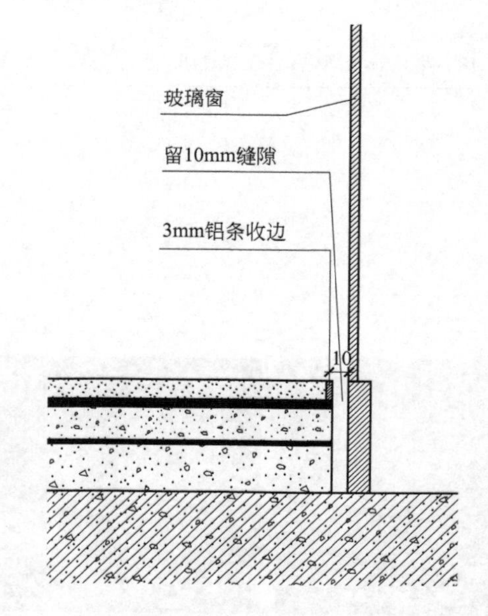

图 5-25 现制环氧水磨石与落地玻璃窗的处理施工示意图

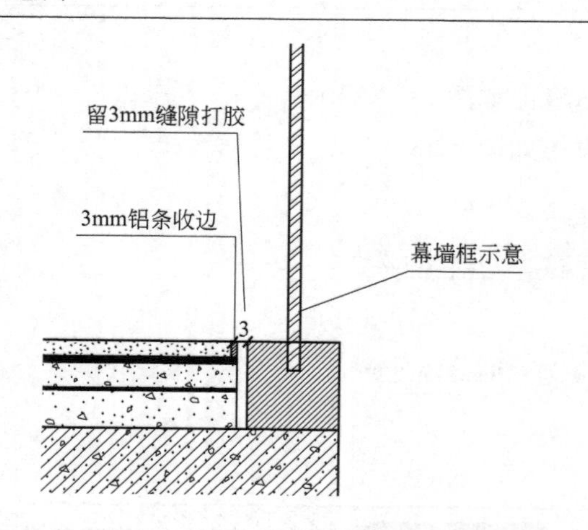

图 5-26 现制环氧水磨石与幕墙的处理施工示意图

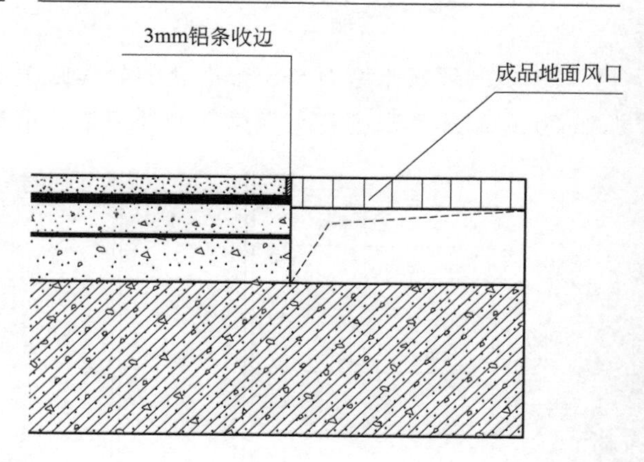

图 5-27 现制环氧水磨石与地面风口的处理施工示意图

⑧ 现制环氧水磨石与卫生间地面的处理施工示意图如图 5-28 所示。

⑨ 现制环氧水磨石与入口处材质的处理施工示意图如图 5-29 所示。

⑩ 现制环氧水磨石与地面检修口的处理施工示意图如图 5-30 所示。

⑪ 现制环氧水磨石与楼梯交接面的处理施工示意图如图 5-31 所示。

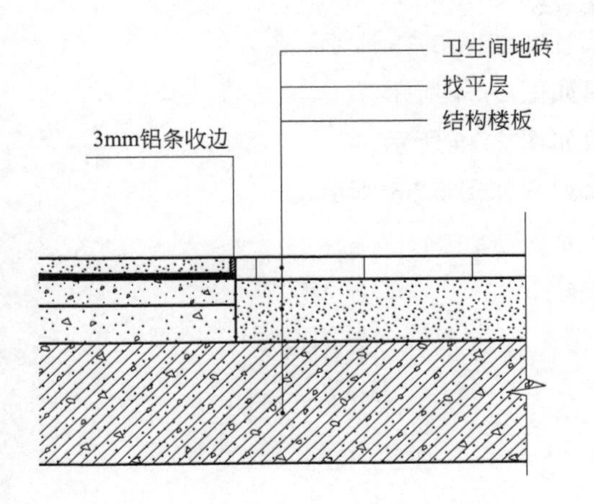

图 5-28　现制环氧水磨石与卫生间地面的处理施工示意图

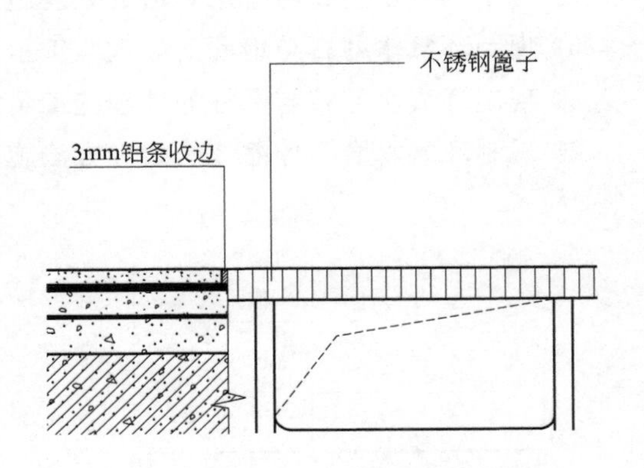

图 5-29　现制环氧水磨石与入口处材质的处理施工示意图

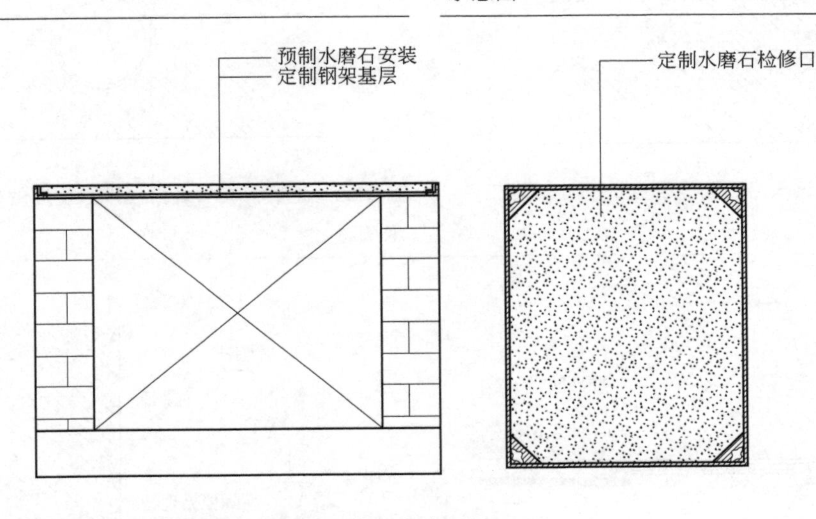

图 5-30　现制环氧水磨石与地面检修口的处理施工示意图

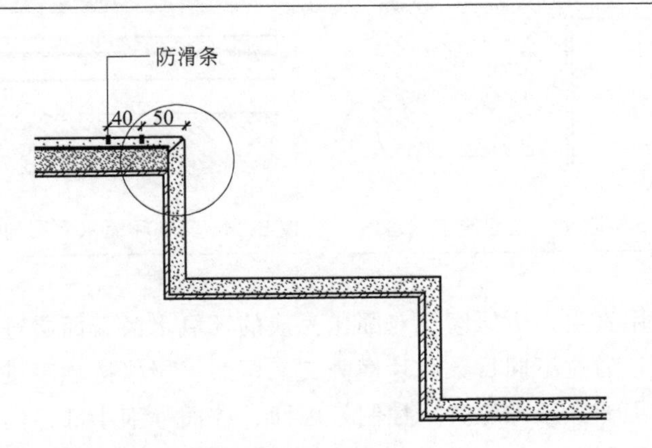

图 5-31　现制环氧水磨石与楼梯交接面的处理施工示意图

⑫ 现制环氧水磨石与电梯接口的处理施工示意图如图 5-32 所示。

⑬ 现制环氧水磨石与排水管道的处理施工示意图如图 5-33 所示。

⑭ 现制环氧水磨石与地漏的处理施工示意图如图 5-34 所示。

⑮ 现制环氧水磨石与圆柱的处理施工示意图如图 5-35 所示。

⑯ 现制环氧水磨石伸缩缝的处理方法施工示意图如图 5-36 所示。

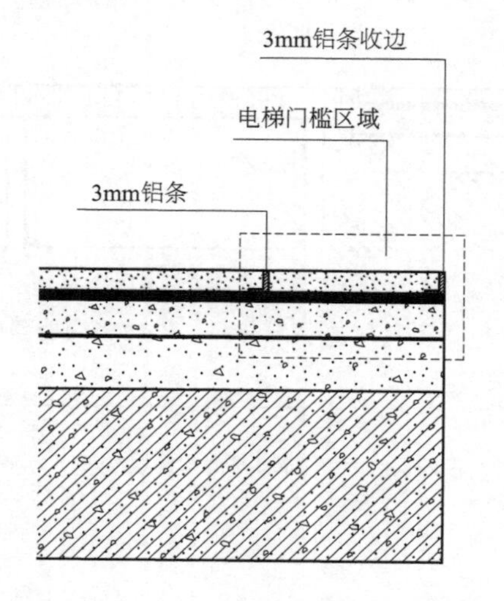

图 5-32　现制环氧水磨石与电梯接口的处理施工示意图

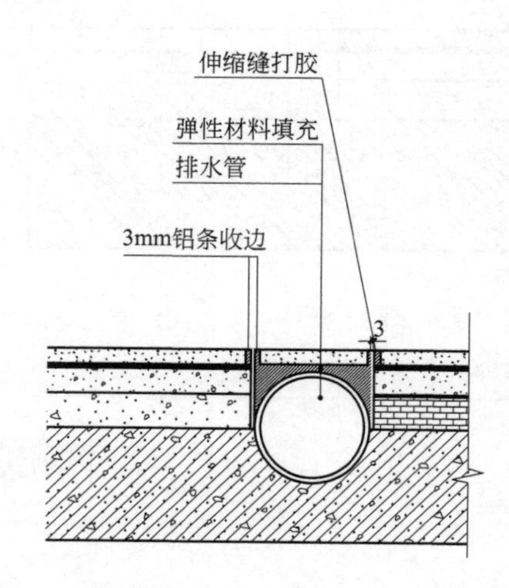

图 5-33　现制环氧水磨石与排水管道的处理施工示意图

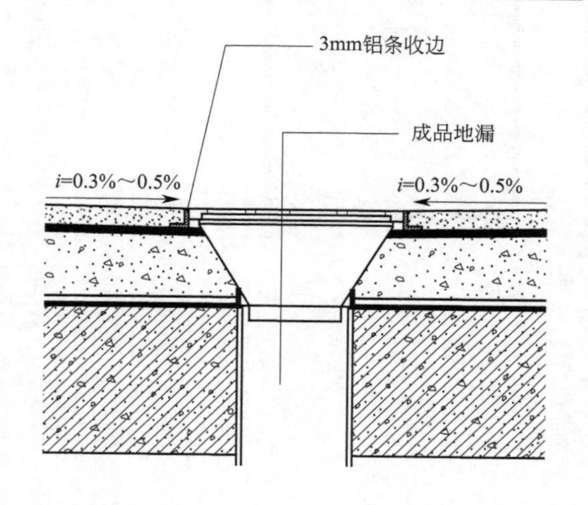

图 5-34　现制环氧水磨石与地漏的处理施工示意图

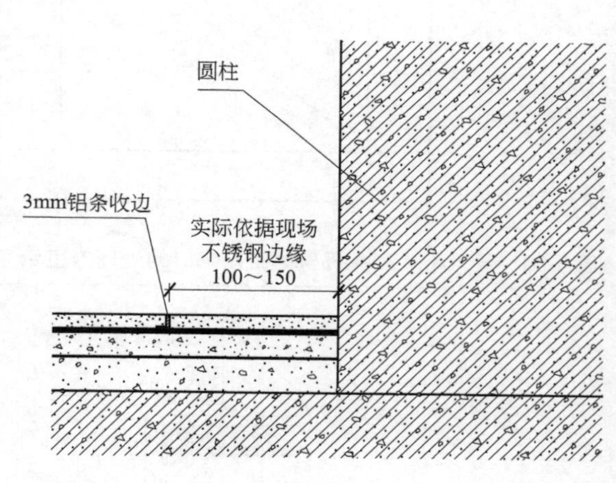

图 5-35　现制环氧水磨石与圆柱的处理施工示意图

（3）粗磨找平　用真空无尘研磨机对固化完成的环氧水磨石面层进行研磨，磨片粗细程度依次从 50～500 号，通过不同目数磨片横竖交叉研磨，严格按顺序进行，控制好打磨找平的速度及时间，全过程专人跟踪检查，控制好墙面、柱面等细小部位的打磨，找平质量，并注意成品保护。研磨，横竖 30 目开面后，80 目细磨骨料均匀度，不能磨穿拌和料层，如图 5-37 所示。

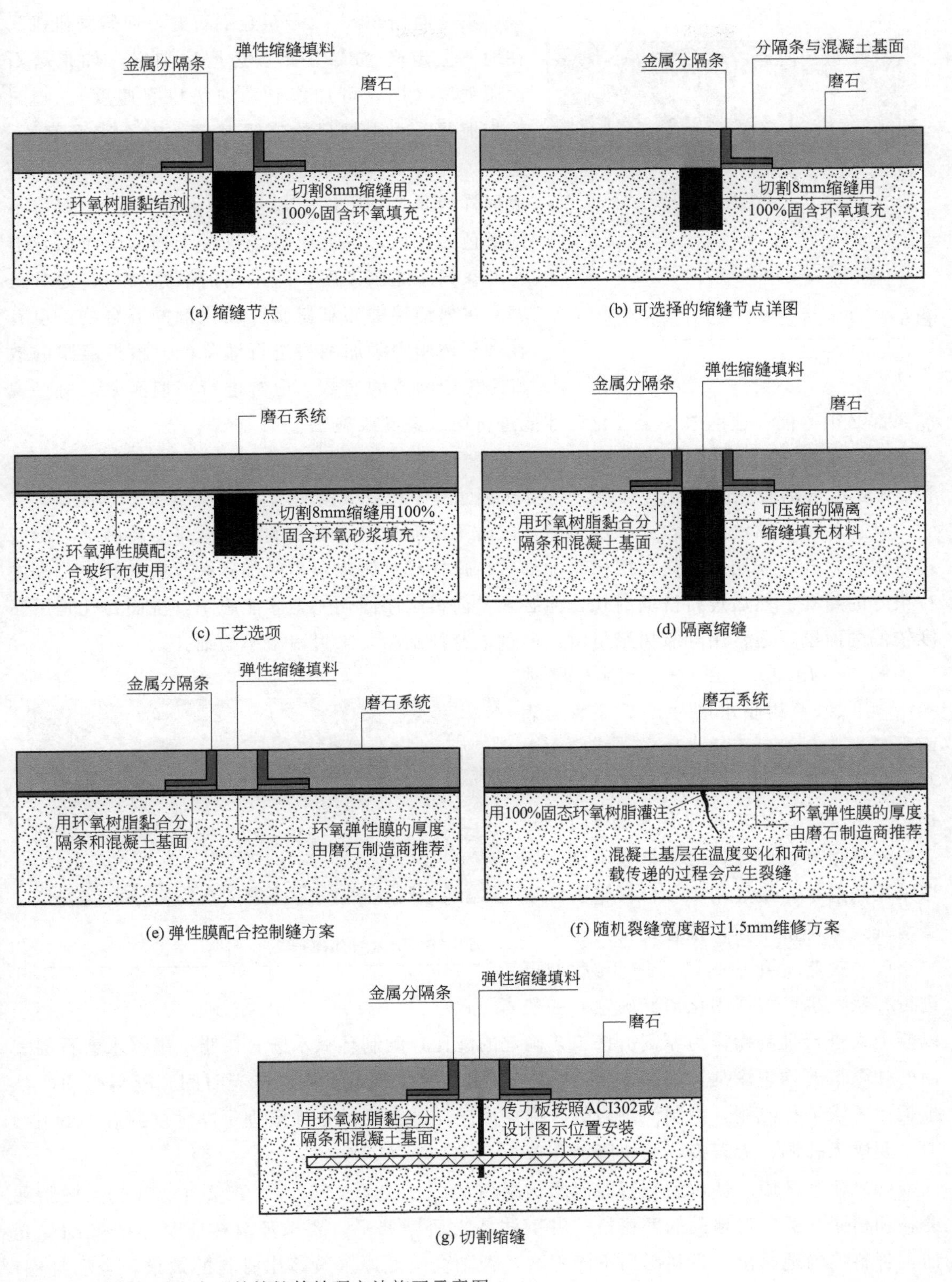

图 5-36 现制环氧水磨石伸缩缝的处理方法施工示意图

图 5-37 粗磨面层

第一遍用 50～90 号粗金刚石磨，使研磨机机头在地面上走横“8”字形，边磨边加水（如果磨石面层强度太高，可加细砂，加快机磨速度），随时清扫泥浆，并用靠尺检查平整度，直至表面磨平、磨匀，分隔条和骨料全部露出（边角处用人工研磨成同样效果）。用水清洗，确保孔隙中不能残留不同颜色的污垢，尽量用吸尘机吸干净。晾干后，进行环氧树脂灌浆工序，所采用的灌浆材料，通常是磨石主摊铺层中环氧树脂及固化剂的混合物，也有在环氧树脂中添加细粉进行灌浆的。根据灌浆的效果来确定灌浆的遍数，通常进行三遍灌浆。每一遍灌浆都必须等前一遍灌浆完全固化后才能进行第二遍灌浆施工。

（4）水磨（中磨） 首先，选用 12 头研磨机，在水箱里加上适量的水，选用 50 目、150 目、300 目树脂磨片依次进行打磨，并在打磨过程中释放少量的水。

其次，进行清洗地面，必须洗干净，以防不同颜色的污垢影响磨石效果。待晾干，然后进行搓砂封孔，所用材料是面层树脂加细砂，这样环氧树脂包裹的细砂被压进孔洞中，来进行很好的封孔。然后进行洗面封孔，但必须要前道工序固化完全才能施工，洗面封孔是用黏度较低的面层，通常用环氧树脂材料，通过很薄的刮涂，来封堵微小的细孔。

第三，用 90～120 号金刚石磨或 3＃、4＃、5＃树脂水磨片，要求磨至表面光滑为止，然后用清水冲净，擦净水泥浆，仍注意小孔隙要细致擦严密，然后养护 2～3d，所有的边角采用角磨机打磨，大机器尽量靠边研磨，对于打磨不到的区域采用角磨机。最后用 150 目树脂磨片研磨清洗。必须洗干净，检查到位。

图 5-38 刮涂封孔树脂

（5）树脂封孔 封闭养护 8h 后即可进行补浆，也可根据固化情况确定，一般以能上人进行批刮操作为原则。按工艺确定的配比，配制环氧水磨石树脂，根据水磨石层表面的孔隙情况均匀涂刮，如图 5-38 所示。控制好灌浆施工及被刮抹光时间，配料必须严格按配比要求进行配制，控制涂刮遍数，确保面层光洁密实，必须清理干净才能封孔。封孔 3 遍，要求无孔洞、无刀痕、无树脂缩孔现象。

（6）精磨开面 使用大型智能研磨机用 300＃、500＃、800＃、1500＃、3000＃树脂硬磨料和树脂水磨片对地面的磨痕按“井”法依次研磨修平。要求环氧树脂材料研磨细腻光洁，骨料均匀地露出，骨料露出不能再磨，否则会改变厚度及露出骨料的效果。全场自检，要求骨料均匀露出，无色斑，色泽统一。精细研磨，磨除刀痕及地坪颗粒，如图 5-39 所示。

图 5-39 精磨表面

5.2.5 罩面系统施工

（1）封闭剂施工　抛光后的表面通过密封一层功能性的树脂层，来保护水磨石的主体层，根据罩面功能性的不同可分为不同的罩面系统，例如高亮、亚光、耐磨、抗污等面层封闭系统和高硬、防腐蚀、耐酸碱等面层封闭系统。注意施工时针对不同的要求，选用不同的材料进行罩面，严格按照各种材料施工要求进行操作。通常的罩面有环氧树脂罩面、聚氨脂树脂罩面，可视合同内容厂家要求而定。施工效果要求无滚筒印、均匀，如图 5-40 所示。

图 5-40 涂刷封闭剂

（2）结晶抛光　一般进行两次结晶材料的涂刷，涂刷在两道材料之间间隔时间受温度、湿度影响大，等第一遍全场的完全干透后，再进行第二遍。使用结晶抛光机配兽毛垫，配合结晶材料对地面进行结晶研磨。它能够提高表面的光亮度，提高表面的硬度，使水磨石具有持久的耐磨、防划效果，如图 5-41 所示。

5.2.6 在环氧水磨石现场施工过程中常出现的质量问题及解决办法

常出现的质量问题有不均匀斑痕、鼓包、变色，下面依次进行说明：

图 5-41 结晶抛光表面

（1）树脂斑痕 环氧树脂斑痕是在环氧水磨石拌和料混合过程中环氧树脂和固化剂部分与骨料部分混合不均，形成树脂量偏多，摊铺到地面上，经过固化、打磨后，从表面就可以发现，出现一片半透区域和骨料不足的区域，导致外观不合格，产品的物理性能不同，热变形量不一。这种问题的解决首先是配料准确、加料方法、搅拌强度、搅拌时间要满足要求。

（2）骨料斑痕 现制环氧水磨石材料中骨料所占比例达到 80%～90%，骨料由粗细不同石子按一定的级配配制而成，而在环氧水磨石拌和料混合过程中骨料颗粒大小分散不均。由于树脂黏度能相对稳定地保持这种不均匀状态摊铺到地面上，进而会出现骨料聚集的区域，以及在收光过程中，力量不均匀，或压力过大，而导致摊铺表面大小骨料有收光机收过的痕迹，从而导致外观不合格，性能不达标。这种问题的解决首先看骨料的级配和树脂的黏度是否满足要求；其次搅拌强度时间是否达标，在摊铺过程中刮板找平时，是否将大骨料刮得不均。

（3）颜色斑痕 现制环氧水磨石的装饰性，在很大程度上是通过颜料来体现的。而颜料的加入方式通常有两种方式，一种是将颜料粉与细的骨料粉先混合，再与粗骨料粉混和，然后进行包装，在现场将带颜料的骨料与无色的环氧树脂进行混合，混合均匀后进行摊铺，由于颜料较细，易絮凝，易出现分散不均的情况。另一种是将颜料粉与环氧树脂进行混合制作出一种稳定的带颜色的环氧树脂，颜料在树脂中通过润湿分散剂的处理，搅拌研磨后而制成，颜料分散较好，不易出现颜料不均现象。这种做好的带有颜色的树脂在现场与固化剂和骨料按照一定的次序混合均匀，进行摊铺施工。这里指由于颜料分散不均，或者颜料在施工过程中出现色差等情况。而这种颜色是磨石产品的背景色，在远观或区域性中就能体现的一种差异。主要是由于采用不同批次的材料造成差异，或由于固化时间差异造成硬接头等情况，或是分散不够造成。这种问题的解决首先增加颜料在体系中的分散力度，减小不同批次的色差，其次可增大环氧树脂与固化剂的配比。

（4）水斑痕 现制环氧水磨石中环氧树脂都是无溶剂型环氧树脂，所以水对环氧树脂有影响。在水磨石中环氧固化剂多为胺类，胺类能和水混溶，在环氧树脂固化过程中当有水介入时，会出现油包水的不均匀体，而通常水中都有溶一定量的二氧化碳，微弱的碳酸能与胺反应成盐，这种不均匀的体系外观看起来就是泛白。而现制环氧水磨石在施工过程中由于在收光压制时不够密实而残留气孔，而气孔在研磨施工过程中研磨的粉尘或污水进入孔中，清理不干净，封孔后留下不良气孔斑痕。另外，在施工过程中，环氧树脂在未固化之前与蒸汽或者水接触产生发白现象。出现这种现象建议从三方面解决，一是环氧树脂固化剂尽量选耐水性好的、不易吸潮的固化剂，二是防止固化过程中水的溅入，三是在水磨过后要充分的吸干水、晾干水。

（5）粉团斑痕　现制环氧水磨石骨料中有一部分细粉，如果超细粉过多，树脂过于黏稠，分散性不好。骨料与树脂比例过大，那么就很容易产生粉团。粉团一旦产生，不易破裂，在摊铺施工中被压在表面，不能被打开，固化研磨后会留下不均匀斑痕。消除粉团斑痕要注意几个方面：其一，树脂黏度不能太高，分散性要好；其二，骨料中的超细粉不能太多，例如颜料粉、超细粉；其三，分散剂要选用恰当。主摊铺层是决定水磨石施工成功与否的关键步骤。一旦出现错误或者缺陷，将很难通过其他工序来校正。注意施工时骨料混合摊铺的均匀性、平整性、密实性，要充分灌浆，保证孔洞完全封闭，打磨前保证完全固化。

（6）蚯蚓纹　现制环氧水磨石作为一种复合材料，它有较低的热变形温度，也就是环氧水磨石在热变形温度下，受到一定的力会变形。而蚯蚓纹是在完成的环氧水磨石地面上凸起的一条纹路，而这条纹路正好是在找平层伸缩缝的上面。找平层地面在伸缩缝或者分隔条的位置，出现凸起于地面的一道力量。这种力量一般是由于找平层地面在冷热变化的情况下，受到外力作用而形成的凸起的力量。通过一定的时间，在面层的环氧水磨石层就会出现一道凸起的纹路。应该选用弹性比较好的，能够回弹恢复的树脂进行填缝处理，以减少填缝材料对上部的压力。

（7）鼓包　它是在水磨石上凸起的一个点或圆，也是底部受到力的作用而产生的不良现象。而这种不规律的点是由于地底下水量的聚集压力过高顶起的。

（8）超耐磨罩面发黑　现制环氧水磨石在摊铺层固化打磨后，往往要进行表面涂刷一层很薄的功能材料，一方面是对环氧水磨石的保护，另一方面是增加磨石的功能。而超耐磨罩面是一种耐磨性能非常好，抗污染性好，耐候性优良的表面涂层材料，它固化后的机械强度很高，经常出现在环氧水磨石表面进行超耐磨罩面后，但使用一段时间以后出现变黑，不能清洗掉。这主要是由于超耐磨涂层未完全固化而进行使用，表面上好像固化，但实际强度不够，这时候进行使用，导致涂层变形留下印迹。随着后期进一步固化，被污染的形状印迹被固定下来，形成一种越来越脏，而且清洗不掉的变色罩面。这主要是一方面涂层太厚，另一方面由于固化时间太短，在表干以后就开始使用，导致污染物被超耐磨固化在其中，不能被清理掉。

（9）结晶斑　结晶斑是指环氧水磨石表面进行结晶表面处理以后，出现的斑痕，这主要是由于结晶材料在地面上的厚度不均匀引起的，造成厚度不均的原因，一是地面平整度不够，二是上次涂刷未干透就进行二次涂刷，使得涂刷不均匀。

（10）分割条儿发黑　在环氧水磨石施工中使用铝合金分隔条时，摊铺养护完成后进行磨抛，在表面进行保洁清洗过程中，使用了酸性的清洗剂或者强氧化的清洗剂，使铝合金材料表面氧化发黑。

（11）环氧水磨石表面褪色或变色　现制环氧水磨石产品完成后，交付使用一段时间以后，有些颜色变浅，有些颜色变得发黄等，这主要有以下几个原因。其一，有些颜料耐光照差，在受到相对较强的光线照射时出现褪色，颜色变淡，如红色。其二，有些粉料是由大理石或石英石粉碎而成的，而这些粉料的原材料中就不够白，含有氧化铁、锰等易受环境影响变色的有色杂质材料，因而在做成成品后受光和热而颜色逐渐变黄或加深。其三，地面清洁过程中往往会用一些氧化剂进行杀菌，这些氧化剂会对树脂有氧化作用，使其颜色变深。所以无论是树脂还是颜料，或者粉料以及骨料，都要慎重选材。

5.3 现制水泥基水磨石的施工工艺

水泥基现制水磨石见图 5-42。

图 5-42　水泥基现制水磨石

5.3.1　施工前的准备

1）施工设备准备

（1）搅拌、摊铺及运料设备　如图 5-43 所示。

（2）基层处理设备　如图 5-44 所示。

2）施工环境要求

（1）温度　合理的施工温度是 10～25℃（理想的是 15～20℃）。地面温度 5℃以上可以

图 5-43 搅拌、摊铺及运料设备

图 5-44 基层处理设备

施工，但出现问题的概率会比较大，如表面效果不理想、开裂等。

(2) 湿度　一般地面混凝土的相对湿度应小于 95%。工作环境的空气相对湿度应小于 70%。

(3) 电源　一般要求 380V 电压，功率能够满足所使用设备的要求。电源要尽可能离操作地点近，不要总是意外断电。另外充足的照明是非常有必要的，照明不足可能会造成对基层缺陷判断的不足。

(4) 水源　压力稳定，水质符合自来水的要求。如果压力低，要考虑配备水箱和泵。水源距离的远近对不同项目可能影响也比较大。

(5) 垃圾储运　基层处理通常会产生大量建筑垃圾，必须考虑如何暂时包装并妥善地存放，直至被清运及正确处理。

(6) 搅拌区域　材料搅拌通常需要一定的空间，要注意材料的堆放和对地面的保护，同时运输通道要保护和及时清理。

(7) 其他成品的保护　对已完成的水磨石地面和地坪上的装置、设备以及墙面要采取足够的措施进行保护。保护措施一般费用不高，但一旦其他成品或装置被破坏，会损失惨重。

3）施工地面的要求

（1）划定施工区域，妥善安置施工设备，禁止第三方进入施工区域进行交叉施工。施工区域应用安全绳隔开，并在相应的出入口张贴或悬挂警示牌。

（2）施工地面的强度要求　水泥基水磨石材料提供的是耐磨的面层，因此承受竖向荷载的主要因素由地面基层决定，因此地面基层的强度必须大于 25MPa，混凝土抗拉拔的强度必须大于 1.5MPa。新浇混凝土地面的养护龄期不低于 28d。基础不得有明水，湿度要低于 95%，同时确定需要修补的薄弱部位。基层刻划检测强度要满足要求。

全面彻底检查基层，可用地面拉拔强度检查仪检测地面抗拉拔强度，从而确定混凝土垫层的强度。

（3）表面平整度　采用 2m 直尺，将楔形尺放入直尺下，可以直接读出地面的偏差，要求小于或等于 5mm。

（4）针对基层可能出现的质量问题可采取的修补措施

① 表面较大宽度（＞0.3mm）的活动裂缝。将裂缝拓宽后，开“V”形槽，放入短钢筋，采用无溶剂环氧砂浆补平缝合，如图 5-45 所示。

图 5-45　钢筋环氧砂浆补缝

② 基层有坑洞、掉角的地方，用双快微膨胀砂浆及混凝土填补。基层空鼓面积大于 $0.3m^2$ 且小于 $1m^2$，可用环氧树脂砂浆灌注。大于 $1m^2$ 的空鼓要凿掉，切除后对坑洞内壁表面进行喷砂吸尘，在坑底和坑壁涂刷界面剂，灌注双快微膨胀混凝土进行修补，如图 5-46 所示。

图 5-46　修补裂缝

③ 对于基层大面积混凝土起砂地面，需作混凝土密封固化剂渗透固化处理。

④ 旧地面或曾经铺贴石材、瓷砖的基础地面，出现空鼓、缺角边缝需加固补强。混凝土旧地面有空鼓，可用环氧树脂砂浆进行灌浆加固，加固方法为采用钻孔机在混凝土地面上打深 50～100mm、直径为 16～18mm 的孔，每平方米混凝土钻 4 个孔，间隔 400mm，然后用无溶剂环氧树脂灌注。混凝土破损修补可采用环氧树脂加级配石英砂进行修补，如图 5-47 所示。

图 5-47　环氧树脂灌注修补

5.3.2　水泥基水磨石的系统结构

（1）系统构造　如图 5-48 所示。

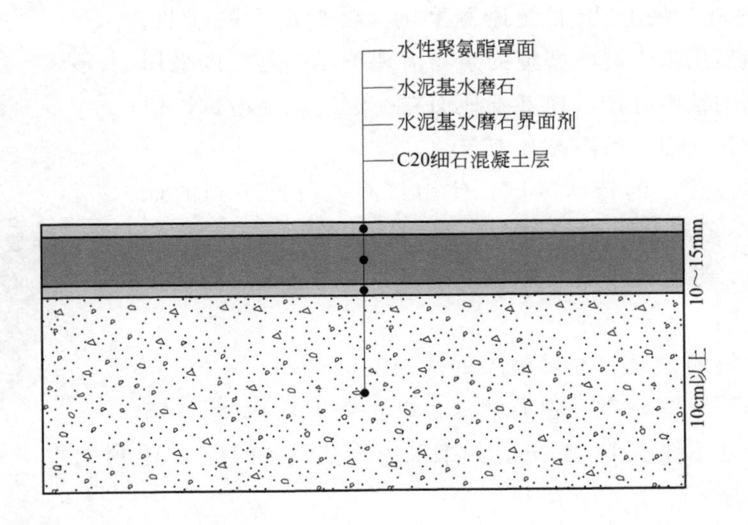

图 5-48　水泥基水磨石的系统构造示意图

① 10cm 以上厚 C20 细石混凝土振捣密实，配双向钢筋网片，要求平整，强度达标后表面进行打磨喷砂等处理；

② 水泥基水磨石界面剂可用水性环氧树脂抛砂或无溶剂环氧树脂抛砂；

③ 10～15mm 厚水泥基水磨石；

④ 水性聚氨酯罩面。

（2）现制水泥基水磨石技术指标

① 强度要求：抗压强度≥35MPa（28d 强度）、抗折强度≥10MPa（28d 强度）；

② 24h 抗压强度≥10.0MPa 、24h 抗折强度≥3.0MPa；

③ 地面系统与基层混凝土的黏结强度大于 1.5MPa；

④ 水泥基水磨石的尺寸变化率不大于 0.04%；

⑤ 抗冲击强度检测应无开裂或脱离底板；

⑥ 不起皮，不起鼓，不因材料自身原因开裂。

(3) 水性聚氨酯罩面技术方案　主要技术数据如下：

① 铅笔硬度≥H；

② 附着力≤1 级；

③ 耐磨性 (750g/500r) ≤0.060g；

④ 耐冲击性 (Ⅱ级)：1000g 钢球，高 100cm，涂膜无裂纹无剥落；

⑤ 耐水性 (168h)：不起泡、不剥落、允许轻微变色，2h 后恢复；

⑥ 耐化学性：不起泡、不剥落、允许轻微变色。

5.3.3 水泥基水磨石的施工工艺

(1) 基础地面的处理　基础地面的处理是指基础地面的拉毛，除尘工序。拉毛可以采用九头或十二头磨机，装上 30 目金刚片磨削，将地面上的浮灰、污物等磨掉，随后用吸尘器将磨掉的杂物清理干净；也可以采用铣刨机进行地面的铣刨处理，使基础地面有一定的粗糙度，以便形成良好的黏结结合面，如图 5-49 所示。

图 5-49　基础打磨

对于不平整、异形的特殊区域，使用打磨机打磨不到的地方，如墙、吧台、天花板、柱、楼梯、踢脚线基础的拉毛，往往采用角向磨光机，装上吸尘罩和碗状金刚磨片，连上吸尘器，按照画圈式均匀磨削。

(2) 抗裂纤维的铺设　在要施工的地面满铺 10mm×10mm 规格的耐碱玻璃纤维网格布（卷向朝地，以防翘曲），耐碱玻璃纤维网格布搭接处不得小于 50mm。如果采用传统隔条的施工工艺则做下面的工序：

① 如果采用金属分隔条，用水泥砂浆作黏结剂（可以直接用大于或等于 32.5 级水泥与 70～140 目细砂按质量比 1∶1 混合砂浆）固定，黏结要直、要平正，“十”字交界处无缝隙；

② 如果采用透明的玻璃分隔条，务必用同色的砂浆固定，黏结要直、要平正，“十”字交界处无缝隙，以防异色透上来；

③ 采用大于或等于 32.5 级水泥与水 1∶1 混合，再加入一定比例的界面剂，进行框格内涂刷；

④ 固定分隔条的砂浆必须低于分隔条面 2mm，以防不同颜色对面层的影响。

(3) 环氧树脂层抛砂　环氧树脂层抛砂常用的两种抛砂工艺为水性环氧树脂抛砂和无溶剂环氧树脂抛砂。

① 水性环氧树脂和其固化剂组分严格按比例称量，使用电动搅拌器（转速 700～800r/min），搅拌乳化 1min，变为乳状黏稠液体，可加一倍水稀释搅拌均匀，长毛滚筒蘸满并滚涂浸透满铺网格地面，涂刷要均匀、不遗漏，不得让其形成局部积液，约 0.5～1h 后，采用

20～40 目石英砂进行抛砂（环氧树脂用量 0.1～0.2kg/m^2，抛砂用量 0.5～1.0kg/m^2），抛砂要均匀、不遗漏，24h 后将多余的砂收回。

② 还可以采用高渗透无溶剂环氧树脂底胶。无溶剂环氧树脂底胶都是双组分的，用量一般每平方米 0.3～0.4kg；涂刷高渗透无溶剂环氧树脂底胶后抛撒石英砂，一般用 10～20 目的石英砂；待高渗透无溶剂环氧树脂底胶干燥以后将未粘牢固的多余石英砂清理收回。涂刷环氧抛砂层有四个作用：其一是对基层封闭，避免基层过多过快吸水，防止水磨石过早丧失水分；其二是增强地面基层与水磨石层的黏结强度；其三是防止气泡的产生；其四是改善水磨石材料的施工性。

（4）加固挂网施工　主要针对不水平的水磨石施工区域，一方面为了加固，另一方面防止流挂，如图 5-50 所示。如墙面、吧台、天花板、楼梯、踢脚线的施工都会进行加固挂网施工，地面一般不采用。

挂网是每 20～30cm 间隔，钉一颗 20mm 长的水泥钉，顶帽离基础面 5mm；然后把 20mm×20mm 方格、1mm 粗直径的钢网拉紧，用钢丝扎紧在水泥钉上。

（5）水泥基水磨石拌和料摊铺

① 水泥基水磨石控制厚度。

a. 打灰饼控制厚度：在分隔条方格边长大于 2m 时采用，小于此面积，用分隔条的高度就可控制摊铺厚度；如果是大面积，按 1.8m 方格放线，灰砂比 1∶1 打灰饼，高度比水磨石完成面标高高出 2mm（普通水泥灰饼 24h 后施工下一步，双快水泥灰饼可 2h 后施工下一步）。

图 5-50　挂网

图 5-51　水磨石层找平

b. 电子投线仪法控制厚度：按此种方法控制厚度，当电子水平仪位置挪动时，因基础平整度有变化，应重新标定摊铺厚度，一般摊铺厚度应根据骨料最大粒径而定，高出磨石完成面的 1～3mm，如图 5-51 所示。

② 水泥基水磨石材料的搅拌。

a. 按水磨石胶结料生产批次从小到大的编号顺序拌和，每批次的最后待到两次拌和料，应与下一批次的磨石胶结料预先互混后再加水搅拌，以防批次与批次间出现色差现象；一般水泥基水磨石有 3～4 个组分，包括：水或液态外加剂部分干粉砂浆部分；骨料部分等。每一部分都有一定的配方要求，表 5-1 为水泥基水磨石砂浆部分配方。

⊡ **表 5-1　水泥基水磨石中砂浆部分的配方举例**

所用材料	用量/kg
52.5＃白水泥	30～40
硫铝酸盐水泥	100～120
灰钙粉	10～15
硅微粉	10～15
石英粉(0.2～0.35mm)	100～120
石英粉(0.075～0.16mm)	80～100
碳酸钙粉	5～8
胶粉	20～25
石膏	3～5
合计	358～448

b. 先将水磨石胶结料投入搅拌机，加其质量 18%～20%的水（水的加量以不分层、好摊铺为准），充分搅拌 1min，如图 5-52 所示。

图 5-52　水泥基水磨石材料的搅拌

c. 将磨石骨料投入搅拌机再搅拌 1min，即可卸料摊铺。

③ 水泥基水磨石材料的摊铺。

a. 传统的有分隔条的水磨石摊铺。将搅拌好的水磨石拌和料均匀地按条状摊开，随后用铁锹局部整平，2m 铝合金刮杆按高于分隔条 2mm 刮平，紧接着穿着钉鞋用抹刀收出浆。

若局部骨料不均匀，可撒播骨料，随后拍出浆，也可以使用滚子压实提浆，如图 5-53 所示。

b. 大面积无隔条的摊铺。

（a）单色水磨石的摊铺：同传统的有分隔条的水磨石摊铺基本相同，先将搅拌好的水磨石拌和料摊铺均匀，整理平整。用 2m 铝合金刮杆按高于灰饼 2mm 刮平，用抹刀收出浆，若局部骨料不均匀，可撒播骨料，随后拍出浆。务必将灰饼铲除，填料提浆。

（b）水磨石图案的摊铺：针对较大面积的图案，需要现场粘贴模具后，进行水磨石拌和料的摊铺；针对较小面积的图案，则将预制好的图按用环氧结构胶或石材胶黏剂粘在基础上，待胶黏剂强度达到要求后，再摊铺图案周围的水磨石地面，如图 5-54 所示。

图 5-53 水磨石层的摊铺

图 5-54 水磨石图案的摊铺

（c）多种颜色水磨石的摊铺：首先根据图案形状，使用快干胶按图案形状固定分隔条，按分隔条所隔出的不同颜色逐个进行摊铺，注意不同颜色不能相互污染。在图案的外侧，去掉分隔条，进行整体浇筑摊铺前，需要涂刷渗透性界面剂，在交接处用抹刀拍出浆料，以防有大空洞。

（d）立面、顶板的铺贴：针对立面、顶板上的水磨石铺贴材料不得有流动性，要有较高的触变性，以防下垂滑落，要作好配方的调整，如图 5-55 所示。

立面、顶面的铺贴也要按照放线、打灰饼、冲筋挂网、铺贴、刮杆、铲除灰饼、填料、搓实、提浆的顺序进行施工。

图 5-55 立面水磨石的摊铺

（6）水泥基水磨石的粗磨　传统水磨石拌和料在夏天需要养护 2～3d 才能开磨，冬天需要养护 5～7d 才能开磨；快干水磨石只需要养护 2～4h 即可开磨。

先用 30 目金刚磨片采用“十”字交叉法磨出骨料的效果，然后用 2m 靠尺检查平整度，对于高出的部分，进行局部磨平；接着使用 80 目金刚片“十”字交叉法磨掉 30 目磨片的磨痕；150 目树脂片“十”字交叉法磨掉 80 目磨片的磨痕；

300 目树脂片“十”字交叉法磨掉 150 目磨片的磨痕。

修补孔洞的材料需要调流动度，流动度要好，应充分搅拌均匀；用“十”字交叉法进行抹浆，抹刀倾斜 45°角将浆料刮进孔洞中，对孔洞灌封。每一遍材料用量 0.1～0.15kg/m^2，如图 5-56 所示。

图 5-56 孔洞的修补

（7）水磨石的细磨　粗磨后的水磨石，通过孔洞修补，补浆 24h 固化后，使用 500 目水磨片进行细磨，用“十”字交叉法磨掉多余的补孔料和 300 目磨片的磨痕，如图 5-57 所示。

图 5-57 细磨及罩面

（8）水磨石的抛光　表干涂刷混凝土密封固化剂一遍，24h 后 1000 目的水磨片“十”字交叉法磨掉 500 目磨片的磨痕。根据亮度的要求，可采用 1500 目、2000 目等对水磨石地面磨到适宜的亮度。

（9）罩面　经过抛光后的水磨石表面清洁干净，表干颜色一致后，根据要求进行表面防护罩面：

① 上油性膏状蜡罩面。用海绵蘸蜡画圈式揉涂在磨石表面，随后磨机换装上抛光片抛光润色。此种防护方式在传统的水磨石中用得比较普遍，其防水效果立竿见影，且有明显的

荷叶效应。但因其膜的强度不高，使用频繁的区域不久亮度尽失，表面易藏污纳垢。

② 打免抛蜡罩面。一般打三遍：第一遍稀释 2 倍水打气喷壶喷洒在磨石上，随后用蜡拖均匀托展开来；照此法第二遍稀释一倍水、第三遍原液打上。间隔时间以不粘脚为准。这种蜡干膜的硬度可达 2H 铅笔硬度，比较耐磨，使用得普遍。

③ 涂刷水性聚氨酯罩面。A、B 组分严格按比例混合均匀，第一遍稀释一倍水当底涂，第二遍采用 A+B 原液，两遍都用涂料短毛滚筒蘸料经纬法施涂：经蘸料滚涂，纬不蘸料收涂。此膜是反应型的，具有致密、耐脏、耐污、耐黄变、耐划伤的特点，但其从施工完最后一遍到开放使用的时间较长，至少 24h 后使用，要求高的场合用得多。

（10） 成品保护

① 自然养护 3d 后即可投入使用；

② 若在磨石上交叉施工应先将地毯铺一层，上面再铺一层板材，板材间缝用透明胶带粘封上；

③ 不得用塑料布覆盖，否则会因不透蒸汽而变色、变花。

5.3.4 现制水泥基水磨石常出现的问题及解决办法

1） 水泥基水磨石的开裂及处理方法

（1） 由于基础原因引起水磨石开裂　原因一：基础的沉降，引起水磨石错层开裂；混凝土结构层的变形导致水磨石面层产生裂缝。这样的开裂常发生在新楼房或改造项目，是由以前基础有深挖、填埋，施工时间短，基础还没沉降稳定下来，就在新找平基础上做水磨石引起的。

处理方法：基础沉降稳定下来后，错层高度不再继续发展，沿水磨石沉降裂缝方向，距离裂缝 20mm 两边切缝，深度一般为磨石的厚度，簪子或电镐凿掉切割间的磨石，吸尘。用无溶剂环氧砂浆灌浆、修补、填平，后按照水泥基水磨石施工工艺进行操作。

原因二：基础养护不到位，强度不足引起的水磨石开裂。基础强度未到 C25，只养护 2～3d，摊铺的水磨石又是双快型的，工期又紧，隔天开磨，磨机先磨振空鼓，随后开裂，这样的开裂是致命的。

处理方法：敲掉，待基础强度达标，养护期到后返工。

（2） 水磨石材料干缩过大引起的开裂　原因：水磨石配合比不合理，细骨料过少，水泥量偏高，裂缝常出现在浆料与骨料之间，传统水磨石较多出现这样的现象。

处理方法：磨掉水磨掉表面的防护剂，进行补孔、补裂缝、细磨、做混凝土密封固化、精磨、防护。

（3） 双快型无缝水磨石的开裂　原因一：由于生产配方中的膨胀组分未调到抵消水泥干缩的量而造成的水磨石开裂。

处理方法：其一，敲掉重做；其二，磨掉表面的防护剂，补孔、补裂缝、细磨、做混凝土密封固化、精磨、防护。

原因二：膨胀过大而引起起鼓开裂，出现潮湿浸水的地方。

处理方法：沿起鼓开裂面积周围，扩大 10cm 切敲掉，切边凿成锯齿状，吸尘清灰，涂刷水性环氧，抛 20～40 目砂，锯齿边涂水性丙烯酸乳液界面剂或湿润，搅拌磨石料，摊铺、粗磨、补孔、细磨密封固化、精磨、防护。

2）水泥基水磨石的起灰起砂处理方法

(1）起灰起砂的原因

① 施工环境温度低于 10℃，未保湿保温养护；

② 施工环境高于 40℃，未保湿养护；

③ 施工现场风大于 5 级，没采取防风措施，水分挥发快，未保湿养护；

④ 水泥已到了终凝，二次加水时，因水过量，强度过低；

⑤ 常温下，养护时间短；

⑥ 水泥强度不达标。

(2）水泥基水磨石起砂的处理方法　涂刷混凝土密封固化剂，24h 后细磨、补孔洞、精磨、涂防护剂。

3）骨料显露不匀

原因及处理方法：

① 材料搅拌不匀，应充分搅拌，搅拌叶到桶壁不应超过 1cm；

② 脚印处骨料下沉，收平收浆应穿钉鞋（钉子高度应高于磨石摊铺厚度）；

③ 加水过量，骨料下沉，严格控制加水量，好摊铺、不分层为原则；

④ 成堆成滩倒料，应成行叠加倒料，随后摊铺均匀。

4）分格条显露不均

① 没磨到位，造成水泥浆料遮挡；

② 分格条标高不一致，有的磨出有的隐藏，板条可继续磨，宽顶条切掉重装。

5）水磨石色彩不均匀

① 颜料搅拌不均匀；

② 面层受到其他有色液体污染；

③ 补浆料局部未磨清爽；

④ 补浆料颜色与原色不一致，成为“麻脸”。

6）分格条两边骨料偏少

① 分格条高度没有达到水磨石最大骨料长度，骨料无法与之靠近；

② 基层混凝土或砂浆铺设过高，骨料无法铺近分格条；

③ 分格条交叉处，糊八字未留摊铺空隙，导致大骨料靠不近分格条；

④ 磨石料加水过量，骨料下沉；

⑤ 滚筒只在一个方向上滚压，另一个方向未压实，应十字交叉法滚压。

7）分格条压碎或变形

① 磨石材料摊铺厚度不够，滚筒或收光机直接压在分割线上；

② 粘贴分格条的胶或水泥砂浆强度未达到要求，滚压、收光过程中被碰挤掉或变形；

③ 分格条上有杂物，未及时清理掉，使分格条在摊铺滚压、收平时，直接受力。

5.4 现制水磨石的验收及保养维护

5.4.1 验收

验收水磨石产品一般注意三点，首先是外观的验收，顾名思义是通过目视发现的不合格项目。如水磨石表面骨料的均匀性，水磨石表面的颜色均匀一致性，水磨石表面平整，无胶剂，无暴边，无黑缝，无下陷，无缺口，无划痕，无腐蚀，无损伤，无研磨痕迹，等等。在距离 1.5m 处分别顺光、逆光、正视、侧视无明显研磨痕迹，距离 1.5m 处目视整体无崩边锯齿状或缺口（角）。其次是物理指标和化学指标的测试，用光度仪测量水磨石的光度是否大于 60GU 或者是否满足客户的要求。测量平整度用两米水平尺检查水磨石，整体平整度小于或等于 2mm±1mm，硬度测量采用莫氏硬度计来确定等相关指标测试。而化学指标往往指耐化学药品即抗污抗腐蚀能力。第三是在验收完工的地面时会参照客户所确定的样板，通过现场完工的与所封存的产品确定样板的花色外观及各项物理指标、化学指标。

5.4.2 保养

尽管水磨石作为高端地面材料有着其他材料难以相比的性能和美观度，但是如果不注意保养，没有哪一种材料可以经受破坏性的使用，所以在使用时要注意保护。尖锐利器会对材料本身造成伤害。局部过高温度会对表面及内在材质伤害。重物冲击会损坏表面。长期进行紫外线照射会影响水磨石表面光泽度或留下色斑。若遇到易染色物质污染水磨石表面，应及时清洁，以免影响外观。

水磨石是一种密实的人造石，抗污能力很强，大部分污渍对水磨石不够成威胁，日常只要简单地进行清洁维护即可。通常的污渍可用湿抹布加清洁剂擦拭除去，对于顽固的污渍则要根据不同的表面去处理。

水磨石的日常护理保养要解决的主要问题是要保持水磨石的原质、原貌，让水磨石经过整体研磨和再结晶硬化处理之后，最大程度地感受水磨石的装饰美。因此这就要求对水磨石产品要维护保养场所的状况、客流、周边环境，以及来宾的档次、习惯、喜好制作成系统的日常维护方案。

清洁的环境是养护环氧水磨石的前提，真正意义上的养护是对水磨石周边环境污染控制、饰面抛光、结晶修复、翻新修复、病变预防、意外处理等综合系统把控，这样才能体现出水磨石饰面养护的最佳效果。

1）水磨石地面污染控制系统

当某地有污染的源头，沾了污染源的人在不同区域内流动，污染物随之而散播到各处，其污染物可能为尘埃、砂石、泥土、化学物质、雨雪、油污等。另外有些污秽粘在鞋底，像砂纸一样摩擦地面，会对地面水磨石、地板地毯等造成严重的破坏。

另外，地面污染造成细菌衍生及传播。地面饰材过快折损，会降低地面饰材如水磨石瓷砖、天然石材等的使用寿命，增加地面饰材保养成本，客户舒适感下降，会影响公司形象。

地面污染控制系统可以参照先进的防控经验，以千人流量的人群要做到不少于三级的地面地垫防控系统。

（1）大门前、大堂内、门前客流集中地　地垫分为许多种类，其功能各有不同。一个完整的地面防控系统，一定要具备功能性质，要有强力刮砂功能、强力吸油功能。入口外铺设红胶地毯，除去大颗粒的砂土；入口内铺设毛纤维面的地毯，除去极细微的灰尘。这样既能刮砂除尘，又能把清除的尘埃藏在地垫内，避免造成二次污染及传播，并且容易打理和清洗。

（2）茶水间、卫生间、厨房出菜口、电梯前、停车场通道口、员工通道、防火通道及操作间等　各个单位出入口，单位与公共大区域交接内铺设一定跨度范围（视现场而定）防滑垫型的地毯（实体胶材质），在单位与公共大区域交接外铺设带吸水吸油功能的地垫（由超细纤维和优质棉组成毯面，底部为天然橡胶底或高分子合成橡胶）。厨房专用耐油酸橡胶防滑地垫及传菜出口处专用强力吸水吸油地垫。卫生间门前强力用吸水吸油地垫或除尘吸水尼龙地垫。雨雪天一定要铺设强力吸水吸油地垫。

2）地面的日常保洁及要点

商场人流量比较大，营业期间需配足够的保洁人员，进行除尘、清理污渍的工作，要做到及时清理顾客洒落到地面的饮料、茶水等液体及鞋印、污渍等。不能清理的，需要用百洁垫或半干抹布擦拭清理，干尘推及时处理地面各种灰尘等。推尘是用尘推（又叫干式拖布）对各种高档地面如大理石等地面的除尘。其操作简单，省力，附着灰尘力强，可保持地面光亮，被广泛应用于责任区域的日常清扫保洁。

① 尘推保养。使用前将静电除尘剂渗入拖布，将静电除尘剂均匀喷洒在尘推上，密封四个小时后，晾干使用。检查尘推纤维是否干净，检查静电除尘剂的渗入情况，检查尘推杆的卡头位置及方向是否正确。沿直线推尘，先从一侧开始，尘推不可离地，不可来回拖拽。视人流量定制出推尘的间隔时间，推尘时，尘推罩每行要重叠1/4，以防漏推。

尘推沾满尘土时，将尘推拿到工作间用吸尘器吸干净再使用，直到地面完全清洁为止。尘推失去粘尘能力，要重新用静电除尘剂处理，然后才可使用。

地面上如有水、污渍、污染物等，要及时用正确的方法清洁干净，以免发生色素污染和病变，然后推尘。尘推罩用脏后，可用碱水洗净，即用洗衣粉溶液浸泡，最好同时用40℃左右的热水浸泡后清洗，尘推罩洗后最好用洗衣机甩干，将纤维抖开后再烘干，烘干后重新喷上静电除尘剂使用。

② 清洁保养。根据地面使用情况，如果地面失去光泽、划花或出现太多难以清除的污渍，需要进行晶面修复，甚至是翻新修复处理。

定时推尘或吸尘以保持水磨石地面清洁，因为砂石泥尘留在地面上当人们走过时，就如砂纸在石面上摩擦，应防止其对地面造成严重损伤。日常应使用清水或有需要时以中性清洁剂和水拖抹地面。地面每天也可用稀释的清洁剂拖地，稀释比例为 1∶150，一旦需要，将结晶剂补充在处理过的地面上，按第一次程序进行，并用机器涂开。每月做一次保养，流动量少的地方，可三个月一次。不可长期接触非中性物品，酸会有一定的侵蚀作用，对结晶面有不同程度的损伤。

养护结晶材料选用中性或者弱酸性稳定型产品，选用中性或弱碱性清洁剂来清洗水磨石表面。需用水清除残余清洗剂，因为酸性药剂的残留将会使水磨石表面光泽尽失。不可长期覆盖地毯杂物，地毯应经常更换清洁，杂物应尽快移去，否则，水磨石会因湿气过重含水量增高而产生病变问题。要彻底保持干净清洁，要立即清除污染和常保持通风干燥。要定期作防护处理，防护剂品质最好是两年做一次处理，使用地刷机或自动洗地机时不要用洗地刷，只可用黄色或白色百洁垫清洗，以防因地刷的不规则压力及硬度容量磨损地面。

5.5 某项目施工案例及配方举例

5.5.1 基层的处理

对于已经存在的具备 C30 抗压强度基层，在此基础上施工的基层表面，要求其平整度（2m 的靠尺）用塞尺测量在 5mm 内。用钢丝刷或金属棒摩擦地面时，应不起砂，用小铁锤敲打，应不空鼓。

裂缝部分用电动切割机切开 1cm 左右宽度的 V 形槽，用环氧树脂砂浆修补，伸缩缝处需加固。基层表面有凹坑、缺口时，先将粉尘、松散物用工业吸尘器清除干净，再用环氧树脂砂浆抹平，最后用工业研磨机研磨处理。

5.5.2 某项目施工过程

(1) 底涂施工　底涂施工前把地面上的灰尘吸附干净，用滚筒或刀板均匀地将底涂刮或滚涂在基础地面上，增加附着力。通常采用环氧树脂和聚酰胺类改性固化剂作底涂材料，常用无溶剂底涂配方如表 5-2 所示。

表 5-2 常用无溶剂底涂配方

树脂		固化剂	
成分	含量	成分	含量
128	80%～90%	650	50%～60%

续表

树脂		固化剂	
成分	含量	成分	含量
AGE	10%～20%	苯甲醇	25%～35%
消泡剂	0.1%～0.5%	K54	5%～15%

注：树脂∶固化剂=2∶1。

用量在0.2～0.4kg/m²，根据地面孔隙多少，用量有所不同。通过树脂对混凝土地基的渗入，对地基有加固作用，使树脂与地面达到化学锚固的作用。注意施工过程中树脂混合粉稠度与对应的地面相适应；完全固化后进行后续施工；地面的温湿度注意控制。底涂施工均匀，接触层树脂滚涂不能有死角、遗漏。

（2）抗裂抑制膜施工　抗裂抑制膜是一种用弹性树脂制作的，能够相对稳定存在，受外力易被撕裂的高分子聚合物。使用弹性树脂应刮涂在底涂上面，配方如表5-3所示。

表5-3　常用柔性树脂配方

树脂		固化剂	
成分	含量	成分	含量
128	80%～92%	三乙烯四胺	25%～35%
AGE	8%～20%	苯甲醇	28%～37%
消泡剂	0.1%～0.5%	128	12%～18%
流平剂	0.1%～0.5%	DOP	10%～15%

注：树脂∶固化剂=1∶1。

通常弹性树脂刮涂量在1.5～2kg/m²，从而抗裂抑制膜使下层与上层形成力学性能上相对独立的一种桥式悬浮结构。下层的地基开裂对上层的结构通过破坏抗裂抑制膜而保护了上层结构。在抗裂抑制膜的施工过程中，用刮刀或刮板施工较多，注意施工中涂膜均匀；施工结束后要确保抗裂膜的完全固化，且材料的配比要符合要求。

（3）磨石骨料层施工

① 干铺施工。干铺施工特点为，混合料干爽，没有流动性，树脂用量少，骨料用量多。初始以干爽的混合料摊铺，待固化后，对孔隙进行灌浆。通常用的树脂黏度低、无填料，所用颜料往往添加在骨料中。初始摊铺固化后，对孔隙进行灌浆。因为孔隙大小、树脂的黏度、固化速度，都会影响浆料渗入的深度，所以一般都不能完全渗透。因而成本相对较低，摊铺较快，效率更高。但骨料中的粉剂颜料、细粉，容易与树脂出现分散不均的情况。相关配方如表5-4和表5-5所示。

表5-4　常用干铺用树脂配方

树脂		固化剂	
成分	含量	成分	含量
128	80%～90%	IPDA	12%～18%
AGE	10%～20%	D-230	30%～45%

续表

树脂		固化剂	
成分	含量	成分	含量
消泡剂	0.1%～0.5%	苯甲醇	28%～35%
润湿剂	0.1%～0.5%	水杨酸	3%～8%
2		1	

注：树脂：固化剂＝2：1。

表 5-5　干铺常用骨料配方

成分		含量
骨料粒径	0.8～1.6mm	30%～40%
	0.35～0.8mm	10%～20%
	0.2～0.35mm	10%～20%
	0.1～0.2mm	10%～20%
	0.075～0.16mm	10%～15%
	0.047mm	5%～9%
颜料		3%～8%

注：骨料：树脂＝10：1。

② 湿铺施工。湿铺施工特点为，混合料黏稠，具有流动性，树脂用量较多，骨料用量偏少。初始混合料摊铺后密实度较高，待固化后，孔隙很少，主要是表面的气孔，需要进行封孔。通常用的树脂有细填料，树脂中添加颜料，需进行充分分散。初始摊铺固化后，对表面的气孔进行封孔披刮。由于气孔很小，树脂的黏度、润湿性都会影响封孔效果。所以树脂用量较多，成本相对较高，摊铺较慢，效率偏低。但骨料中没有粉剂颜料和细粉，体系更容易混合均匀。相关配方如表 5-6 和表 5-7 所示。

表 5-6　常用湿铺树脂配方

树脂		固化剂	
成分	含量	成分	含量
128	40%～50%	1,3BAC	10%～18%
AGE	3%～8%	D-230	30%～40%
石英粉(800 目)	40%～50%	苯甲醇	30%～40%
色浆	3%～8%	水杨酸	3%～8%
助剂	1%～3%		

注：树脂：固化剂＝4：1。

表 5-7　常用湿铺骨料配方

骨料粒径	含量	骨料粒径	含量
0.8～1.6mm	30%～40%	0.2～0.35mm	15%～25%
0.35～0.8mm	15%～20%	0.1～0.2mm	10%～20%

续表

骨料粒径	含量	骨料粒径	含量
0.075～0.16mm	15%～25%		

注：骨料：树脂＝（4～5）：1。

（4）粗磨找平，灌浆封孔　粗磨需用真空无尘研磨机对环氧磨石进行研磨，磨片粗细程度从50～500号，通过不同目数磨片横竖交叉研磨。第一遍用60～90号粗金刚石磨，使磨石机机头在地面上走横“8”字形，并用靠尺检查平整度，直至表面磨平、磨匀。用吸尘机吸干净后，进行环氧树脂灌浆工序，根据灌浆的效果来确定灌浆的遍数。通常进行三遍灌浆，每一遍灌浆都必须等前一遍灌浆完全固化后才能进行第二遍灌浆施工。

细磨需选用树脂磨片50目、150目、300目依次进行打磨。然后进行搓砂封孔，所用材料是面层树脂加细砂。最后再用树脂封孔，直至孔洞完全封闭。

精磨开面应使用大型智能研磨机，用300＃、500＃、800＃、1500＃、3000＃树脂硬磨料和树脂水磨片对地面的磨痕按井法依次研磨修平，使之光洁亮丽。

（5）罩面　结晶抛光，一般进行两次结晶材料的涂刷，等第一遍全场完全干透后，再进行第二遍，可使用结晶抛光机配兽毛垫进行结晶抛光。

第6章

预制水磨石的安装施工

预制水磨石的安装施工是指工厂预制好的水磨石块材，通过产品设计加工成一定的规格形状，然后运到安装现场进行安装施工的过程，主要有以下几种安装施工方式。其一，地面铺贴安装，地面铺贴安装有半干湿法铺贴和薄底法铺贴；其二，台面的施工安装；其三，墙面的安装，墙面铺贴安装有墙面干挂施工安装和墙面湿贴施工安装；其四，装配化部品的安装，装配化部品的安装包括L形楼梯、窗框等在混凝土上的安装和在钢结构上的安装；其五，架空板的安装。

6.1 预制水磨石的安装施工概述

（1）施工安装的种类　预制水磨石的安装施工主要指：水磨石的地面安装施工；水磨石的台面安装施工；水磨石的墙面安装施工；装配化水磨石部品安装施工；架空板的安装施工；水磨石铺贴安装施工中出现的问题及解决办法。

（2）施工安装的影响因素　水磨石产品的各类施工要达到最佳的安装效果，需要系统地考虑水磨石本身尺寸稳定性、线性膨胀系数（缝宽、黏结剂强度柔韧性、填缝材料）、水敏感性（黏结剂材料类型）、尺寸（黏结剂性能、缝宽）对铺贴效果影响。设计时考虑留缝宽度、伸缩缝设置，工法考虑薄底法、半干湿法，选材考虑胶黏剂类型、填缝材料、防护材料。密贴时水磨石不能完全对齐，以防横向挤压受力不均匀，导致水磨石起拱、翘曲、开裂。

（3）施工安装的缝隙处理　水磨石间留缝填缝时间大于14d，透气性好、低弹性模量、可打磨、抗污类填缝材料是理想填缝材料，例如硅胶填缝或弹性预制伸缩缝线条等高柔性材料是伸缩缝的理想填缝材料。相关要求如表6-1所示。

⊡ 表 6-1　水磨石板材安装接缝要求

类别	接缝类型	地面	墙面
树脂型水磨石	伸缩缝	5～8m 设置 5mm 以上伸缩缝	5～8m 设置 5mm 以上伸缩缝
	接缝	普通≥2mm，地暖≥3mm，温差大的区域适当扩大	普通≥2mm，地暖≥3mm，温差大的区域适当扩大
无机型水磨石	伸缩缝	6～8m 设置 5mm 以上伸缩缝	6～8m 设置 5mm 以上伸缩缝
	接缝	普通≥1.5mm，地暖≥3mm，温差大的区域适当扩大	普通≥1.5mm，地暖≥3mm，温差大的区域适当扩大

6.2 水磨石地面安装施工

水磨石地面铺贴安装施工，在铺贴前要了解现场，作好充分的准备工作。

无论采用半干湿法铺贴还是薄底法铺贴，都应根据要求对水磨石施工现场进行勘查。施工适宜的环境温度 5～35℃，温度太高或太低都应采取相应温度调整措施，避免黏结剂黏结强度受影响，低于 0℃或者高于 40℃，建议停止施工。如果是强酸、强碱、高温环境，应另作处理。合理安排工程工期，地面施工区域安装养护期内禁止交叉作业。铺贴所用水磨石板材建议选用单边尺寸 600～800mm，限制使用单边尺寸 1000mm 产品，百货及进出口车辆流动较大及易受重压的地段，建议使用 20～25mm 厚产品，普通地面使用 15～20mm 厚产品。铺贴黏结剂材料选用高性能水磨石板材专用胶黏剂。胶黏剂的黏结强度不小于 0.5MPa。膨胀缝填缝材料需选用柔性好且黏结强度大于或等于 0.5MPa，断裂伸长率≥15%的填缝剂。明确施工全程的关键点，做好产品的质量控制。铺贴好的水磨石成品保护措施需要到位，尤其是刚安装好的通道区域，避免造成空鼓或安装成果的破坏。施工过程及施工结束三天内，避免受到水压冲洗、冲击振动等行为。

6.2.1 地面半干湿法安装施工

水磨石在地面上铺贴要求有较好的平整度，一般要达到 2m 直尺检查，楔形塞尺应小于或等于 2mm；另外还应消除空鼓、裂缝等缺陷。由于水磨石板材本身自重和施工过程中的外加荷载，所以要求板材强度高、密实性好，铺贴后早定型，在凝结硬化过程中收缩率要小。这样能保证地面施工具有较好的平整度和密实度。水磨石铺贴地面施工构造做法如图 6-1 所示。

1）施工准备

（1）地面基础的勘察要求　施工前，要清理现场，检查铺砌水磨石部位中有无水、暖、电等工种的预埋件，是否影响施工，并检查水磨石板材的规格尺寸、颜色、边角，检查是否

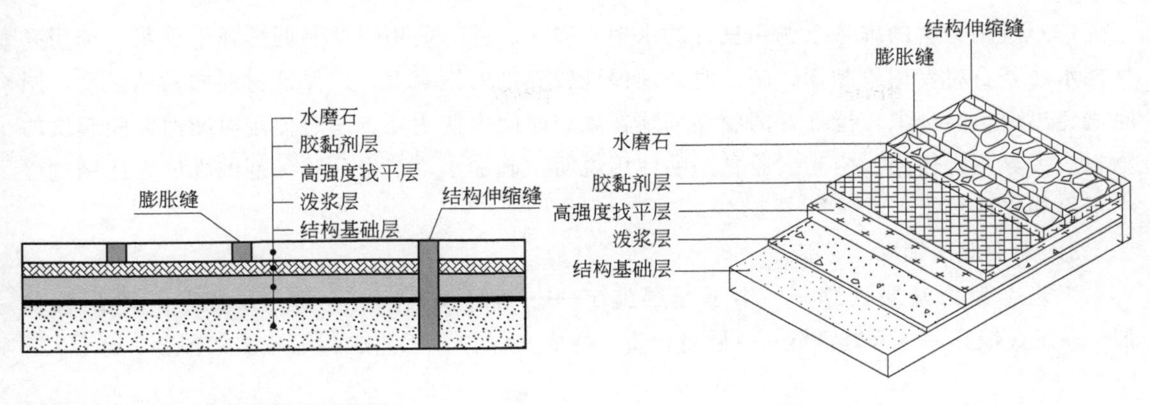

图 6-1 地面半干湿法铺贴施工构造

有裂纹、缺楞、缺角、翘曲、色斑、色线、坑窝等缺陷，如有应予以剔除，按施工顺序分类码放。基面平整度要求：薄底法基面平整度用 2m 靠尺、楔形塞尺检查，最大偏差不超过 4mm。基面刚度要求：在所有动荷载、静荷载和冲击荷载，包括集中荷载的作用下，基层表面最大侧向挠度不得超过 1/360。基面强度要求：抗拉强度大于或等于 0.5MPa，抗剪强度大于或等于 1.0MPa。基层应坚实、平整，无裂缝、空鼓、起砂、麻面、油渍、污物等缺陷。作业时的环境，如天气、温度、湿度等状况应满足施工质量达到标准的要求，适宜施工温度为 5～35℃，冬季温度过低，如无保温措施，需停止施工。

（2）所用工具的准备　匹配的安装辅材及工具须选对选好，施工现场要点需严格管控，所需设备工具如图 6-2 所示。

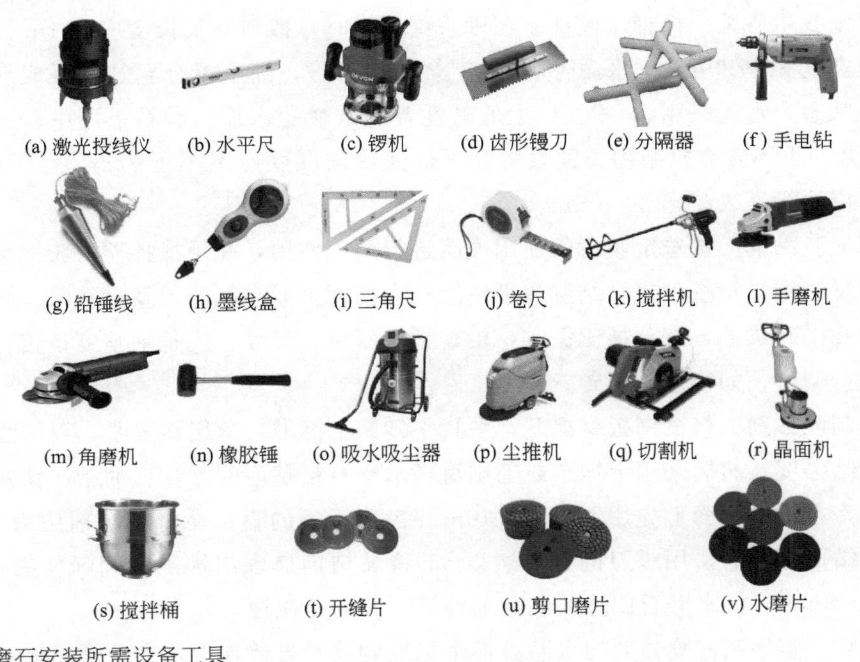

图 6-2 水磨石安装所需设备工具

（3）所用材料的准备　选用良好的水泥、砂子、外加剂用于拌制调配找平砂浆。选用高性能水泥基石材专用胶黏剂，施工时必须保证胶黏剂的饱满度，以保证材料的黏结强度，同时避免出现空鼓现象，搅拌好的胶黏剂须在规定时间内使用完，超过使用时间而起膜起皮的物料应丢弃不得使用。应当按胶黏剂的使用说明正确加水，双组分胶黏剂的乳液在使用过程中不得加水稀释。

2）半干湿法铺贴工艺流程

工艺流程为基层处理⟶半干湿层施工⟶调配胶黏剂⟶板材试铺⟶涂刮胶黏剂⟶正式铺贴⟶留缝清缝⟶质量检查⟶成品保护，工艺成品示意图如图 6-3 所示。

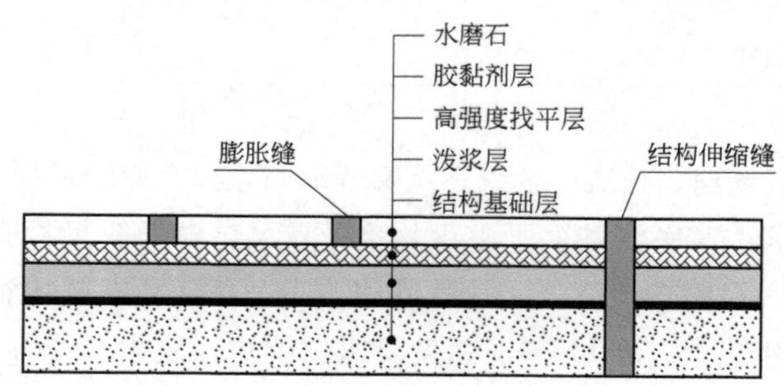

图 6-3　半干湿法铺贴工艺成品示意图

（1）基层处理　清理基层上的浮浆、落地灰、油污、涂料、密封剂等影响黏结强度的物质，铲除基层凸起物，以保证找平砂浆厚度不小于 3cm，最后在基层上泼刷水泥素浆（水∶灰＝1∶1）润湿地面，如有积水，建议用扫把扫干或用水泥吸干。

（2）调配找平砂浆　摊铺干硬性水泥砂浆找平层时，摊铺砂浆长度应在 1m 以上，宽度要超出平板宽度 20～30mm。水泥∶砂＝1∶3（体积比），加水混合至“手握成形，手颠即散”的干湿状态，水泥采用 32.5 及以上低碱性普通硅酸盐水泥，砂石采用中砂或粗砂，含泥量小于 3%，也不含有机杂物。铺设的找平砂浆层的厚度应不小于 3cm，且不高于 5cm。虚铺的砂浆应比标高线高出 3～5mm。

（3）调配胶黏剂　按选定胶泥的使用说明进行调配使用，并用搅拌器将胶泥搅拌均匀。

（4）板材试铺　检查砂浆黏结层的平整度、密实度，如有孔隙，及时补浆。将需要铺贴的板材放到找平砂浆上，充分揉压振实，检查板材颜色、尺寸、边角平整度是否妥当，根据情况需要进行调整，如换边、换砖。

（5）涂刮胶黏剂　将试铺板材揭开，在找平砂浆上浇淋一薄层稀素浆，以增强胶黏剂与找平层的黏结强度。然后采用干抹布或毛刷清理水磨石粘贴面的浮灰、油脂、铁锈等影响黏结的附着物，在板材背面上先用 10mm×10mm 齿形镘刀的直边，将黏结剂用力薄刮一层，然后添加黏结剂抹平后，用镘刀的齿形边以 45°将黏结剂梳理出饱满无间断的锯齿状条纹，厚度约为 6～8mm，将水磨石四边的黏结剂补足，并倒角梳理。

（6）铺贴　将涂刮好胶黏剂的水磨石板平稳放到找平砂浆层上，充分揉压，并用橡胶锤由中心向四周逐步敲击敲实调平即可（水磨石边角位置严禁采用暴力敲击，建议垫木板敲击）。

（7）留缝清缝　铺贴时留缝宽度为1～1.5mm（采用专用分隔器留缝），半干湿法铺贴完成三周后方可填缝，采用切缝机将缝隙切割齐整，并清理缝隙内灰尘，使用与水磨石同色的柔性填缝胶填充。纵横每8～10m，预留宽10mm缝隙，预留缝的深度到达基层，后期使用U形槽或者硅胶条封闭，护理施工和日常使用时严格控制水流入缝内，并及时除去地面的水分，以防地表或结构体引力作用导致水磨石起鼓或开裂。

（8）质量检查　铺贴过程中，每铺贴30块都需撬开一片进行质量检查。地面剪口护理前，检查已经铺贴地面是否有松动、边角空鼓现象。如果存在，需立即采取灌浆修补或重新铺贴等措施修缮。

（9）成品保护　每一检验批水磨石铺贴完成后，需设置简易隔离带，以防人员在刚铺设好的水磨石上面随意走动。半干湿法铺贴后三天内严禁踩踏，七天内严禁货物搬运、架设梯子、重型设备进场踩踏等交叉作业，后期交叉作业必须有坚固垫层保护，如在软垫上铺设木夹板等措施，需拼接成整体，防止水泥、砂粒经缝隙落到水磨石表面，污染、划伤水磨石。

经项目公司、监理单位、施工单位联合验收，拍照并签字确认后方可覆盖保护。该安装施工的优点是适用于平整度较差的地面，无需找平，施工效率高；缺点是强度发展慢，蒸汽淤积在砂浆层，不密实、空隙率高。

6.2.2　地面薄底法安装施工

薄底法施工方法与半干湿法施工方法在找平层以后的工艺大同小异。由于薄底法基层已经固化成熟，湿度较低，因而可以避免大部分因地下水蒸气及找平层湿度高引发水磨石后期使用中的质量问题，且施工简单方便，安全性更高。

1）薄底法施工对地面的要求

薄底法铺贴施工对地面基础的要求也同半干湿法铺贴对地面要求一致。要求有较好的平整度，还应消除空鼓、裂缝等缺陷。由于水磨石板材本身自重和施工过程中的外加荷载，所以要求板材强度高、密实性好、铺贴后早定型、在凝结硬化过程中收缩率要小等。

2）薄底法铺贴工艺

薄底法铺贴工艺流程为基层处理→调配胶黏剂→基层涂胶黏剂→板材背涂胶黏剂→正式铺贴→留缝清缝→质量检查→成品保护，结构图如图6-4所示。

（1）基层检查　确认基层平整度，结构强度要满足要求，施工面无污物、无积水。当基层为混凝土基面时，可采用泼刷水泥素浆或黏结剂浆（水：灰＝1：1）作为界面剂润湿基面。

（2）调配胶黏剂　根据选定胶黏剂的商家使用说明书，按比例进行调配使用，黏结剂需在规定时间内用完，超过规定使用时间未用完或表面起皮结块时禁止使用。

（3）刮胶　采用10mm×10mm齿形镘刀直边，将黏结剂在基层上平整的涂抹一层，再用镘刀锯齿边将胶黏剂梳理出饱满无间断的锯齿状条纹，厚度约为6～8mm。

（4）板材背面涂刮胶黏剂　使用干抹布或毛刷清理水磨石粘贴面的浮灰、油脂、铁锈等

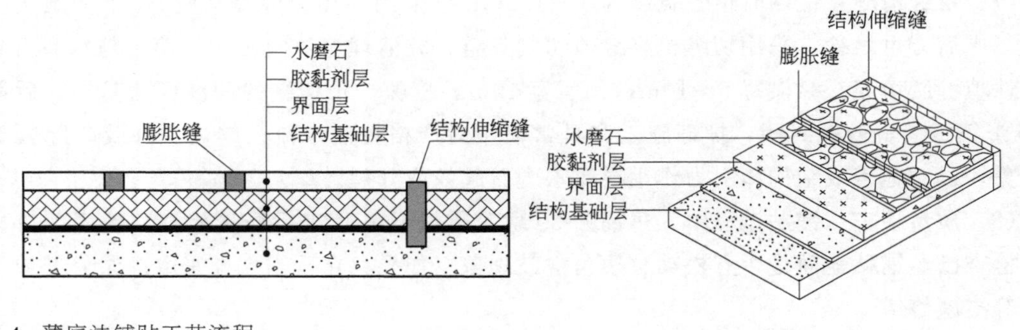

图 6-4 薄底法铺贴工艺流程

影响黏结的附着物。在水磨石背面用力涂刮一层厚度约为 3～4mm 的胶黏剂，同时将板材四边的胶黏剂补充足，并倒角。

(5) 铺贴　将涂刮好胶黏剂的水磨石板平稳放在涂有黏结剂的基层上，充分揉压，并用橡胶锤由中心向四周逐步敲击，敲实调平即可。水磨石边角位置严禁采用暴力敲击，建议垫木板敲击。

(6) 留缝清缝　水磨石产品铺贴时，膨胀伸缩缝留缝宽度为 1～1.5mm，留缝完成后，及时用海绵清理缝边，纵横每隔 8～10m，需预留 10mm 的结构伸缩缝，预留缝的深度到达基层，以防地表或结构体应力作用导致水磨石起鼓或开裂。

(7) 质量检查　铺贴过程中，每铺贴 30 块都需要撬开一片进行质量检查。

(8) 成品保护　每一检验批水磨石铺贴完成后，应设置简易隔离带，以防人员在刚铺设好的水磨石上面随意走动。项目公司、监理单位、施工单位联合验收，拍照，签字确认后方可覆盖保护。

水磨石的使用离不开水磨石养护与管理，其使用效果与日常养护的投入成正比，在安排结晶工作之前，务必对现场进行样板段施工，以确认最终的水磨石结晶方案。建议采用市场上技术先进的产品，结晶材料应选用中性的晶硬剂，嵌缝材料应选用可打磨、抗污染、柔韧度较高的树脂胶或者云石胶。

该施工的优点是黏结强度高，施工质量易于控制，最大化减少环境温度变化的影响，砂浆层干燥、含水率低，砂浆层空隙率低。

6.3 水磨石台面安装施工

6.3.1 水磨石台面安装前准备

现场查勘，首先检查待安装水磨石台面规格尺寸是否与现场相符，确认相符后方可进行下一步工作；其次检查安装水磨石台面的柜体是否安装水平，确认水平后方可进行下一步工作；最后检查水磨石台面与现场尺寸是否相符，灶具和水槽孔位置是否与现场相符。

(1) 水磨石台面的施工安装　将按安装台面的要求尺寸加工水磨石板，按照现场要求准备垫条，标准高度台面的垫条统一用 25mm×35mm 的刨花板垫条，该型号垫条可由安装工人就近购买，标准宽度的台面垫条方式为柜体四周垫满，如图 6-5 所示。

如台面下方没有柜子，必须把垫条长度延伸至台面下挂边缘，且垫条之间的距离不能大于 50mm。如果地柜转角处放空，垫条必须深入转角，且在转角处墙上必须安装托架以固定台面垫条。

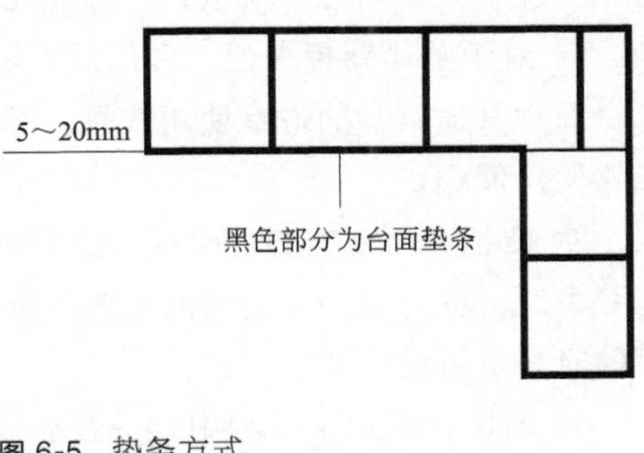

图 6-5　垫条方式

(2) 水磨石的拼接

① 胶水调配，台面板安装可使用环氧 AB 胶或云石胶、专用水磨石拼缝胶，胶水的使用必须按照产品使用说明书使用，且使用的胶水在保质期内，若胶水开始固化（结皮）则严禁使用。

② 用润湿后的毛巾或海绵清理水磨石板接口处油脂、铁锈等影响黏结的杂物，再将调配好的胶水均匀涂抹在水磨石接口处。

③ 安放两块台面时，要前后搓动台面，将缝隙挤压到细小和整齐，并保证两块板之间的平整，约 5～10min 后使用小刀片刮去接缝表面渗出的胶。若 L 形台面或超长台面需现场进行大面积的拼接，应使用强力玻璃夹具夹住两块大面挤压缝隙，夹具间的距离要求在 15～20cm，在胶水固化过程中，严禁移动所有的夹具。当台面呈 L 形或 U 形时，台面的拼接位置应该选择在角落。L 形的台面应由两块条形台面拼结而成。

④ 胶水完全固化后，拼接缝采用树脂磨片 1000＃、1500＃、2000＃、3000＃树脂金刚石水磨片进行抛光，再用渗透氟硅防护剂，进行涂抹补充。同时，可用手磨机装上百洁垫，用近中性结晶材料或者硬化剂进行缝边晶面修复，高光抛磨处理。

(3) 安装打胶　对于台面靠墙处必须均匀打上玻璃胶或瓷边胶，多余的玻璃胶或瓷边胶必须清理干净。将台面磨砂产生的灰尘清理干净（含柜门和柜内，特别是地柜内五金转角滑轨上的灰尘），用纸皮或珍珠棉将台面及柜体盖住，并用纸胶带固定好。清理完将台面见光面有加工打磨的位置，如各种边形、挡水，喷涂上油性抗污剂，24 小时后可以使用。

6.3.2　水磨石台面安装注意事项

① 橱柜的安装是在厨房装修的最后阶段进行，为了避免橱柜在装修之中被破坏，也为了避免橱柜安装影响厨房装修工程进展，应确保厨房内地面、墙面，以及顶部装修完成之后再进行橱柜台面安装。

② 橱柜是在厨房装修最后进行，而橱柜台面则是在橱柜安装的最后阶段安装，这主要是为了避免厨房装修后导致实际环境与橱柜设计之初的现场出现误差，橱柜台面无法安装。

③ 橱柜台面是整体安装在预留位置上的，为了避免预留位置的卫生状况，导致台面安

装不当。在安装橱柜台面之前，需要将安装现场进行彻底清扫，特别是预留台面安装位置的地面。

④ 橱柜台面的安装，一般采用的是拼接的方式，需要将台面安装在预留位置上，而拼接时对拼接缝隙的处理，就需使用专业的胶水保证台面接缝的密封性。

⑤ 在安装台面的时候，除了用专业的胶水将缝隙填平密实，为了接缝处的美观性，还可以让施工人员用打磨机进行打磨抛光，使得接缝处更加美观时尚。

⑥ 对于整体橱柜来说，台面需要配合其他厨具进行使用，因此在安装的时候也需要注意台面和其他厨具的搭配使用效果。例如台面和抽油烟机之间的距离约为750～800mm，才能够使用便利。

⑦ 橱柜台面在安装的时候，需要使用黏合剂，而黏合剂的凝固时间与温度有关，例如在夏季时，黏合剂的凝固时间约为30min，在冬季则凝固时间则需要60min以上，在安装台面的时候也需要注意这方面。

⑧ 橱柜台面加工过程中，一旦表面或者侧面见光位置磨损，都需要用油性渗透型防护剂做好防护。

6.3.3 水磨石台面板加工拼接安装要点

（1）平面拼接　水磨石台面板长度方向尺寸不大于板材时，不允许拼接，宽度方向尺寸不大于板材时，也不允许拼接，在超出了板材尺寸外的情况下，进行水磨石板的拼接。水磨石台面拼接时应使用与台面颜色配套的胶水。台面拼接处的反面需用加固条加固。台面转角处拼接一般采用直线拼接，除特殊情况不宜45°斜拼。安装后台面整体长度，尺寸允许偏差−5mm，宽度尺寸允许偏差±3mm，安装成品平整度允许偏差每米不大于1mm，拼接处允许高低落差不大于0.3mm。台面接驳后，作简单的表面清理，铲除拼缝处多余的胶水，无明显胶线即可。如需打磨，应依次从500#磨片开始打磨直至接近原板光泽度，并采用油性渗透型防护剂防护。

（2）边垂拼接　台面的边垂内外角拼接时，应选用相同材料的板块，拼接位应打磨平整并清理干净，操作时不能用手触摸接触面。边垂宜采用挡水条与台面板直接黏结的方式，推荐采用在挡水条上开一条10mm×8mm的小槽。在台面板的边缘，用T形刀开出3mm×7mm边形，再用胶水黏结的方式使边垂内角加工成一个半径不小于25mm的圆弧。边垂拼接高度尺寸允许偏差±2mm，接驳处高度差允许值不大于1mm，边缘缺口、爆边不大于1mm。拼接时，应采用F形夹或A字形夹紧固，F形夹的间距宜为100mm～120mm，A字形夹的间距宜为80mm～100mm，并注意接驳面边缘的叠合性。所有固定用工具应夹持至胶水完全硬化，拼接边缘多余的胶水应打磨平整，并采用油性渗透型防护剂防护。

（3）后挡水拼接　转角处挡水宜采用45°拼接处理。现场安装后挡水应采用透明防霉玻璃胶与台面黏结，黏结后无松动，且胶线不明显。挡水与台面间间隙小于0.5mm。后挡水拼接高度尺寸允许偏差±2mm，接驳处高度允许值不大于1mm。边缘缺口、爆边不大于1mm。

（4）水槽拼接　水槽开孔后应修边处理，保持孔口光滑。水槽开孔处应为半径不小于

60mm 的圆角，开孔位应采用不小于 100mm×100mm 的加固块加固。水槽开孔边缘直线距离不小于 300mm。水槽开孔左右位置开在水槽柜正中央。水槽开孔采用台面和水槽中心线定位，保证开孔边缘最少由台面见光位向内 80mm。打磨处理，应待胶水完全固化。打磨后水槽口应与台面保持平整，并进行抛光处理。水槽与台面相接处应用透明防霉玻璃胶密封。

（5）炉灶拼接　炉灶开孔后，应进行修边处理，保持孔口光滑。炉灶开孔处应为半径不小于 60mm 的圆角，开孔位应采用不小于 100mm×100mm 的加固块加固。炉灶开孔边缘直线距离不小于 300mm。炉灶开孔左右位置开在炉灶柜正中央。炉灶开孔采用台面和水槽中心线定位，应保证开孔边缘最少由台面见光位向内 80mm。炉灶下部与台面的间隙应不小于 5mm。

6.3.4 水磨石台面保养

（1）台面保养　尽管水磨石作为专业台面材料，有着其他材料所难以比拟的综合优点，但任何指标都是相对的，没有任何一种材料可以承受破坏性的使用，在使用时应注意以下事项，尽量保护好台面，避免因使用不当而导致台面损坏。

① 尖锐利器可能会对表面材料本身造成伤害；

② 局部过热高温会对台面表面及内在材质造成伤害；

③ 重物冲击会损坏台面；

④ 长期进行紫外线照射，会影响水磨石台面的表面光泽度，局部照射可能留下色斑；

⑤ 若遇到墨水、咖啡、茶水、油等易染色物质污染水磨石时，应及时清洁，以免影响外观；

⑥ 如果台面使用的清洁剂浓度太高，请用清水做最后的清洁，必要时可以使用刀铲刮去表面的滞留物。

（2）污渍清洁

① 茶叶水渗入清洁。水磨石台面有茶叶水渗色的情况，处理起来很简单，将除油剂或万能清洗剂喷洒在渗色处，过十分钟后用百洁垫处理即可。茶叶水渗色，不代表水磨石的品质差，也有可能是茶叶中色素引发对水磨石染色。

② 一般污渍清洁。水磨石是一种人工合成的实体无毛细孔的密实材料，抗污力强，大部分污渍对水磨石不构成大威胁。日常只需要简单地进行清洁维护即可，比如水磨石台面上有水渍或大片污渍时，可用湿抹布加弱碱性或中性清洁剂，或肥皂水擦拭除去。

③ 顽固污渍清洁。对那些顽固污垢，去污要根据水磨石台面不同的表面情况来进行。光洁表面，采用去污清洁剂沿圆形打磨后清洗，再用干毛巾擦干，一段时间后，用百洁布将整个台面清洗一遍，以保持表面光洁。

亚光表面，用百洁布蘸非研磨性的中性或弱碱性清洁剂沿圆形方向摩擦，再用毛巾擦干，并用非研磨性抛光物，增强表面效果。

高光表面，用海绵和非研磨性的亮光剂摩擦，若是较难去除的污垢，可采用 1000 目或 1500 目砂纸打磨，再用软布和亮光剂使其光亮。1000 目或 1500 目砂纸打磨后，再用软布和亮光剂使其光亮，最后用油性渗透型防护剂涂刷保护。

6.4 水磨石墙面安装施工

6.4.1 墙面干挂施工方法

（1）材料的选择

① 安装附件、膨胀螺栓、连接铁件、连接不锈钢针等配套的铁垫板、垫圈、螺帽及与骨架固定的各种设计和安装所需要的连接件的质量，必须符合国家现行有关标准的规定。

② 槽内填充胶、幕墙用环氧胶黏剂 AB 胶，或中性硅酮耐候胶、结构胶或密封胶，在使用前必须进行黏结力和相容性实验。

③ 云石胶仅用于快速定位，修补水磨石缺陷。

④ 嵌缝胶采用中性硅酮耐候密封胶。

⑤ 干挂建议 800mm×800mm×20mm，湿贴 600mm×600mm×15mm。

（2）主要工具机具　砂浆搅拌机，手提石材切割机，角磨机，电锤，手电钻，手推车，2m 铝合金靠尺，1m 水平尺，ϕ0.4～0.8mm 铅丝，粉线包，墨斗，小白线，钢卷尺，开刀，方尺，线坠，拖线板，铝合金刮尺，台钻，力矩扳手，开口扳手，嵌缝枪，钢錾子，无齿切割锯。

（3）现场开槽加工的要求　侧边短槽安装时，两短槽应开在厚度方向正中位置，通常将板的开槽边四等分，槽的中心线跟板边沿的距离等于板长的 1/4～1/5，但同时保证两短槽边距离水磨石板两端部的距离不应小于水磨石板厚度的 3 倍，也不宜大于 180mm，短槽的有效长度不应小于 50mm，在有效长度内槽口的深度不宜小于 20mm，槽宽宜为 6～7mm。槽内应干燥，光滑，洁净。关于槽中配装的挂件厚度，不锈钢材质的不小于 3mm，铝合金材质的不小于 4mm。

① 侧边短槽安装加工如图 6-7 所示。

② 采用背栓式连接的水磨石加工，其四个支撑点的最佳位置处于距离长边边长 1/5 与短边边长 1/5 的交点上，背栓拓孔操作时，必须严格按照背栓厂家提供的工艺执行。

③ 通槽式安装须用设备开槽，槽宽宜为 8mm，槽口深度不宜小于 20mm，槽口应打磨成 45°，槽内应干燥、光滑、洁净。

（4）主体结构验收　主体结构施工完毕，并经过验收，搭设双排架子或架设吊篮，并经安全部门检查验收。

水磨石幕墙与主体结构连接的预埋件，应在主体结构施工时，按设计要求预先埋设。预埋件应埋置牢固，位置准确，不可漏埋。预埋件的位置偏差应小于设计的允许值。当设计无明确要求时，预埋件的标高偏差不应大于 10mm，位置偏差不应大于 20mm，进出偏差不应大于 15mm，当预埋件偏差超出以上要求时，应有合理的预埋件修补和弥补方案。

对于施工人员进行技术交底时，应强调技术措施、质量要求和成品保护，大面积施工前应先做样板，经质检部门鉴定合格后，方可组织班组施工与水磨石饰面施工相关联的隐蔽工程的验收。

作业人员、架子工、机运工、电工、焊工必须持证上岗，主要作业人员必须有过三项以上或同类型分项工程施工经历，所有施工人员均已接受工地技术安全培训和教育。

(5) 安装施工　干挂水磨石施工主要有短槽式、钢针式和背栓式，工艺流程一般为：测量定位放基准线⟶预埋件支座安装⟶金属骨架安装⟶水磨石板块安装⟶嵌缝处理或打胶⟶清理墙面⟶工程验收。

其中水磨石板材的安装工艺流程为：水磨石板材打孔或开槽⟶孔槽注胶⟶安装挂件⟶挂装板材⟶调整就位。安装结构如图6-6所示。

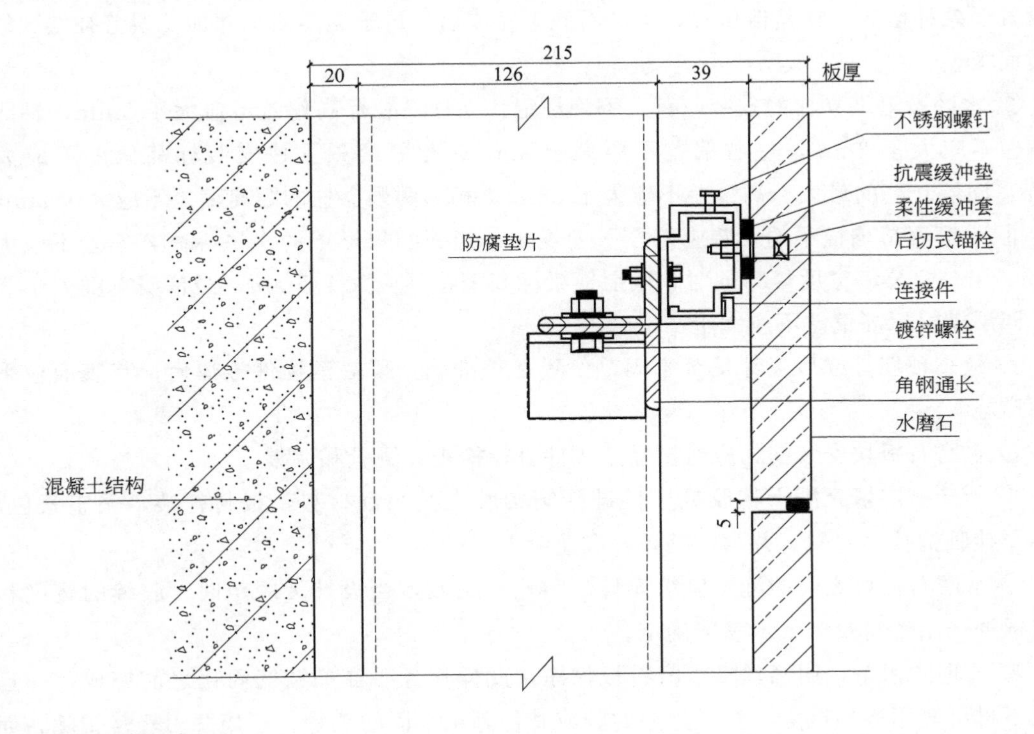

图6-6　安装结构示意图

如果该构件的尺寸大于1000mm，开三个以上的干挂槽，中间干挂槽内填补干挂胶，两端干挂槽内采用柔性更好的硅酮结构胶来填，干挂胶可用于包覆干挂件并接触到水磨石和龙骨。施工过程中，可用云石胶进行快速定位和补胶，绝对不能使用云石胶、大理石胶等用在水磨石与金属挂件之间的连接。

其中宽缝的嵌缝工艺流程为：板缝清理⟶板缝清扫⟶贴胶带纸或美纹纸⟶填泡沫棒⟶注胶⟶修理⟶撕去胶带⟶修胶缝。以下为可选步骤，一般情况下可不需要做。

干挂安装虽然牢固，但是敲击时会给人空鼓、不实的感觉，尤其1.5m以下区域，为了预防儿童或行李车之类冲撞，用户可以用填充普通水泥砂浆填实，其方法如下。

对异形件与墙面间空隙进行仔细勘察，封闭掉地面、侧面等可能泄露砂浆的宽缝隙。填充砂浆为水泥：砂≤1：5，不宜加太多水，坍落度小于 50mm；每填充 10～20cm 高度时，使用窄木板、竹片等将砂浆拨匀、捣实。

填充 30～40cm 高的砂浆时，用木片、纸片将其盖住，实现垂直分割，另外还在板之间垂直接缝处，将木片条平面跟水磨石板面垂直，垂直往下插，直到在高度上将各块板面分割开，实现水平分隔形成有区隔的水泥砂浆块，继续填充砂浆，用竹片捣实操作，直到填充完全。

（6）注意事项

① 水磨石幕墙安装的放线，一般宜从中间往两侧展开，并通过调整分格尺寸，逐渐分解或减少主体结构施工偏差和测量累计误差。当偏差过大时，可在水磨石幕墙的阳角或阴角处设置误差补偿区。在其他位置，水磨石施工完成后，再根据实测尺寸加工误差补偿区的水磨石面板。

② 水磨石幕墙立柱的安装应符合下列规定：立柱安装标高偏差不应大于 3mm，轴线前后偏差不应大于 2mm，左右偏差不应大于 3mm，相邻两根立柱安装标高偏差不应大于 3mm，同层立柱的最大标高偏差不应大于 5mm，相邻两根立柱的距离偏差不应大于 2mm。

③ 水磨石幕墙横梁的安装应符合下列规定：相邻两根横梁的水平标高，偏差不应大于 1mm，当一幅幕墙宽度≤35m 时，同层横梁标高偏差不应大于 5mm，当幕墙宽度大于 35m 时，同层横梁标高偏差不应大于 7mm。

④ 检查预埋件或后置件是否牢固，位置是否准确，幕墙钢构件施焊后，其表面应采取防腐措施。

⑤ 水磨石板块安装前，应对横竖连接件进行检查、测量和调整。

⑥ 干挂槽内填充满干挂胶或中性硅酮结构胶之类柔性材料，板材挂装、调整就位后，使用干挂胶把挂件包覆，并满涂到板材和龙骨上。

⑦ 水磨石板块之间的缝隙应填充硅酮耐候密封胶，当设计无规定时，胶缝的宽度和厚度应根据选用密封胶的技术参数确定。

⑧ 清理防污条，用棉丝将水磨石板擦净，此操作务必在黏结剂固化之前完成，一旦固化就不再可能用溶剂擦除。对于外溢的胶或其他黏结牢固的杂物，可用开刀轻轻铲除，而后用棉丝蘸有机溶剂擦至干净，若仍除不干净，可采取晶面养护或翻新打磨措施除去。后期，保洁时应选购中性清洁剂，不能使用洁厕灵之类酸性或碱性清洗剂清理板材。

6.4.2 简易干挂施工方法

（1）适用范围　适用于板材标称厚度大于或等于 20mm，单边标称尺寸小于或等于 1200mm。基底低于 3m 的室内墙面，且墙体强度高（如红砖墙、混凝土墙等）、膨胀螺栓安装后不松动。

（2）材料的选择　安装附件、膨胀螺栓、连接铁件、连接不锈钢针等配套的铁垫板、垫圈、螺帽及与骨架固定的各种设计和安装所需要的连接件的质量，必须符合国家现行有关标准的规定。

槽内填充胶、幕墙用环氧胶黏剂AB胶，或中性硅酮耐候胶、结构胶或密封胶，在使用前必须进行黏结力和相容性试验。云石胶仅用于快速定位，修补水磨石缺陷。嵌缝胶，采用中性硅酮耐候密封胶。

主要工具机具有：砂浆搅拌机，手提石材切割机，角磨机，电锤，手电钻，手推车，2m铝合金靠尺，1m水平尺，ϕ0.4～0.8mm铅丝，粉线包，墨斗，小白线，钢卷尺，开刀，方尺，线坠，托线板，铝合金刮尺，台钻，力矩扳手，开口扳手，嵌缝枪，钢錾子，无齿切割锯。

（3）施工工艺

① 水磨石板材开槽处理。短槽可以在厂家用设备开槽，也可以在现场用手提式切割机进行开槽处理，短槽的有效长度不应小于100mm，也不宜大于140mm，在有效长度内槽口的深度不宜小于20mm，宽度宜为7mm，且不宜大于12mm，槽口应打磨成45°，槽内应干燥、光滑、洁净。

两短槽边距离水磨石板两端部的距离不应小于水磨石板厚度的3倍，且不应小于85mm，也不宜大于180mm，如图6-7所示。

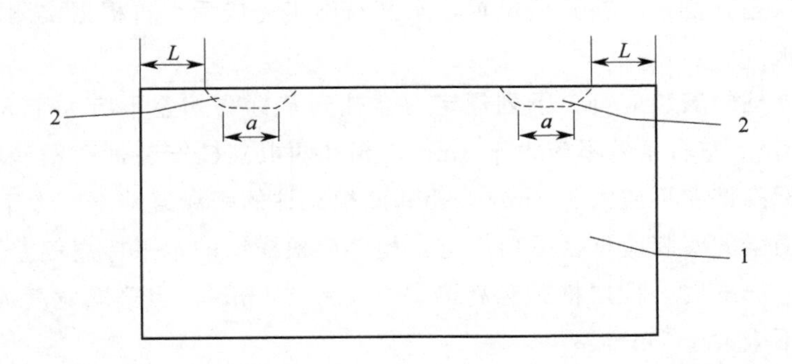

图6-7 短槽位置示意图

1—水磨石板材；2—短槽，槽内注胶并安装挂件；L—槽边距离两端部的距离；a—短槽的有效长度

② 槽内填充胶。按照国家标准《金属与石材幕墙工程技术规范》，开短槽内必须填环氧树脂基的干挂胶，而采用柔性更好的硅酮结构胶来填槽，效果也非常好。再把挂件的嵌入部分，嵌入到填充完胶后的槽内，待胶体固化后即可进行下一步工序。

如果该构件的尺寸大于1000mm，开三个以上的干挂槽，中间干挂槽内填补干挂胶，两端干挂槽内采用柔性更好的硅酮结构胶来填充。干挂胶可用于包覆干挂件，并接触到水磨石和龙骨。施工过程中，可用云石胶进行快速定位和补胶，绝对不能使用云石胶、大理石胶等用在水磨石与金属挂件之间的连接。

③ 测量定位打孔。安装好挂件后，把需安装的板材架到墙上，调整好位置，标好干挂件定位孔与墙体接触位置，就可以用冲击钻进行打孔处理。

④ 挂装板材并调整就位。打孔后，就可以用膨胀螺丝把板材定位挂装到墙体上，如若需要调整水平位置，可以调整干挂件在墙体中的深浅。

⑤ 填充水泥砂浆。这种简易干挂安装后的板材，敲击时会给人空鼓、不实的感觉，尤其1.5m以下区。为了预防儿童或行李车之类冲撞，用户可以用填充普通水泥砂浆填实，其方法如下。

对异形件与墙面间空隙进行仔细勘察，封闭掉地面、侧面等可能泄露砂浆的宽缝隙。填充砂浆为水泥：砂≤1：5，不宜加太多水，坍落度<50mm，每填充10～20cm高度时，使用窄木板、竹片等将砂浆拨匀、捣实。填充30～40cm高的砂浆时，用木片、纸片将其盖住，实现垂直分割，另外还在板之间垂直接缝处，将木片条平面跟水磨石板面垂直，并垂直往下插，直到在高度上将各块板面分割开，实现水平分隔，形成有区隔的水泥砂浆块，继续操作，直到填充完全内部空隙。

⑥ 清理并嵌缝处理。板材干挂完成后就是嵌缝处理，先把板材之间的缝隙清扫干净，沿着板缝贴胶带和美纹纸，然后往缝里灌注填缝胶，然后修理平整胶缝，使之与板材平整，最后撕去胶带。

（4）注意事项　水磨石幕墙安装的放线，一般宜从中间往两侧展开，并通过调整分格尺寸逐渐分解或减少主体结构施工偏差和测量累计误差。当偏差过大时，可在水磨石幕墙的阳角或阴角处设置误差补偿区。在其他位置，水磨石施工完成后，再根据实测尺寸加工误差补偿区的水磨石面板。

水磨石幕墙立柱的安装应符合下列规定：立柱安装标高偏差不应大于3mm，轴线前后偏差不应大于2mm，左右偏差不应大于3mm，相邻两根立柱安装标高偏差不应大于3mm，同层立柱的最大标高偏差不应大于5mm，相邻两根立柱的距离偏差不应大于2mm。

水磨石幕墙横梁的安装应符合下列规定：相邻两根横梁的水平标高偏差不应大于1mm，当一幅幕墙宽度≤35m时，同层横梁标高偏差不应大于5mm，当幕墙宽度大于35m时，同层横梁标高偏差不应大于7mm。

检查预埋件或后置件是否牢固，位置是否准确，幕墙钢构件施焊后，表面应采取防腐措施。水磨石板块安装前，应对横竖连接件进行检查、测量和调整。

干挂槽内填充满干挂胶或中性硅酮结构胶之类柔性材料，板材挂装、调整就位后，使用干挂胶把挂件包覆，并满涂到板材和龙骨上。

水磨石板块之间的缝隙应填充硅酮耐候密封胶，当设计无规定时，胶缝的宽度和厚度应根据选用密封胶的技术参数确定。

清理防污条时，用棉丝将水磨石板擦净，保洁时应选购中性清洁剂，不能使用洁厕灵之类酸性或碱性清洗剂清理板材，若有胶或其他黏结牢固的杂物，可用开刀轻轻铲除，用棉丝蘸有机溶剂擦至干净，若仍除不干净，可采取晶面养护或翻新打磨措施除去。

6.4.3 墙面湿贴施工方法

1）立面施工

立面施工包括墙面、柱面、门窗套、踢脚线等施工。立面施工构造做法如图6-8所示。立面施工工艺流程以墙面、柱面施工为例介绍如下，其他部位的仅叙述其特殊要求。

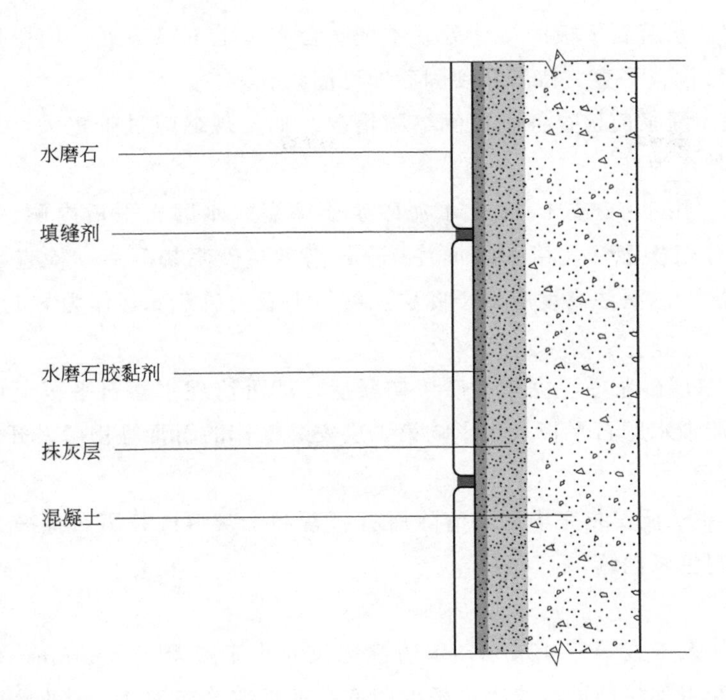

图 6-8 立面施工构造做法

① 施工准备。施工前，要清理施工现场，检查施工机具准备情况，并清扫施工场面，剔出或埋入钢筋。根据设计要求，检查水磨石平板规格尺寸和其他质量，并先在地上进行试拼，校正尺寸，统一编号。检查同水磨石平板相交接的构件情况。

② 弹线，找平，找直。首先在墙面、柱面、门窗套等上面，弹好水平线，再用线坠找出垂直线，在地面上弹出水磨石平板外廊尺寸线，已安装好的水磨石，以外表面为基准，检查建筑物的垂直和平整情况，如凸凹过大，达不到设计要求时，要进行剔凿修理。

③ 粘贴。小规格水磨石平板（边长不足 40cm）立面高度不超过 1m 时，可采用粘贴方法。先用 1∶3 水泥砂浆打底，刮平找出规矩，厚度约 12mm，底子灰表面划毛，底子灰抹完后，一般养护 1～2d，待凝结后，方可将已润湿的平板抹上厚度为 2～3mm 的素水泥浆进行粘贴，并随时用靠尺找平找直。

④ 绑扎钢筋。大规格水磨石平板（边长 40cm 以上）或粘贴高度超过 1m 时，可采用安装方法，即进行包括绑扎钢筋等在内的以下工序。水磨石平板安装前按设计要求，在预留砂坑处，穿上铜丝或镀锌铅丝。事先在基层表面绑扎好钢筋网，并同结构预埋铁件绑扎牢固。再根据水磨石平板分块要求，绑扎横向钢筋。

⑤ 排板。按设计要求，将水磨石平板对号入座，试排次序。

⑥ 就位安装。按次序就位安装第一层平板，将水磨石平板后面的铜丝或镀锌铅丝与钢筋绑扎。用木楔子将平板垫稳，用尺找平、找方、找直，为其余各层平板的安装打好基础。

⑦ 临时固定。水磨石平板的接缝处、木楔垫位置、上下口等处，均用熟石膏临时粘贴固定，并随时用尺检查平直，待石膏硬固后即可灌浆。

⑧ 接缝处理。灌浆前检查各平板间缝隙情况。如发现缝隙过于宽大，应及时处理，以保持水泥砂浆不外流为准。

⑨ 分层灌浆。用 1∶2 或 1∶2.5 水泥砂浆徐徐灌入水磨石平板内侧，不要碰动平板，一般尺寸平板应分三次灌注。第一层灌注 15cm 高度。砂浆初凝后，检查水磨石平板无移动，再灌注第二层。总灌注高度应低于此层水磨石平板上口 5cm，作为与上层水磨石平板灌浆时的咬合部。

⑩ 养护。第三层砂浆灌注完毕，砂浆初凝后，即可清理水磨石平板上口余浆及个别缝隙的漏灰。隔天清理水磨石平板上口影响第二层安装操作的石膏等物后，开始第二层平板的安装工作。

⑪ 嵌缝。全部平板安装完毕后，清除所有石膏和余灰痕迹，用布擦净表面，并按水磨石面灰颜色，调制色浆擦缝。

2）适用范围

板材标称厚度大于或等于 15mm，单边标称尺寸小于或等于 800mm，低于 2.5m 的墙面，使用水磨石专用胶黏剂进行施工（根据国家标准规定，高于 2.5m 的墙面，必须使用干挂施工）。

3）黏结材料

水磨石铺贴宜采用专用胶黏剂品牌，如果要使用其他品牌的产品应注意：水泥基胶黏剂，其拉伸黏结强度不小于 1.0MPa；反应型树脂胶黏剂，其压剪黏结强度不小于 10MPa。水磨石填缝剂，宜采用柔性的填缝剂，如中性硅酮耐候胶等。

4）使用工具

包括搅拌桶、电动搅拌机、锯齿镘刀、油灰刀、橡皮锤、水平尺、十字定位器（控制接缝宽度）等。

5）材料用量

使用 10mm×10mm 锯齿镘刀，涂刮胶黏剂厚度不小于 5mm，胶黏剂的使用量约 6～8kg/m^2，墙面填缝剂用量一般在 80～120g/m^2。

6）施工工艺

（1）基面处理　检查基面平整度，未达到平整度要求时，需对基层进行预处理。平整度检测需使用 2m 靠尺，保证平整度在 3mm 以内，清理基面污垢、浮灰、油污等，彻底清扫浮灰，确认基面坚固干燥，含水率不低于 3%。

如果基准面强度低，如加气混凝土、灰砂砖、粉煤灰砖、空心砖、围边墙等吸水性强、水分散失快的部位，湿贴之前必须使用界面剂，特别是双组分的丙烯酸类界面剂，其有良好的保水，增强黏结力的作用，可防止胶黏剂失水过快、水化不完全的现象发生。

（2）胶黏剂浆料准备　按胶黏剂使用说明调配胶黏剂，在容器中搅拌均匀（搅拌 3min 以上）至呈膏状，静置 5～10min 后，稍加搅拌即可涂布铺贴。搅拌好的胶黏剂必须在 1h

内使用完毕，板材背后涂上胶黏剂后，需在10min内铺贴。切忌不要加入太多的水，否则会引发黏结强度降低等问题。

(3) 涂布胶黏剂　使用潮干抹布清理板材背面浮灰，至手掌触摸无浮灰。一般采用双面涂抹法，先在墙面涂抹一层胶黏剂，再将胶黏剂浆料涂抹在水磨石背面，并用锯齿镘刀以45°角梳理成饱满并连续不间断的齿条状膏料，边角要涂饱满。

(4) 铺贴　将板材四周平稳贴在墙上，对准纵横缝，充分揉压，用橡皮锤小心敲实，锤击板材时，注意不要敲击板材边角，拍打时加垫木块更好，以防止冲击震松。

由于胶黏剂固化需要一定时间，一般需采用逐层向上的顺序铺贴水磨石，铺贴上一层时，要确认下一层黏结强度足够高。对于边长800mm、厚度18mm水磨石，需要增加辅助的机械锚固措施，上侧边加锚固铁片，水磨石背后用环氧树脂胶或锚栓上铁片，然后再将铁片钉到墙上。也可以使用挂拴铜丝的方式，开槽后用铜丝将板材拴到钉子或锚栓上。

(5) 留缝　水磨石铺贴时需设计预留膨胀缝，以利于水分蒸发，释放膨胀应力。建议膨胀缝宽3mm（以800mm×800mm尺寸为例，尺寸越大留缝越大），铺贴小尺寸水磨石（边长≤500mm）时，可降到1～2m。大面积铺装时，纵横每5～8m需设3～8mm的伸缩缝，以防墙体结构体的收缩导致水磨石凸起或破裂。

(6) 填缝　铺贴三天后方可进行勾缝操作，填缝前需要仔细清理水磨石缝隙内的灰尘、污渍等，防止地面后期出现黑缝、黑边现象。在工程清场，墙面灰尘清理干净后再填缝操作，效果更佳。填缝操作过程中，需及时清理粘附到板材表面的多余填缝材料。

6.5 装配化部品水磨石安装施工

装配化部品水磨石，是综合装饰功能、结构功能为一体的新型材料。其板材规格工整，整体性好，使其与其他装饰材料融为一体，达到建筑的整体装饰效果，可以快速装配安装，极大地提高施工效率，降低结构厚度，扩大使用面积，减轻墙体自重，提高建筑的综合经济效益，适合建筑产业现代化需求。部品水磨石包括功能隔墙板、L形楼梯、弧形墙面板、弧形踢脚板等。

6.5.1 装配化部品水磨石的特点

装配式化部品水磨石是由车间生产加工完成，现场装配作业，大大减少现浇作业工作量；采用建筑及装修一体化设计、施工，理想状态是装修可随主体施工同步进行；利于设计的标准化和管理的信息化；构件越标准，生产效率越高，相应的构件成本就会下降，配合工厂的数字化管理，整个装配式建筑的性价比会越来越高；符合绿色建筑的要求。

一体化部品隔墙安装后重力传递至合金龙骨，可靠性非常高，整体承载能力达到或超过普通砖砌体的承载能力，弹性模量低，利于冲击能吸收，是安全、环保、与建筑同寿命的装饰材料。一体化部品隔墙适用于室内分室隔墙，灵活性强。采用中空填充设计，质地轻，降低建筑物自重，减少砖的使用，降低环境污染。成品内部填充环保隔声无机材料，是集防火、隔热、隔声、保温、装饰于一体的装饰隔墙。对于隔墙或结构墙面，专用部件快速调平墙面，安装拆卸简便，作为板材可循环使用。多种表面处理工艺，如壁纸、木纹、石材可实现多种效果表达。

“L”形楼梯、弧形墙面、弧形踢脚板按照工程图纸现场勘测，集中在工厂设计制造、加工，现场无二次加工，直接采用干挂、湿贴方式安装，灵活多变。成品整体效果好，尤其适用于墙体、地面整体式装修。

6.5.2 装配化部品水磨石原材料及设备

装配式一体化部品水磨石使用部分原材料包括：水泥（普通硅酸盐水泥、白色硅酸盐水泥），砂（石材生产尾料、石英开采尾料矿、废陶瓷、废玻璃），粉（回收石粉），外加剂。配套装配式一体化部品水磨石生产设备：模具/固定件（成型模具）、模台（模具成型），见图 6-9、图 6-10。

图 6-9 振动模台

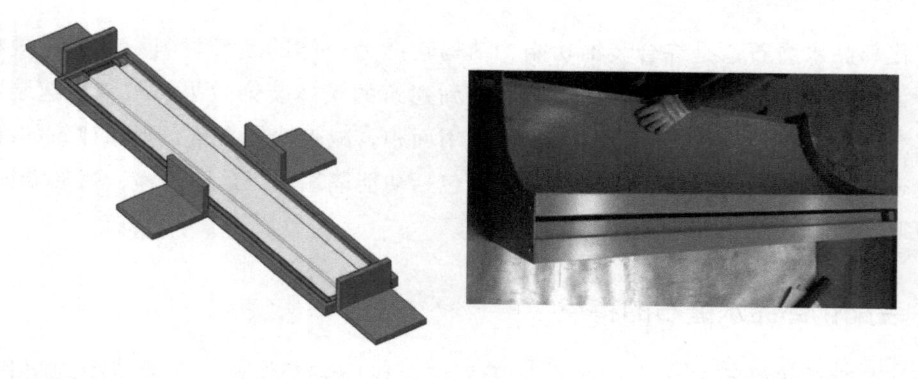

图 6-10 成型模具

6.5.3 装配化部品水磨石生产工艺

（1）装配式一体化部品水磨石隔墙生产工艺　钢筋加工，根据设计图纸配筋图选择钢筋及加工形式；模具安装固定，钢筋定位；材料搅拌，根据产品配合比设计及核算表计算材料质量，依次加入骨料、胶凝材料、外加剂及水；材料浇筑入模，振动成型；自然养护 2d，同条件试件测试，符合设计强度拆除模具；定厚，切割；装饰面补孔，表面处理。

（2）装配式一体化部品水磨石楼梯、踢脚板、异形墙面生产工艺　根据设计要求加工相应模具（标准件使用标准模具）；模具处理、再加工，安装固定；材料搅拌，根据产品配合比设计及核算表计算材料质量，依次加入骨料、胶凝材料、外加剂及水；材料浇筑入模，振动成型；自然养护 2d，同条件试件测试，符合设计强度拆除模具；根据构件形状选择加工设备，平面优先使用磨抛线，外弧面优先使用机械辅助，内弧面使用多功能设备。根据设计要求选择专用的补孔材料及表面处理，然后定厚、补孔、切割、开槽及填装防滑条。图 6-11 为装配式一体化部品加工的 L 形楼梯。

图 6-11　木制模具成型 L 形楼梯

部分装配式一体化部品加工成品如图 6-12 所示。

6.5.4 装配化部品水磨石的安装

（1）装配式一体化部品水磨石隔墙的安装　地面找平，龙骨底座按照图纸定位，龙骨面通过固定螺栓找平，竖龙骨垂直；下层平板安装，按照编号对称安装两侧两块平板，掐紧卡扣放置在龙骨上，调整卡扣位置调整板面垂直、平整；平板调校完成对称安装弧形板，保证弧线顺直，调整位置保证板面垂直。弧形板边缘与平板平顺连接，相差过大使用打磨机适当修饰弧形板边缘，卡紧安装卡扣；使用专用补缝材料填充拼缝，保证胶面平顺；上层板安装

图 6-12　成型后的 L 形、弧形、整体异形水磨石产品

与下层板相同，垂直、平面调整参照下层板面，保证对接面顺直、平整；通过预留孔道灌注填充材料至观察孔溢料。

（2）装配式一体化部品水磨石楼梯踏步的安装　楼梯是建筑物中最常用的建筑构件，它是连通不同标高的建筑平面，由一个或若干个连续的梯段和平台组成。装配式一体化水磨石楼梯是现代新型建筑最常用的一种楼梯。

（3）装配式一体化水磨石楼梯的分类　装配式楼梯通常有预制混凝土楼梯、钢结构楼梯，预制混凝土楼梯又分为板式楼梯和梁板式楼梯两类，预制混凝土楼梯的高度一般 2800～3000mm，楼梯投影长度一般在 4900～5420mm 之间。水磨石楼梯装饰效果如图 6-13 所示。

图 6-13　水磨石楼梯装饰效果

（4）装配式楼梯的组成

① 踏步，是踏步面和踏步踢板组成的梯级，有些钢结构的踏步不带踢板，预制混凝土楼梯踏步宽度一般为 260mm、280mm、300mm，踏步踢板的高度一般为 170mm 左右。

② 扶手，是附在墙上或栏杆上的长条配件，扶手的高度一般大于 1000mm，通常 1100mm 或者 1200mm，如图 6-14 所示。

图 6-14 水磨石楼梯扶手装饰

图 6-15 水磨石楼梯与钢结构的结合

③ 栏杆，是布置在楼梯段和平台边缘，有一定刚度和安全度的拦隔设施，如图 6-15 所示。

④ 楼梯井，四周是楼梯和平台内侧面围绕的空间。

（5）装配式一体化水磨石楼梯的安装　预制混凝土楼梯上面安装 L 形楼梯踏步，这种 L 形踏步先在工厂进行预制完成，再在现场进行铺贴安装，如图 6-16 所示。

图 6-16 水磨石楼梯的安装

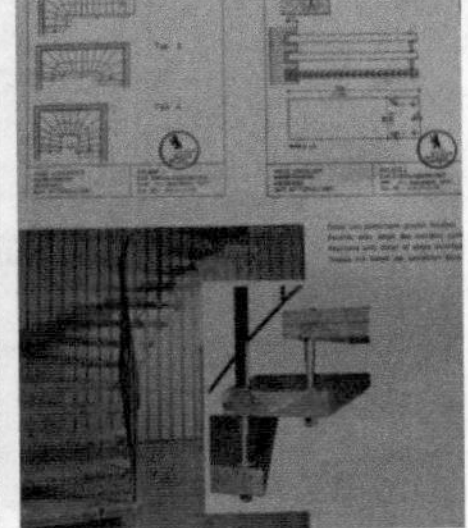

图 6-17 水磨石楼梯的螺栓安装

钢结构装配式一体化水磨石安装是通过钢筋骨架结构以螺栓或焊接的方式与预制好的平板踏步或者 L 形踏步连接固定，如图 6-17 所示。

四个装配套，焊接在直径 5mm 的钢筋骨架，如图 6-18 所示。

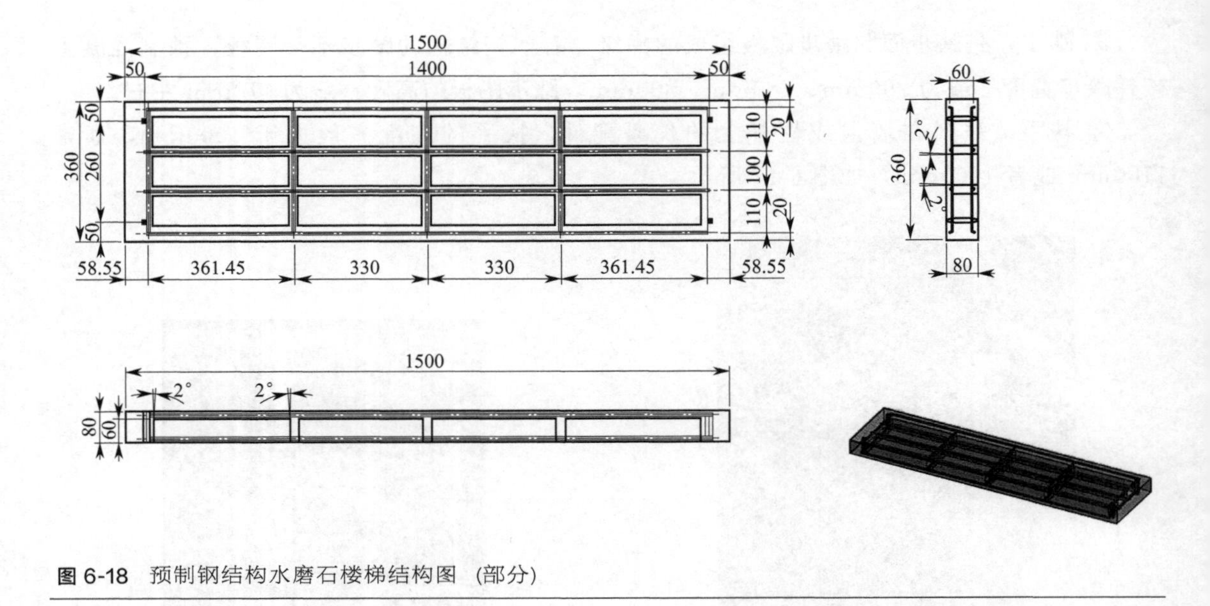

图 6-18 预制钢结构水磨石楼梯结构图 (部分)

(6) 装配式一体化水磨石窗框 装配式一体化水磨石窗框在钢结构建筑中有非常好的装饰效果，同样的原理也可应用在门框中，如图 6-19～图 6-24 所示为窗框组合示意图。

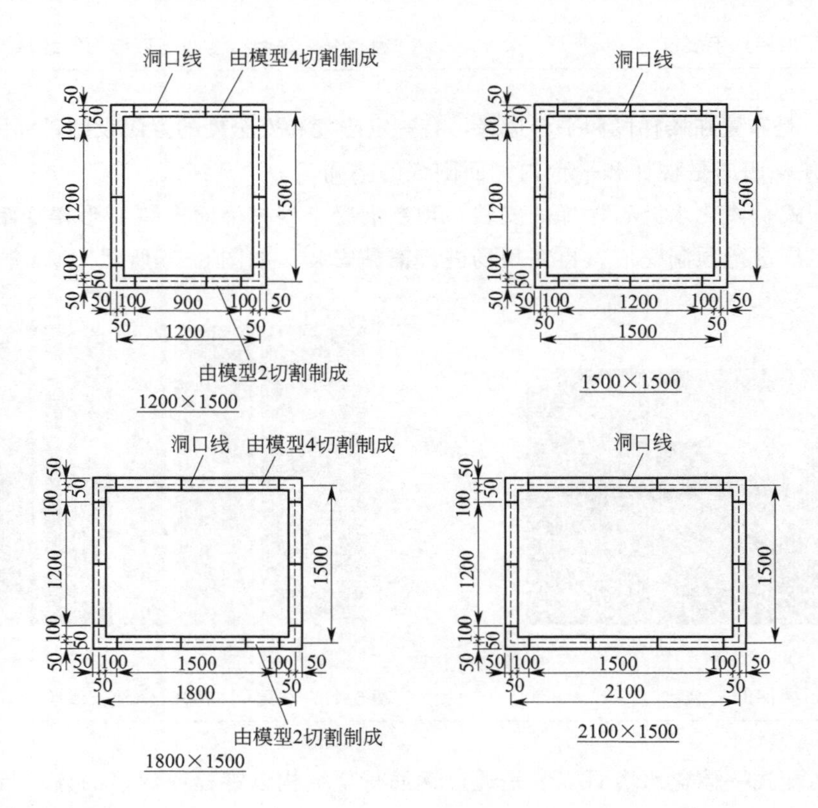

图 6-19 窗框组合示意图

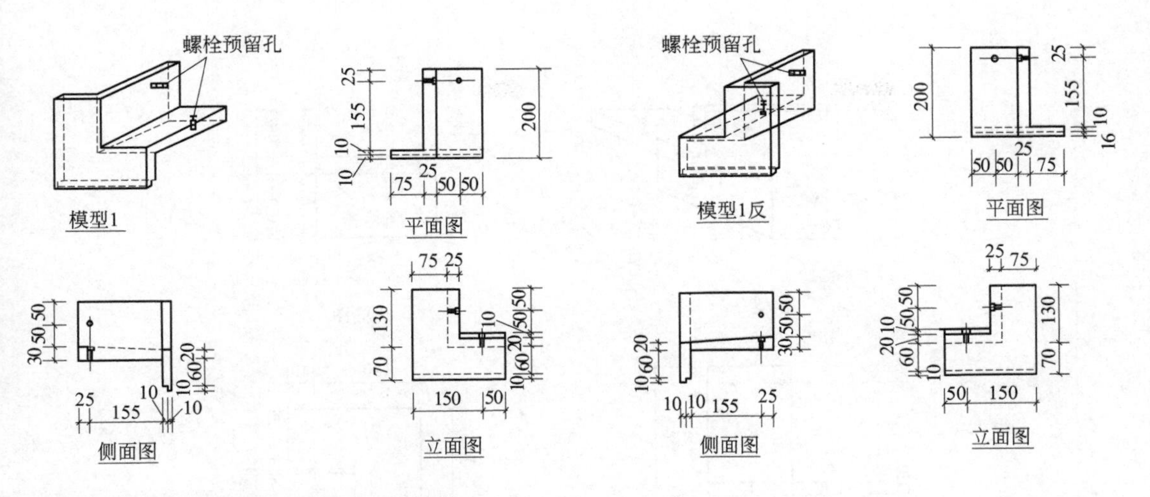

图 6-20 窗框组合模型 1 和模型 1 示意图

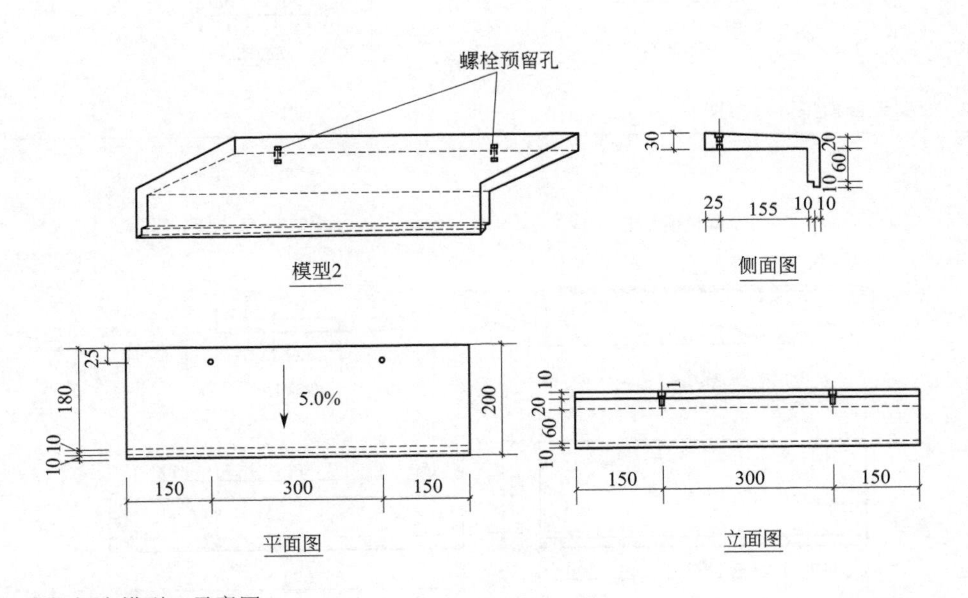

图 6-21 窗框组合模型 2 示意图

一体化设计是工厂化生产和装配化施工的前提，随着预制率的加大，施工安装的精准度要求也逐渐增加。在合理的技术方案且系统集成度较高的前提下，高预制率能带来规模化、集成化的生产和安装，可加快生产速度，降低生产成本，提高产品品质，降低能源消耗，因此需要通过系统的适宜方案选择来确保项目更具科学性、系统性。装配式部品设计应遵循：使用年限较短部品维修和更换不破坏使用年限较长部品；用户专用部品维修更换不影响公用部品；用户专用部品维修更换不影响其他用户。

当前装配式装修的市场需求并不明显，装配式在建筑设计、建造阶段正在一定范围内开展，对室内装饰装修的传导还需一个过程；装配式装修所涉及的范围有限，当前

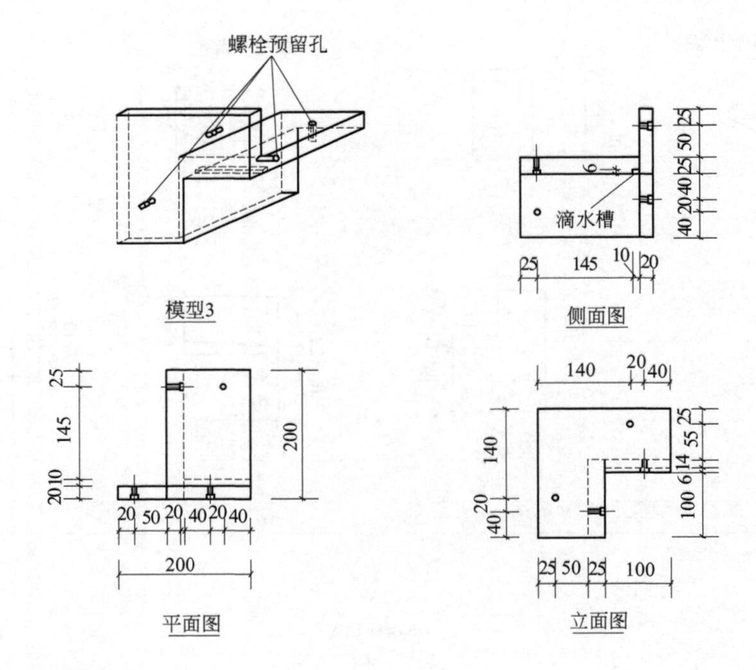

图 6-22　窗框组合模型 3 示意图

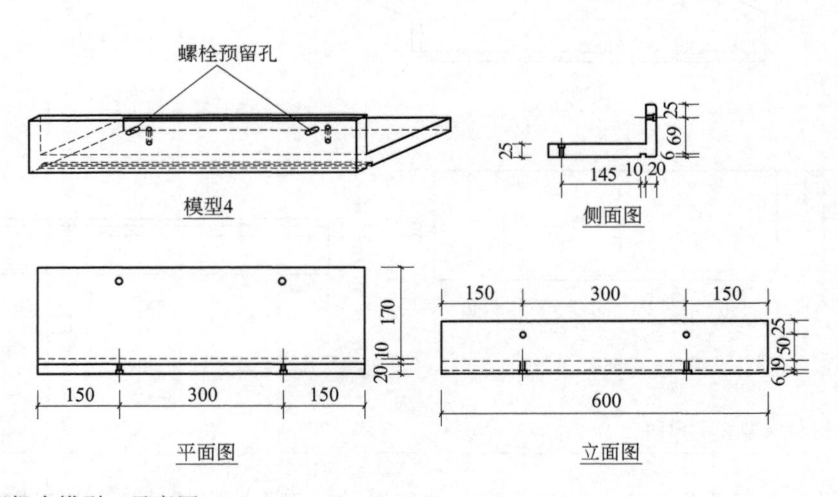

图 6-23　窗框组合模型 4 示意图

建筑装饰设计多样化、个性化的特点，未形成有效的设计施工一体化的背景下，加大了装配化实施的难度，不能有效地合理整合与利用资源。装配式一体化部品水磨石这种可以工厂化大批量生产具有轻质、环保、节能、防火、隔声及隔热性能好的材料，并且具备施工方便、性价比高的特点，这一绿色环保材料必将在工程中得到更广泛的应用。

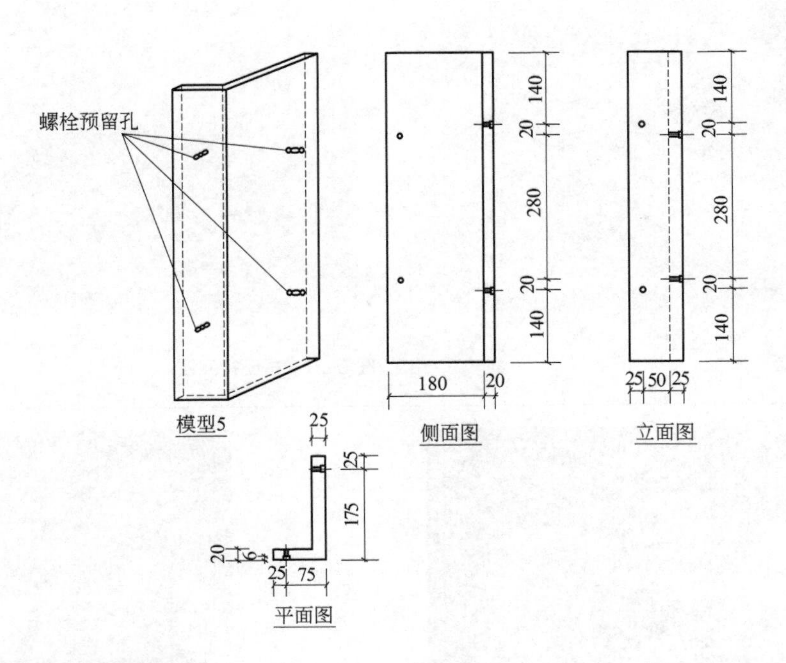

图 6-24 窗框组合模型 5 示意图

6.5.5 水磨石板材无缝拼接

(1) 切缝清缝

① 使用角磨机切割片，把原密拼缝隙，切开至 1mm；

② 使用去污剂，清洁缝隙；

③ 使用吸油膏涂抹缝隙，清除干挂云石胶等油性物质，12h 揭开，便去除云石胶等残留物，如图 6-25 所示。

图 6-25 水磨石原密拼缝

(2) 调色补缝 根据原板材颜色调制黏稠胶浆，填满清理干净的切缝，待干透，如图 6-26 所示。

(3) 打胶 补好的色浆干透后打胶封闭，12h 胶体固化，如图 6-27 所示。

(4) 打磨 共需要打磨七遍，使用金刚砂磨片（40 目、80 目、120 目、200 目、400 目、800 目、1200 目），手持打磨机垂直移动打磨，需一边打磨一边浇水，如图 6-28 所示。

(5) 抛光 手持抛光机平稳抛光切缝部位，抛至与板材大面积光泽度一致为止，如图 6-29 所示。

图 6-26　调色补缝

图 6-27　拼缝打完胶

图 6-28　拼缝打磨

图 6-29　拼缝抛光

6.6 水磨石架空地板的安装施工

在普通的混凝土地面铺设架空地板，可以将踩踏面和建筑结构分开，可以更好地达到保温和隔声。水磨石作为架空地板使用，体现了新型建材“变废为宝、资源再生、低碳循环”的宗旨，是绿色环保的建筑材料。

6.6.1　水磨石整体型架空地板的性能及特点

水磨石架空地板是由新型预制水磨石板与水磨石架空基础板，经科学配方和先进的压制成型工艺制成，常规尺寸为 600mm×600mm×(25～35)mm，通过精确加工、板内焊接钢丝网增强。如图 6-30 所示为架空地板的应用。

① 降低噪声。噪声通常由楼上住的人产生，如挪动椅子、桌子、钢的或塑料的杯子掉到地板上发出的声音，而楼上安装了架空地板后，这样楼下感觉到的噪声比没有安装的平均

能降低 50%或更多。

② 架空地板下部空间可任意布放各种水、电、气管线，且改造检线非常方便，彻底改变了传统的施工方法。

③ 灵活性和可互换性。采用架空地板的建筑，可以根据不同的住户，或住户不同时期的需求灵活地改变布局。

④ 广泛的实用性。无论潮湿地方还是干燥地方都适用。25～30mm 厚度水磨石架空地板一般用于住宅。30～35mm 厚度水磨石架空地板一般用于写字楼、重度行走的走廊、大厅等公共区域。水磨石架空地板要求每平方厘米的集中负荷都要超过 75kg。

图 6-30 架空地板的应用

6.6.2 水磨石架空板的安装及材料

水磨石基础板内用焊接钢丝网增强，采用全钢柱脚、罗柱固定的横梁的下层结构和转角销固定盖，如图 6-31、图 6-32 所示。

图 6-31 架空板的应用

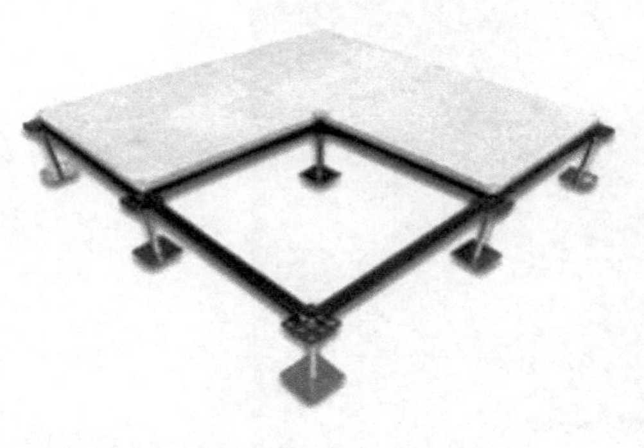

基础板

下凹转角

板内用焊接钢丝网增强

图 6-32 架空板板材结构图

（1）系统简称

① 基础板。水磨石板可完全利用钢渣制成，在 4 个角上，都有四分之一圆的 5mm 凹陷用于转角固定。25mm 厚，用于住宅室内；30mm 厚，用于大厅、走廊和公共区域。

② 下层结构

a. 柱脚：十字状顶板上面用转角锁定盖固定。

b. 横梁：方管状横梁用塑料分隔件拔顶。

c. 转角锁定固定盖：从上面在板材交叉处拧紧镀锌钢制固定盖，如图 6-33 所示。

图 6-33　架空板基座结构及完工图

（2）系统高度　为 120～600mm，用于（水、电、气）管线分布的基础板材之下的间隙，如图 6-34 所示。

图 6-34　架空板板下空间结构图

（3）上表面装修　可粘接任何一种地面覆盖物，特别推荐花岗石、大理石天然或人造薄板，采用薄型黏结剂法施工，也可覆盖地毯、维纶、橡胶、木地板等装修材料，如图 6-35 所示。

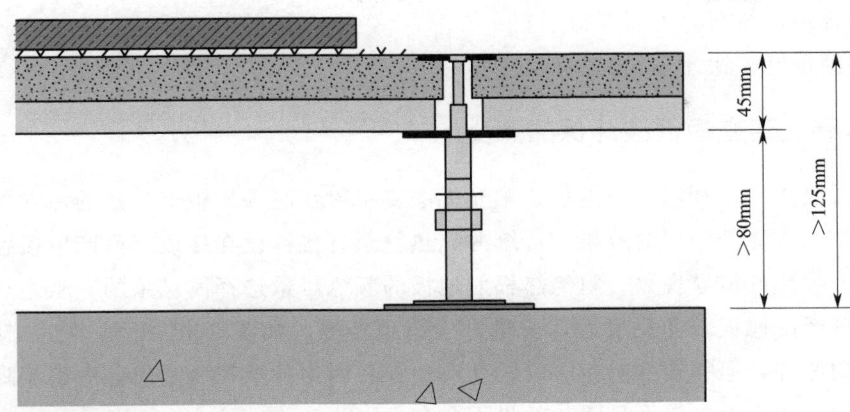

图 6-35　架空板表面装修施工

（4）水磨石架空地板和防水基座　实物相关图如图 6-36，其中防水基座参数如表 6-2 所示。

图 6-36　架空地板和防水基座

表 6-2　防水基座参数

材料规格		基座高度表		图示
		型号	高度/mm	
尺寸	托盘直径 110mm	H1	55～75	110 高度 160
	底座直径 160mm	H2	75～90	
破坏荷重	≥1500kg	H3	85～120	
材质	P. P.（聚丙烯）	H4	145～190	
保固	正常使用下保固五年	H5	180～230	
		H6	200～250	
可调整高低、倾斜		H7	250～315	

防水基座具有如下特性，其结构图如图 6-37 所示。

① 隔热功能增强，美化环境；

② 延长楼板防水层寿命；

③ 强化防水塑胶支座不怕潮湿；

④ 不破坏地面材料，不需要钉子；

⑤ 零件简单施工快速，100%可重复使用。

6.6.3 水磨石架空板低碳环保的意义

(1) 降低热传导　利用架空地板使阳光无法直接射在屋顶楼板上。热的传导仅由防水基座传至屋顶，大大降低传导的效果。传统的隔热材料直接铺设在楼板上而产生接触面，接触面越多越易产生热的传导现象。阻绝热辐射地板的颜色尽量选择浅色系的。阻绝热辐射，太阳热量大部分经由地板表面反射后，少量进入屋顶楼板，如图 6-38 所示。与一般市面上隔热漆有相同的原理，但隔热漆有年限问题品质，容易因为日晒和风吹雨淋而逐年降低。人造石材使用年限可能高很多，而且隔热效果不会有太大改变。

可利用空气对流的方式降低室内热量。利用高架地板与楼板之间的空气层，当热量进入空气层产生热上升，利用空气对流来降低热量，效果极佳，隔声性也相当好。

(2) 地板送风系统　地板送风系统是利用结构楼板与架空地板之间的敞开空间，将处理后的空气送到房间使用区域内，其位于地板上或近地板处的送风口。无论是制冷还是采暖，都优于头顶送风系统。也可节约能源，便于个人控制环境，对于个人使用的局部小区域的热环境、冷环境、通风，都可实现使用者个人控制，如图 6-39 所示。

图 6-37　防水基座及结构图

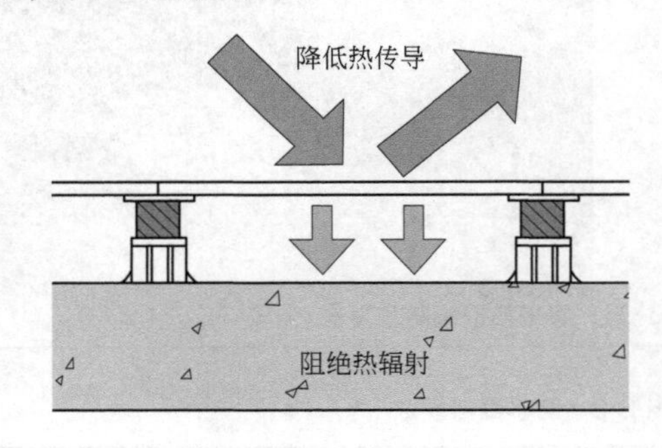

图 6-38　架空板隔热原理图

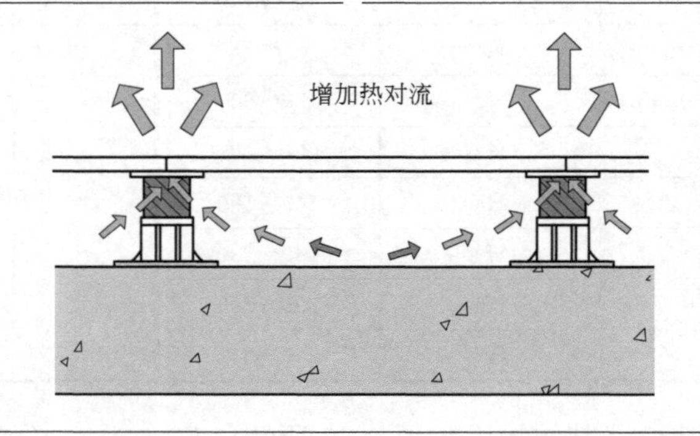

图 6-39　架空板通风原理图

6.7 水磨石安装施工所出现的问题及解决办法

6.7.1 树脂基水磨石安装施工所出现的问题及原因

1）树脂基水磨石安装施工所出现的问题

发生空鼓；起鼓、起泡或隆起；板面颜色变化；位移或翘曲；间缝隙出现开裂；有霉菌生成。

2）树脂基水磨石安装施工问题产生原因

（1）湿膨胀　由于地砖的上下两面由于与水接触的不同产生的差异化膨胀，铺贴面接触蒸汽，底面膨胀。如粘贴地砖的黏合剂与砖的粘合不是很牢，底面膨胀的应力将导致地砖边缘翘曲；如果粘贴地砖的黏合剂与砖的粘合得很牢，底面膨胀产生的应力将会导致地砖隆起，最终开裂释放应力。当尺寸变得越来越大、厚度越来越薄时，水敏感效应越明显，即尺寸越显得不稳定。

（2）碱性条件对树脂基水磨石尺寸稳定性的影响　通常树脂基水磨石板材是在平整的水泥地面涂刷黏合剂，然后铺上防裂防水薄膜，最后用高分子改性的瓷砖胶铺贴。当地面混凝土层相对湿度为85％～90％，蒸汽逸出率过高时，由于防裂防水薄膜及高分子改性的瓷砖胶透气性没有混凝土地面好，在较大的湿度条件下，超过了防裂防水薄膜可承受的蒸汽逸出率，防裂防水薄膜与混凝土地面间的黏合受到破坏，当树脂基水磨石背面受潮膨胀时，板材边缘不受限制地翘曲。

当碱性的蒸汽透过黏合层与树脂基水磨石接触时，不饱和聚酯树脂不仅本身具有吸水性及膨胀性，而且在蒸汽，特别是高碱性蒸汽的作用下，聚酯树脂发生降解，黏合力下降。这导致原先致密的人造石因黏合剂黏合能力的下降趋于吸水疏松。疏松了的骨料吸水率增大，吸入骨料的水加速黏合剂的降解，这就产生了翘曲、空鼓等水磨石铺贴缺陷。碱腐蚀造成的质量问题现象表现为鼓包、黑边、翘曲、开裂、变形。鼓包变形的过程是由于水进入pH值大于12的区域，碱液让树脂发生了反应，则黏结层分层、拱起，出现裂纹。常见碱与水磨石的反应有：碱-碳酸盐反应、碱-硅酸盐反应、碱-氢氧化铝反应、碱-树脂降解反应。

6.7.2 树脂基水磨石板材铺装问题解决的办法

① 改进树脂基水磨石自身的性能，提高树脂基水磨石自身的尺寸稳定性，提高树脂基水磨石对水泥基黏合剂的稳定性，线性膨胀系数、耐水性、耐碱性需满足国家标准。

② 树脂基水磨石尺寸越大，发生翘曲变形的可能性越大，控制水磨石的尺寸、厚度。

③ 树脂基水磨石背面必须施放质量可靠的防水背胶，具有良好的防水性和抗碱性，必

须与树脂基水磨石有牢固的结合力。

④ 找平层的水泥砂浆床的砂浆水灰比应尽可能低，如不超过 0.3～0.4。尽量采用薄底法加双组分环氧胶泥铺贴工艺。铺贴干燥足够 15 天后填缝，让找平层、黏结剂水分散发干透。

⑤ 提高改进产品设计、安装材料、安装工艺，定期对设计、安装人员进行培训。

6.7.3 水泥基水磨石安装施工常见的质量问题及原因

1）水泥基水磨石安装施工常见的质量问题

发生空鼓；起鼓、起泡或隆起；板面颜色变化；位移或翘曲；间缝隙出现开裂；返碱。

2）水泥基水磨石板材安装出现问题的原因

（1）混凝土与水泥基水磨石的区别　水泥基水磨石与混凝土具有很接近的线性膨胀系数，水泥基水磨石安装于混凝土基层面，应与混凝土具有较好的热力性能兼容性。无机石安装于混凝土基层仍出现许多问题，在于它们两者对尺寸稳定性、线性热膨胀系数、返碱的要求程度完全不一样，对于水泥基水磨石这些性能偏高，则可能就是不合格品，而对于混凝土可能没有影响。

（2）水泥基水磨石应力与应变的关系　安装出现的空鼓、翘曲、开裂都与应力及应变有关，所以有必要了解应力与应变的关系。

当一个圆柱体受到拉力 F 作用时，材料内部产生的应力 σ 可以表示为：

$$\sigma = F/A_0$$

式中，A_0 为圆柱的截面积。

在力 F 作用下圆柱体的长度被拉长，拉长的变量为 ΔL，材料产生的应变 ε 为：

$$\varepsilon = \Delta L/L_0$$

在同样的力作用下，有的产生很大的应变，如橡胶；有的产生很小的应变，如玻璃。某种材料在力的作用下应变的大小用弹性模量 E 来衡量：

$$E = \sigma/\varepsilon$$

在相同的应力下，弹性模量越大的材料变形越小，这种材料属于刚性材料，反之则是弹性体材料。从表 6-3 中数据可以看出，三种最常用硬质面饰料的弹性模量大小次序是陶瓷＞花岗石＞高强度混凝土（无机人造石）。这表明，在同样的应力下，陶瓷的变形最小，无机人造石的变形最大；或是同样的变形程度，无机人造石所需的应力最小，陶瓷需要的应力最大。即陶瓷的刚性高于花岗石，而花岗石的刚性高于无机人造石。表 6-3 是几种常见建筑材料的弹性模量。

表 6-3　常见建筑材料的弹性模量

材料名称	弹性模量/GPa	材料名称	弹性模量/GPa
混凝土	17	玻璃	50～90
高强度混凝土	30	建筑性钢材	200
花岗石	52	不锈钢	180
陶瓷	70	橡胶	0.01～0.1

现在来分析应力、应变如何影响硬质地面安装。在硬质地面安装中，基层、黏结层、硬质地面材料构成一个体系，其中硬质地面材料可以是陶瓷、天然石材或人造石。在基层、黏

结层、硬质地面材料构成的体系中，由于各层的材料不同、状态不同、受到温度、湿度、机械运动等外部因素影响所产生的应力也不相同。如果把讨论的焦点放在地砖与黏结材料这部分，不难发现，地砖受到的应力除了温度及湿度的变化产生的应力外，最大的应力来自黏结层在固化过程中收缩所产生的应力，这包括拉伸应力及压缩应力。此外，地砖与黏结层界面间还有剪切应力，黏结层与混凝土基层间的界面也有剪切应力。如果是软体铺贴法，黏结层与半干砂浆层间也有剪切应力。这是一个复杂的力学体系。

如果基层是稳定牢固的，那么影响安装结果主要是黏结层与地砖这个力学体系。在水泥基水磨石安装工艺中，黏结水泥基水磨石地板的黏结材料通常是水泥基黏合剂。水泥基黏结材料在固化过程中产生的收缩给板材施加拉伸应力或压缩应力，不管是拉伸应力或压缩应力，一旦超过了板材强度极限，板材就会破裂。

黏结层与板材间的剪切应力差则是导致空鼓及翘曲的主要原因。这里分别考虑两种情况：一个是具有较大弹性模量的板材，即刚性较强的板材。在这种情况下，黏结层与板面间的剪切应力差不足于使板材变形，释放应力最好的途径是黏结剥离，这就是看到的空鼓现象。另一种情况是弹性模量较小的板材，即刚性不强的板材。在这种情况下，黏结层与板面间的剪切应力差足以使板材变形，释放应力最好的途径是板材变形，这就是看到的板面翘曲。

以上的分析很好地解析了为什么与天然花岗石或瓷砖相比，天然花岗石或瓷砖安装出现问题主要是空鼓，而翘曲现象较少。但是无机人造石安装空鼓、翘曲两种现象都比较普遍。原因是天然花岗石与瓷砖是弹性模量大的材料，即刚性强。相对天然花岗石或瓷砖，混凝土属性的无机人造石弹性模量较低，刚性不如天然花岗石或瓷砖。再加上无机人造石因工艺技术差异、养护条件及养护时间的差异，生产出的无机人造石性能差异较大，导致在同一安装条件下弹性模量较高的无机人造石出现空鼓，而弹性模量低的人造石有空鼓，也有翘曲现象。

至于为什么同一人造石用在某一工程地面没问题，应用于另一工程地面却出了质量问题；同一工程用某一人造石没问题，改用另一人造石却出了质量问题。这种出现问题的随机性除了与产品的质量有关外，与安装材料、安装工艺关系重大。如黏结层及半干砂浆床的材料、厚度、砂浆中水泥与砂之比、水灰比都有很大关系。

6.7.4 水泥基水磨石地面安装出现问题的解决办法

（1）产品质量性能优良的水泥基水磨石是保证安装质量的前提　影响水泥基水磨石安装质量的因素很多，但最主要的是无机人造石自身的质量问题。而无机人造石的各种性能指标中，影响安装最主要的指标是板材的吸水率及弯曲强度。

水泥基水磨石的吸水率可以分为特征吸水率与表观吸水率。特征吸水率是板材的特征性能，是未经任何制造后处理（人为干预）的吸水率，只与配方及生产工艺有关。特征吸水率越大，板材受湿膨胀的应力也就越大，就越容易变形，而且容易返碱。低吸水率的板材尺寸稳定性相对较好，不容易返碱，耐污性较高，可以降低产品使用的维护成本。

表观吸水率是板材经过后期的防水处理后表现的吸水率。特征吸水率很高的板材，经过防水处理后，其表观吸水率可以很低。

无机人造石弯曲强度是影响铺贴安装质量的另一个主要因素。水泥混凝土基的无机人造石一般都会有足够的压缩强度，但是作为脆性的材料，无机人造石的弯曲强度通常不高，而且因工艺、配方、养护条件、养护时间的不同所生产出来的无机人造石其弯曲强度相差可以很大。弯曲强度的大小直接反映材料受力时承受形变的能力。弯曲强度越大，说明使该材发生一定应变所需要的应力越大。因为无机人造石能承受的形变很小，所以弯曲强度大的板材一般其弹性模量也大。

两块弯曲强度不同的板材在铺贴地面安装时，水泥基黏结材料固化收缩对这两种板材有不同的结果。假设黏结材料固化收缩对两块板所产生的应力相同，对于弯曲强度高的板材，它的弹性模量大，不容易变形，在这种情况下，体系释放应力最好的途径是弱化界面黏结强度，当弱化界面黏结强度达到一定程度时，界面分离，这就是常说的空鼓。弯曲强度高的板材，安装时出现问题一般是空鼓，但这不是板材的质量问题，而是安装材料与安装工艺的问题。

对于弯曲强度低的板材，因其弹性模量也低，在这种情况下，体系释放应力的途径可以是弱化界面黏结强度，也可能是使板面变形或破裂。所以弯曲强度低的板材安装时出现的问题是多样化及复杂化，既有空鼓，也有翘曲、变形或开裂。

翘曲、变形及开裂通常与板材质量有关，也与安装材料及工艺有关。一般来说，质量好的板材，有一定的空间允许安装犯错误而不至于出现严重的质量问题；而质量差的板材，安装允许犯错误的空间就很小，否则就会出现严重的安装质量问题，比如吸水率很低的板材在某一安装材料及安装工艺下没有问题，但是，高吸水率的板材在同样的安装材料及安装工艺上则出了问题，这是因为板材所受的应力具有叠加性。低吸水率的板材在安装时受到的应力可能只有黏结材料固化产生的应力。但是，高吸水率的板材所受到的应力除了黏结材料固化产生的应力外，还有因吸水膨胀产生的应力。所以提高无机人造石的性能是保证安装质量的前提。

（2）安装工艺的设计及安装材料的选择　无机人造石安装由于板面规格大、质量大，合适的安装方法应是砂浆床法——即软底铺贴法。但随着安装出现问题较为频繁，人们把问题的出现归结于软体安装方法，于是出现了硬底铺贴法——即薄层铺贴法，安装大规格无机人造石。用薄层铺贴法安装大规格的无机人造石板材地面并不是理想的方法，除了成本高、工期长外，大规格的板面用薄层砂浆不易找平，安装难度大。有时用软底铺贴法出问题，换用了薄层铺贴法后问题解决了。其实这不是软底铺贴法不适用，而是安装工艺及安装材料选择出了问题。硬质地面材料安装所出现的空鼓、翘曲、变形、开裂都与地板砖所受的拉伸、压缩应力及地板砖与粘贴材料之间界面的剪切应力差有关。事实上材料性能或结构上的任何形式失效都与应力及应变有关。地板铺贴应力源主要是温度、湿度的变化及黏结材料固化产生的收缩。如板材的吸水率控制在较低的范围，则地板铺贴应力源以黏结材料固化产生的收缩为主。所以一切能减少黏结材料固化产生收缩的材料、安装工艺、设计都对保证安装质量有帮助，包括黏结材料的选择、砂浆床的厚度、砂浆床水泥砂比、砂浆床砂子粗细、砂浆床水灰比等。砂浆床层产生的应力通过黏结层传到地砖，所以黏结层的组分、厚度、均匀性对安装质量的影响最直接，也最大。安装工艺的设计及安装材料的选择应该围绕降低应力及应变为出发点。最后，规格板最大尺寸极限应首先取决于板材的质量性能，其次是安装工艺的设计及安装材料的选择。没有考虑这两个因素而承诺任何尺寸都是有风险的。表 6-4 是几种常见建筑材料的膨胀系数。

⊡ **表 6-4 常见建筑材料的膨胀系数**

材料	膨胀系数/$\times 10^{-6}℃^{-1}$	材料	膨胀系数/$\times 10^{-6}℃^{-1}$
普通瓷砖	4～8	钢铁	10～18
天然花岗石	8～10	无机人造石	9～12
天然大理石	4～7	玻璃	5～8
水泥砂浆	10～13	木材(与纤维平行方向)	4～6
混凝土	10～13	木材(与纤维垂直方向)	30～70
水泥砖	6～12	树脂人造石(CSBZ 005-2017)	23～40

第7章

水磨石的质量要求与测试

水磨石生产企业对于水磨石产品，首先要重视质量管理，重视制度实施标准化，公司的高层应给予品质管理部门较高的权利，并由品质管理部门来运作全面的质量管理工作；其次，品质管理要注重执行力，要制定完善的品质标准，确定标准与检验项目具有较好一致性，要采取纠正措施，并追踪所纠正的效果，并且要定期地修订新标准；再次，要重视分析，品质管理工作要不断地循序渐进，才能达到质的飞跃，这主要得利于统计分析手法的应用。企业的质量工作要做得好，应该配置对应的品质管理手法和熟练的人员进行质量分析，不断改善。

质量管理的好坏，往往与品质意识和危机意识有一定的关系，品质意识是要求全体员工都应该有强烈的质量管理意识，而危机意识是一个全体员工不断的学习，组织培训提升的意识。

建立标准化的水磨石质量管理，是确保质量的关键。建立标准化，也可以说是一种制度或者工作规则，更是一种工作方法，因为所有的工作在执行过程中变数都是很多的，尤其是人的因素。人的因素包括换了不同的人或同一个人也会产生不同的思考方法及工作方法。这也就产生了不稳定的来源，而这种不稳定，有些是比较容易避免，有些是不容易避免的。而标准化的作用，就是把企业内的成员所积累的技术经验，通过文件的方式来加以储存，而不会因为人员的流动，整个技术就跟着流失。更因为有了标准化，每一项工作就是换了不同的人来操作，也不会因为不同的人而出现太大的差异，所以建立工作的标准才是维持工作稳定，从而稳定产品质量最彻底的工作。事实上，企业要成长，先得要求产品质量的稳定，没有稳定的质量条件，而是强迫成长，这就造成了好多质量事故。水磨石质量标准的建立有作业标准、检验标准、管理标准、产品标准，这些标准都来源于国家标准、行业标准或者企业自行制定的企业标准。

7.1 水磨石板材的质量要求

水磨石的各项性能指标都是为了满足使用和安全的需要，例如抗压强度和抗折强度，必须满足水磨石板的磨抛加工与安装受力，必须满足水磨石板的规格大小、不平整度大小及在加工安装过程中的受力。往往相关的标准都会大于这个数值，而抗折强度或抗压强度是材料的一个极限值，正常使用的力大小应该在50%以内，才能保证安全，不出现暗裂纹。

7.1.1 树脂基水磨石板材的质量要求

(1) 树脂基水磨石板材加工的质量要求 表7-1为规格尺寸允许偏差，表7-2为平面度公差，表7-3为角度公差。

表7-1 规格尺寸允许偏差

项目		技术指标/mm			
		镜面和亚光板材		粗面板材	
		优等品	合格品	优等品	合格品
长度、宽度		0 −1.0	0 −1.5	0 −1.0	0 −1.5
厚度	≤15mm	±1.0	±1.5	—	
	>15mm	±1.5	±2.0	+1.5 −2.0	+2.0 −3.0

表7-2 平面度公差

板材长度(L)/mm	技术指标/mm			
	镜面和亚光板材		粗面板材	
	优等品	合格品	优等品	合格品
$L\leqslant400$	≤0.20	0.50	≤0.60	≤1.00
$400<L\leqslant800$	≤0.50	≤0.80	≤1.20	≤1.80
$800<L\leqslant1000$	≤0.70	≤1.00	≤1.50	≤2.00
>1000	≤0.80	≤1.20	≤1.80	≤2.20

表7-3 角度公差

板材长度(L)/mm	技术指标/mm	
	优等品	合格品
$L\leqslant400$	≤0.30	≤0.60
$L>400$	≤0.40	≤0.80

(2) 树脂基水磨石板材外观质量要求 如表7-4所示。

表7-4 板材外观质量要求

名称	规定内容	技术指标	
		优等品	合格品
缺棱	长度不超过10mm，宽度不超过1.2mm(长度≤5mm，宽度≤1mm不计)，周边每米长允许个数	0个	2个
缺角	面积不超过5mm×2mm(面积小于2mm×2mm不计)，每块板允许个数		
气孔	直径不大于1.5mm(小于0.3mm的不计)，板材正面每平方米允许个数		
裂纹	板材正面不允许出现，但不包括填料中石粒(块)自身带来的裂纹和仿天然石裂纹；底面裂纹不能影响板材力学性能		

(3) 树脂基水磨石板材的物理化学性能要求 如表7-5、表7-6所示。

⊡ 表 7-5　物理性能要求

项目名称		技术指标	
		岗石板材	石英石板材
吸水率/%		≤0.20	≤0.10
压缩强度/MPa	干燥	≥80.0	≥150.0
	冻融循环		
弯曲强度/MPa	干燥	≥15.0	≥30.0
	水饱和		
耐磨度/($1/cm^2$)		≥10.0	≥50.0
莫氏硬度		≥3.0	≥5.0
线性热膨胀系数/(1/℃)		$\leqslant 4.0\times10^{-5}$	

⊡ 表 7-6　化学性能要求

级别	条件	参考反射度变化
C4	酸溶液侵蚀或基础侵蚀(8±0.5)h	大于或等于 80%的参考反射度(或只有一个试样反射度值为 60%～80%的参考反射度)
C3	酸溶液侵蚀(8±0.5)h 和基础侵蚀 1h±5min	保持 60%～80%的参考反射度
C2	基础侵蚀(8±0.5)h 和酸溶液侵蚀 1h±5min	保持 60%～80%的参考反射率
C1	酸溶液侵蚀或基础侵蚀(8±0.5)h	小于 60%的参考反射度

7.1.2　水泥基水磨石板材的质量要求

（1）水泥基水磨石板材加工的质量要求　如表 7-7～表 7-10 所示。

⊡ 表 7-7　规格尺寸允许偏差

项目		技术指标/mm	
		镜面和亚光板材	粗面板材
长度、宽度	≤1000mm	+0.5	+0.5
	>1000mm	±2	
厚度	≤15mm	±1.0	±1.5
	>15mm	±1.5	±2.0

⊡ 表 7-8　平面度公差

板材对角线长度（D）/mm	技术指标/mm	
	镜面、光面和亚光板材	粗面板材
$D\leqslant1000$	≤0.60	≤1.00
$D>1000$	≤1.00	≤1.40

⊡ 表 7-9　角度公差

板材长度（L）/mm	技术指标/mm	
	镜面、光面和亚光板材	粗面板材
$L\leqslant500$	≤0.40	≤0.50
$L>500$	≤0.80	≤1.00

⊡ 表 7-10　光泽度与光泽度极差

项目	技术指标/GU			
	镜面板材	光面板材	亚光板材	粗面板材
光泽度(G)	$G\geqslant70$	$70>G\geqslant45$	$G<45$	—
光泽度极差	≤9	≤7	≤6	—

注：光泽度极差为所测光泽度的最大值与最小值之差。

（2）水泥基水磨石板材的外观质量要求　如表 7-11 所示。

表 7-11　外观质量要求

名称	规定内容	技术指标	
		优等品	合格品
缺棱	长度不超过 10mm，宽度不超过 1.2mm（长度≤5mm，宽度≤1mm 不计），周边每米长允许个数	0 个	2 个
缺角	面积不超过 5mm×2mm（面积小于 2mm×2mm 不计），每块板允许个数		
气孔	直径大于 2.0mm，不允许有；直径不大于 2.0mm（小于 1.0mm 不计），板材正面每平方米允许个数		
毛网	面积大于 6.0cm^2 不允许有；面积不大于 6.0cm^2（小于 2.0cm^2 不计），板材正面每平方米允许个数		
裂纹	板材正面不允许出现，但不包括骨料中石粒（块）自身带来的裂纹和仿天然石裂纹；底面裂纹不能影响板材力学性能		
粉斑	板材正面不允许有		
水印	板材下面不允许有		
泛碱	板材正面不允许有		
色差	同一批号、同一颜色板材的颜色基本一致；仲裁时，同一批号、同一颜色单色色板材的色差不超过 2.0CIELAB 单位（按标准 GB/T 11942），多色板材或带花纹、特殊纹理板材不进行色差测试		
变形及翘曲	不允许有，如果板面水平放置时能自然恢复到平整，不影响使用性能，可视为无变形、翘曲		

（3）水泥基水磨石板材的质量要求　如表 7-12 所示。

表 7-12　物理性能质量要求

项目		技术指标			
		岗石		石英石	
		优等品	合格品	优等品	合格品
吸水率/%	≤	1.0	3.0	0.8	2.5
弯曲强度/MPa	≥	12.0	9.0	13.0	10.0
压缩强度/MPa	≥	80.0	50.0	100.0	70.0
耐磨度/mm	≤	38	44	32	36
莫氏硬度	≥	4	3	6	5
线性热膨胀系数/(1/℃)	≤	10.0×10^{-6}	14.0×10^{-6}	8.0×10^{-6}	12.0×10^{-6}

注：如有特殊用途，由供需双方协商确定。报告时标注样品试验状态，如弯曲强度（干燥）、弯曲强度（水饱和）。

7.2 水磨石板材装饰工程的质量要求

7.2.1　水磨石板材地面安装质量要求

水磨石板材地面安装质量要求如表 7-13～表 7-15 所示。

表 7-13　水磨石地面工程验收主控项目

检验内容及要求	检验方法
水磨石的品种、规格、花色、性能应符合设计要求	目测，检验产品合格证书、进场验收记录、性能检验报告和复验报告
水磨石表面应平整、洁净、色泽一致，无划痕、磨痕、翘曲、裂纹和缺损；表面无污染痕迹	目测

续表

检验内容及要求	检验方法
水磨石的尺寸应符合设计要求，拼接图案应符合设计图	检验进场验收记录和施工记录；对照图纸目测
水磨石的铺贴方式及胶黏剂应符合设计要求，铺贴后应粘贴牢固	用小锤轻击检验；检验施工记录
水磨石应与行进盲道、提示盲道（包括转弯位置、交叉位置、地面高差位置、无障碍设施位置）拼接准确、缝隙均匀；盲道周边水磨石面层标高应满足盲道面标高的要求	目测，尺量，检验试工记录
防滑处理应符合设计要求	目测，检验防滑测试记录

表 7-14　地面工程验收一般项目

检验内容及要求	检验方法
接缝、填缝的做法应符合设计要求。接缝应平直、光滑、宽窄一致；纵横交错无明显错台、错位；填缝应连续、均匀、顺直，颜色和光泽度应与周围板材的颜色和光泽度基本一致	目测；尺量检验
拼花和镶嵌用料尺寸准确、边角切割整齐、拼接严密顺直、镶嵌正确，板面无裂纹、崩边掉角等缺陷	目测
结构变形缝的制作、所用材料、施工方法以及性能应符合设计要求和国家现行有关标准的规定，结构变形缝各构造层施工应符合设计要求	目测；检验进场验收记录、隐蔽工程验收记录和施工记录
踢脚线与基层应结合牢固，面层表面洁净，颜色基本一致，板块出墙高度、厚度一致，上口平直，拼缝符合设计要求	目测；尺量检验
水磨石面层的表面坡度应符合设计要求；与地漏、管道结合处应严密无渗漏	目测；水平尺检验
厨房、卫浴间和有排水要求的建筑地面面层与相接各类面层的标高差应符合设计要求	目测；尺量检验

表 7-15　地面面层的允许偏差

项目	允许偏差/mm	试验方法
表面平整度	2	用 2m 靠尺和塞尺检验
缝格平直度	2	拉 5m 线，不足 5m 拉通线，用钢直尺检验
接缝高低差	0.5	用钢直尺和塞尺检验
踢脚线上口平直	1	拉 5m 线，不足 5m 拉通线，用钢直尺检验
板块间隙宽度	1	用钢直尺检验

7.2.2　水磨石板材墙面安装质量要求

水磨石板材墙面安装质量要求如表 7-16～表 7-18 所示。

表 7-16　墙面工程验收主控项目

检验内容及要求	检验方法
水磨石的品种、花色、性能和等级，应符合设计要求及国家现行相关产品标准的规定	目测；检验产品合格证书、进场验收记录、性能检验报告和复验报告等
水磨石表面应平整、洁净、色泽一致，无划痕、磨痕、翘曲、裂纹和缺损；表面无污染痕迹	目测
水磨石的尺寸应符合设计要求，拼接图案应符合设计	检验进场；验收记录和施工记录；对照图纸目测
水磨石的安装方式应符合设计要求，预埋件（或后置锚栓）、连接件的数量、规格、位置、连接方法以及防腐处理应符合设计要求。后置埋件的现场拉拔强度应符合设计要求	手扳检验；检验进场验收记录、现场拉拔强度检验报告、隐蔽工程验收记录和施工记录等

续表

检验内容及要求	检验方法
干挂法施工的水磨石，钢骨架的制作与安装应符合设计要求，水磨石的固定应牢靠，无机人造石与挂件、挂件与钢骨架连接不应有松动现象	手扳检验；检验进场验收记录、隐蔽工程验收记录和施工记录
点挂法施工的水磨石，水磨石的固定应牢靠，水磨石与挂件、挂件与钢骨架连接不应有松动现象	手扳检验；检验进场验收记录、隐蔽工程验收记录和施工记录
采用有机胶粘贴法和水泥基法施工的水磨石工程，水磨石与墙体之间的黏结材料应饱满，水磨石黏结应牢固	用小锤轻击检验；检验施工记录

表 7-17 墙面工程验收一般项目

检验内容及要求	检验方法
接缝、填缝的做法应符合设计要求。接缝应平直、光滑、宽窄一致；纵横交错无明显错台、错位；若使用填缝剂，填缝应连续、密实，深度、颜色应符合设计要求	目测；尺量检验
水磨石上的开孔、切缺口等，应尺寸准确、边缘整齐，与墙柱体或相关机件配合处应吻合严密	目测；尺量检验
结构变形缝的制作、所用材料、施工要求以及性能应符合设计要求和国家现行有关标准的规定，结构变形缝各构造层施工应符合设计要求	目测；检验进场验收记录、隐蔽工程验收记录和施工记录

表 7-18 墙面工程安装的允许偏差

项目	允许偏差/mm	检验方法
立面垂直度	2	用 2m 垂直检测尺检验
表面平整度	2	用 2m 靠尺和塞尺检验
阴阳角方正	2	用直角尺和塞尺检验
接缝直线度	1	拉 5m 线，不足 5m 拉通线，用钢直尺检验
墙裙上口直线度	1	拉 5m 线，不足 5m 拉通线，用钢直尺检验
接缝高低差	1	用钢直尺和塞尺检验
接缝宽度与设计值之差	1	用钢直尺检验

7.2.3 水磨石板材台面安装质量要求

水磨石板材台面安装质量要求如表 7-19、表 7-20 所示。

表 7-19 水磨石台面工程验收主控项目

检验内容及要求	检验方法
水磨石窗台板、橱柜台面、洗手台面的品种、规格、花色、性能和等级，应符合设计要求及国家现行相关产品标准的规定；面板基本无色差	目测；检查产品合格证书、进场验收记录、性能检验报告和复验报告
水磨石窗台板、橱柜台面、洗手台面的规格尺寸应符合设计要求，开孔、开槽、开缺口的位置、数量、尺寸应符合设计要求	检查进场验收记录和施工记录；对照图纸目测
水磨石窗台板、橱柜台面、洗手台面的安装方式应符合设计要求，安装后的面板应水平，且安装牢固	手扳检查；水平尺检查；检查进场验收记录和施工记录
正面应平整、洁净、色泽一致，表面无污染痕迹，无裂纹，无崩边角，无孔洞、凹陷，无其他缺损情况	距离 1m 目测

表 7-20 水磨石台面工程验收一般项目

检验内容及要求	检验方法
缝隙应严密通顺、笔直、嵌缝饱满，接缝材料应与水磨石的颜色基本一致，目测缝隙不明显	距离 1m 目测
开孔、拉槽、切缺口等，应边缘整齐，孔、槽、缺口内无毛刺，与墙柱体或相关机件配合处应吻合严密	目测，手摸，用卷尺测量
拼接处应过渡平缓，不得有明显的台阶、凹坑或打磨痕迹。加厚条下缘应在同一水平线上	目测；检查施工记录
与水龙头、排水管、管道等生活设施的结合处应严密无渗漏	目测；检查施工记录

7.2.4 水磨石板材护理质量要求

水磨石板材护理质量要求如表 7-21、表 7-22 所示。

表 7-21 水磨石板材护理工程验收主控项目

检验项目	检验内容及要求	检验方法
整体研磨工程	在施工范围内整体平整度;A 级不应大于 0.5mm/2m;B 级不应大于 1.0mm/2m;其中不大于 0.5mm/2m 的量不应少于 60%	用 2m 平尺和塞尺检验
	接缝应无黑边、无锯齿边、无崩边角,缝中的填缝剂密实饱满,与两边水磨石齐平,颜色和光泽度基本一致并符合设计要求	目测;用光泽度仪检验
	整体研磨抛光后的水磨石光泽度应不低于 40GU	用光泽度仪检验
晶面处理工程	晶面处理不应明显改变水磨石的颜色,干态摩擦系数不应低于 0.5	目测;按 JGJ/T 331—2014 中规定检验
	水磨石表面光泽度应不低于 75GU	用光泽度仪检验
	水磨石表面反射的图像清晰	目测
防滑工程	不同部位的防滑等级应满足设计要求	按 JGJ/T 331—2014 中规定检验

表 7-22 水磨石板材护理工程验收一般项目

检验项目	检验内容及要求	检验方法
整体研磨工程	不应有明显的磨痕、划痕、崩边角,不应有孔洞、凹陷、裂纹等	距离 1m,在顺光、逆光、正视、侧视下目测
	边角及磨过与没有磨过交接处,平整度过渡平缓,不得留有明显的坑洼及交接痕	
	表面反射的物体影像应无明显扭曲规律	
晶面处理工程	水磨石表面各处光泽度应基本一致,无明显的晶面处理剂残留痕迹和灰尘等污迹,表面 pH 值应为 6~7	目测,pH 试纸
	水磨石表面应无擦痕、磨痕、划伤	目测
	晶面处理后不应有对水磨石表面造成腐蚀等损伤	目测
防滑工程	水磨石表面各处光泽度应基本一致,无明显的防滑残留痕迹和灰尘等污迹,表面 pH 值应为 6~7	目测,pH 试纸
	水磨石表面应无擦痕、磨痕、划伤	目测
	防滑处理后不应有对水磨石表面造成腐蚀等损伤,不应明显改变水磨石的颜色	目测

7.3 水磨石的测试方法

7.3.1 水磨石的尺寸及表面质量

1) 长度和宽度

用钢直尺测量水磨石的长度和宽度,各测三条直线,测量部位如图 7-1 所示。用游标卡尺测量水磨石各边中点的厚度,分别用偏差的最大值和最小值表示长度、宽度、厚度的尺寸偏差。用同块水磨石上厚度偏差的最大值和最小值之间的差值表示同块水磨石上的厚度极差,读数精确至 0.5mm。

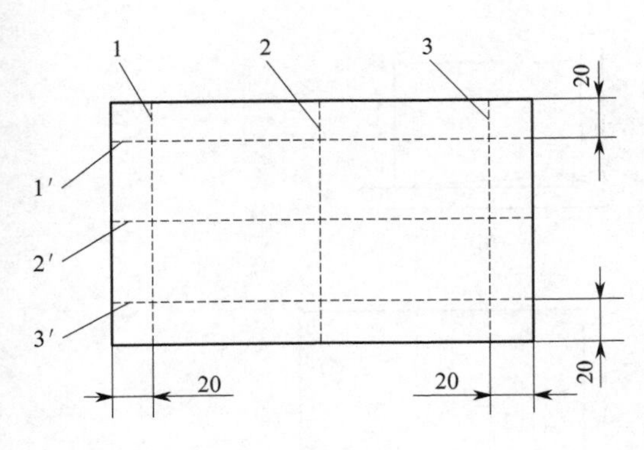

图 7-1 长度和宽度测量示意图
1，2，3— 宽度测量线；1′、2′、3′—长度测量线

2）厚度

采用直径 5～10mm 螺旋测微计或其他符合要求的仪器。每种类型取 10 块，在每个模块上画出对角线，测量四个区域内最厚点的厚度，精确到 0.1mm，厚度是四个测量值的平均值。

3）平面度

将钢平尺贴放在被检平面的两条对角线上，用塞尺测量钢平尺尺面与水磨石被检平面之间的空隙。当被检面对角线长度大于 1000mm 时，用长度为 1000mm 的钢平尺沿对角线分段检验，如图 7-2 所示。以最大空隙的塞尺片读数表示水磨石的平面度极限公差，读数准确至 0.1mm。

4）角度

（1）当长边长度小于或等于 600mm 时　测量方法如下：将 90°钢制角尺长边紧贴板材的长边，短边紧靠板材短边，用塞尺测量板材与角尺短边之间的间隙。当被检角大于 90°时，测量点在角根部；当被检角小于 90°时，测量点在长边边缘端或距根部 400mm 处。测量示意图如图 7-3 所示，当角尺的长边大于板面的长边时，用图 7-3 中的（a）、（b）方法测量板面的两对角；当角尺的长边小于板面的长边时，用图 7-3 中的（c）、（d）方法测量板面的四个角，以最大间隙的塞尺片读数表示水磨石的角度极限公差，读数准确到 0.01mm。

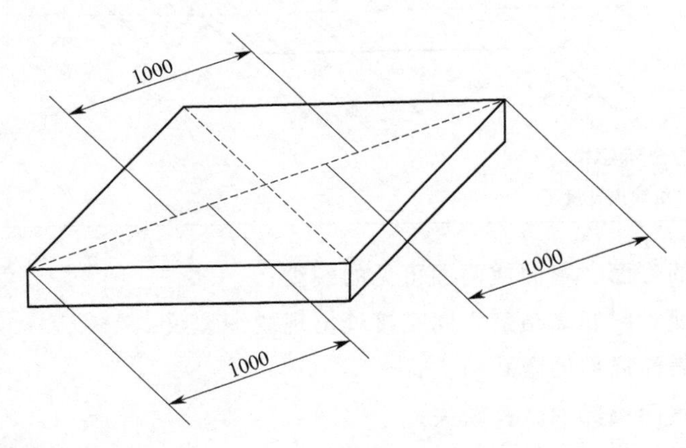

图 7-2 平面度测量方法示意图

（2）当长边长度大于 600mm 时　水磨石角度以其对角线长度差表示。

5）外观质量

（1）将水磨石平放在地面上，在自然光下目测水磨石面层的外观缺陷：人距水磨石 1.5m 处明显可见的缺陷视为有缺陷；否则视为无缺陷。

（2）用钢直尺测量水磨石边角缺损的长度和宽度，测量方法如图 7-4 所示，读数精确到 0.5mm。常见的缺陷如下：

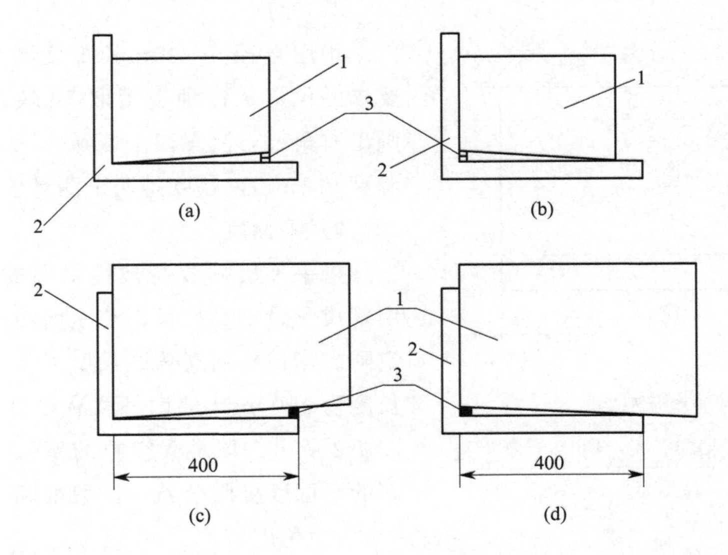

图 7-3 角度测量方法示意图

1—水磨石；2—角尺；3—塞尺

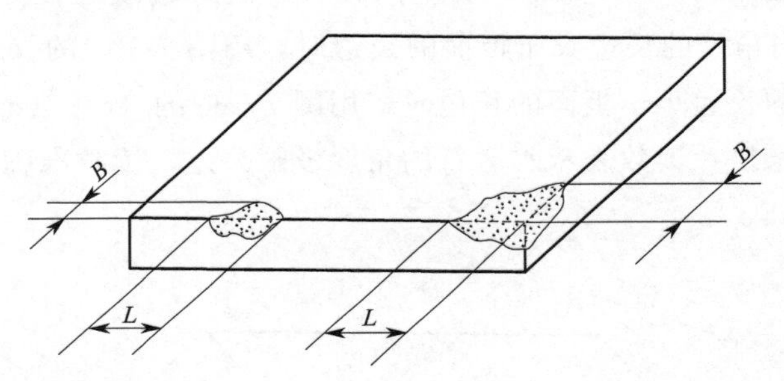

图 7-4 边角缺损测量方法示意图

L—边角缺损长度；B—边角缺损宽度

① 裂缝：在砖的表面、背面或两面可见的裂纹；

② 料裂：内表面骨料和黏结剂之间交接处出现微细裂纹；

③ 干斑：板材表面局部的微孔缺失；

④ 针孔：板材表面局部的微孔缺失；

⑤ 污染物：板材表面有明显可见非人为异物；

⑥ 斑点：板材表面有明显可见非人为异色点；

⑦ 装饰缺陷：相当于标准板的和在装饰设计方面的明显缺陷；

⑧ 磕碰：板材的边、角或表面崩裂掉细小的碎屑；

⑨ 毛边：板材边缘有非人为的不平整，尤其是超出公差允许的斜边；

⑩ 抛光缺陷（仅针对抛光面）：在光滑表面上可见的非人为不反光区域。

7.3.2 密度和吸水率

1）密度

（1）试样制备　在同批材料中，制取长宽尺寸为100mm×100mm，偏差±0.5mm，厚度为实际产品厚度的试样6个。试样应具有代表性，试样表面应与最终产品的表面相同，如喷砂面、哑光面、抛光面等，试样表面应不进行防护、涂胶等相关处理。

试样放置在（70＋5）℃鼓风干燥箱内干燥至恒重，即每隔24h称其质量变化小于0.1%。试样随后放置在干燥器中冷却至室温。

（2）试验步骤　用天平测量试样干燥质量（m_0），将试样放置在平底容器内的两个支撑棒或其他支撑装置上，减少试样底面与支撑装置或容器底部的接触面积。

将纯净水慢慢地倒入容器内直到将试样全部浸泡其中，保持试样上表面和水表面的高度差20mm。在试验开始后的（1＋0.25）h、（8＋0.5）h、（24＋1）h，分别取出试样，用拧干的湿毛巾擦去试样表面水，迅速称重。继续浸泡在纯净水中，每隔（24＋1）h称重一次，直到三次称重所得的质量变化在0.1%范围内，则最后一次称重为饱水质量（m_1）。

称完每个试样后，立即使用比重秤称量试样在纯净水中质量（m_2）。

（3）试验结果　密度按下列式子进行计算，结果精确至0.01g/cm³。

$$\rho=\frac{m_0 \pm \rho_0}{m_1-m_2}$$

式中　ρ——密度，g/cm³；

m_0——干燥试样在空气中的质量，g；

m_1——水饱和试样在空气中的质量，g；

m_2——水饱和试样浸泡在纯净水中称得质量，g；

ρ_0——测量温度下纯净水的密度，g/cm³。

2）吸水率

（1）试件制备　用切割成150mm×100mm的试件进行试验，每组试件5块，每块水磨石只能取一个试件。

（2）试验步骤　将试件放进电热恒温鼓风干燥箱内，在（105±5）℃下烘干至恒重，然后在玻璃干燥器内冷却至室温，称其干重G_0，精确至1g。

将称干重后的试件平放在水箱中，水箱与试件间用玻璃棒隔开，保持水面高于试件上表面（50±10）mm，浸水24h后从水中取出，用湿布抹去试件表面的水迹，立即称其湿重G_s，读数准确到1g。

（3）结果计算

吸水率W按下式计算：

$$W=\frac{G_s-G_0}{G_0}$$

式中　W——吸水率，用百分数表示；

G_0——试件的干重，g；

G_s——试件的湿重，g。

吸水率用该组试验结果单块最大值表示，计算结果精确到 0.1%。

7.3.3 抗折强度的测试

(1) 试件制备　用切割成 150mm×100mm 的试件进行试验。试件受力方向不得含有钢筋，试件长度允许偏差 ±5mm，宽度允许偏差 ±1mm，每块水磨石只能取一试件，每组五个。

(2) 试验步骤　将试件平放在水箱中，水箱与试件间用玻璃棒隔开，保持水面高于试件上表面（50±10）mm，浸水 24h 后从水中取出，用湿布抹去试件表面的水迹，用游标卡尺测量试件中部的厚度和宽度，读数准确到 0.1mm。

选择合适量程的试验机，使试件的预期破坏荷载不小于全量程的 20%，也不大于全量程的 80%，抗折试验架的支承圆柱中心距 L 为 100mm，支承圆柱和荷载压头的圆弧半径为 10～15mm。

将试件磨光面向上简支于试验架的两个支承圆柱上，开动试验机，使试件缓慢受力，以 30～50N/s 的速度均匀而连续地加荷，直至试件折断，记录其最大荷载。加压方式如图 7-5 所示。

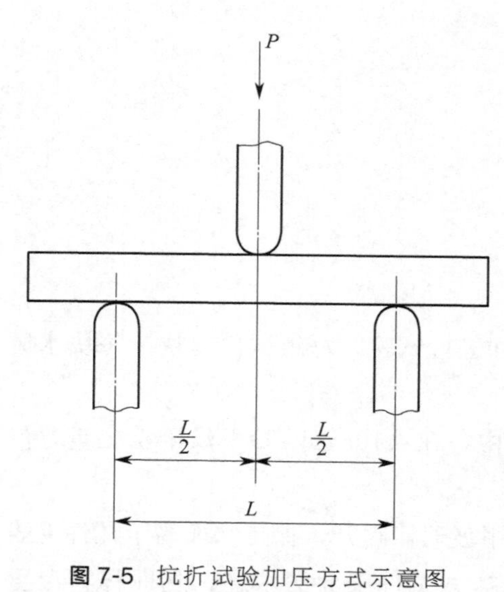

图 7-5　抗折试验加压方式示意图

(3) 结果计算

抗折强度 R_f 按以下公式计算：

$$R_f = \frac{3PL}{2bh^2}$$

式中　R_f——水磨石的抗折强度，MPa；

P——折断时的破坏荷载，N；

L——支承圆柱的中心距，mm；

b——试件宽度，mm；

h——试件厚度，mm。

抗折强度用该组试件算术平均值和单块最小值表示，计算结果精确到 0.1MPa。

7.3.4 耐磨性

水磨石耐磨性测试是在规定条件和有磨料的情况下，通过摩擦钢轮在水磨石的正面旋转产生的磨坑来进行的。测试所需的磨料是白色熔融氧化铝。

(1) 采用设备仪器　耐磨试验机如图 7-6。磨料料斗的调节阀用于控制磨料的流动开启和关闭，导流料斗调节阀用于调节和保证磨料流速稳定。摩擦钢轮所用硬度为 203HB～245HB 钢材，其直径为 200mm±1mm，边缘厚度为 10mm±1mm，转速为 75r/(60±3)s。

在轴承上安装移动夹紧装置，并通过配重使试件与摩擦钢轮接触，以控制试件与摩擦钢轮之间的压紧力。装有磨料的料斗向导流料斗供料。

导流料斗（圆柱形或方形）的带矩形出口，矩形出口长度应为9mm±1mm、宽度可调。导流料斗的调节在各方向上至少要比料斗尺寸大10mm，见图7-7。导流槽到摩擦钢轮的下落距离在100mm±5mm，磨料的下落位置在钢轮的前缘1～5mm，见图7-8。通过导流槽落到摩擦轮上的磨料，其最小流量应控制在100g/100r。磨料的流量应恒定，导流料斗中磨料高度至少为25mm，见图7-8。其他装置包括一个带灯的放大镜、钢尺、游标卡尺等。

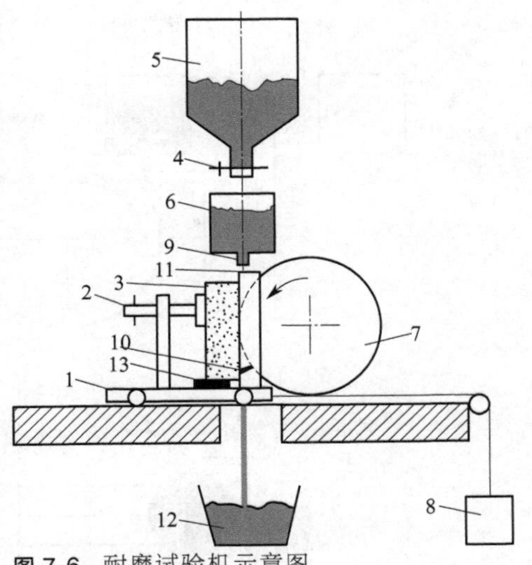

图7-6 耐磨试验机示意图

1—夹紧滑车；2—紧固螺栓；3—试样；4—控制阀；5—磨料料斗；6—导流料斗；7—摩擦钢轮；8—平衡锤；9—导流料斗调节阀；10—导流槽；11—磨料流；12—磨料收集器；13—垫块

（2）采样　应采用随机抽样方法。试样应具有代表性，并切割成适合的尺寸（最小尺寸为100mm×70mm）。应从同一批次中选择至少六个样品，试样应清洁干燥。

根据块材几何特性的规定，被测试样的上表面应平坦，在两个超过100mm的垂直方向上，平整度的公差在±1mm内。

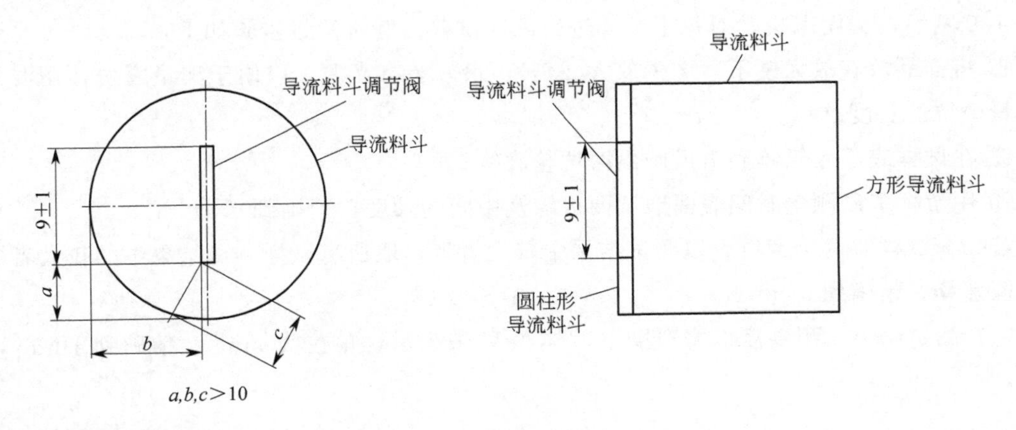

图7-7 导流槽的位置示意图

如果上表面具有粗糙的纹理或超出允许的公差，则应轻轻研磨以提供满足表面允许公差的要求。在测试之前，待测试的表面应用硬刷清洁，除去灰尘或砂砾，并用表面染料覆盖以便于测量，例如用永久性标记笔。

（3）测试　将干燥的金刚砂磨料（最大含水量不超过质量的1%）装入磨料料斗，将试件固定在夹紧滑车上，使试件表面平行于摩擦钢轮的轴线，且垂直于托架底座，并使摩擦钢

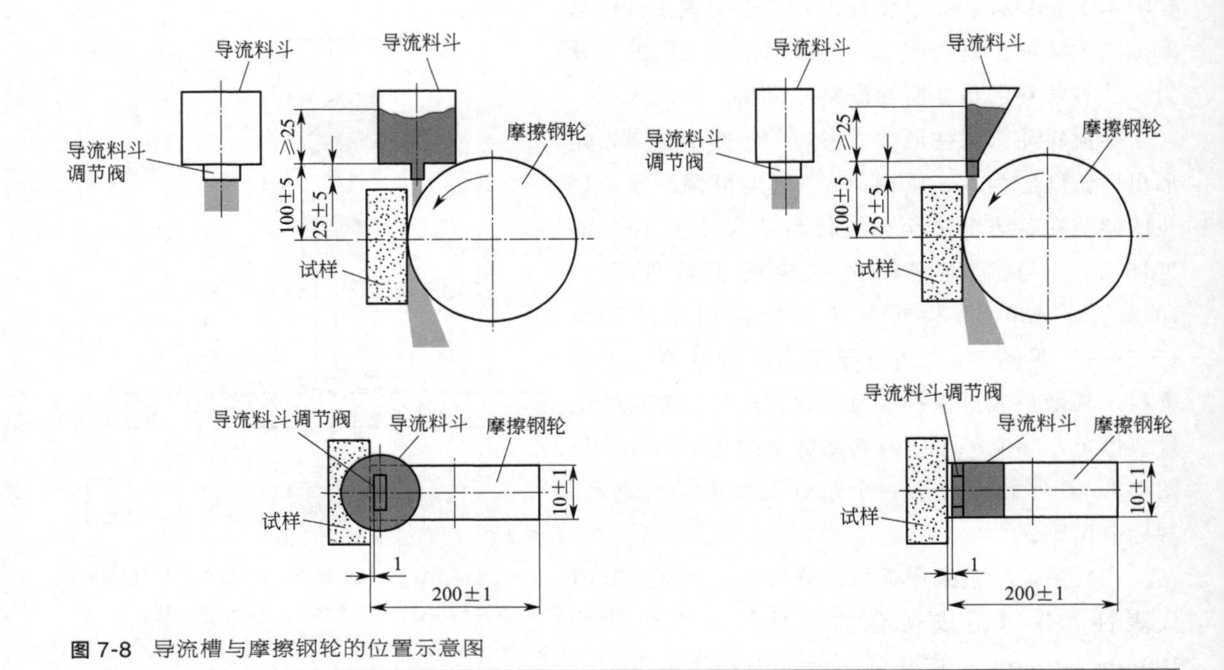

图 7-8 导流槽与摩擦钢轮的位置示意图

轮侧面距离试样边缘至少 15mm。并将样品固定在楔形物上，以使磨料流通过其下方，将金刚砂磨料收集器放在磨轮下方，使样品与磨轮接触，打开控制阀，启动电机，摩擦钢轮转速为 75r/（60±3）s。在测试期间，目视金刚砂磨料流的速率（约 100g/100r），在摩擦钢轮转动 150 圈后，关闭电机。对每个试样进行两次试验。磨坑测量步骤如下：

① 将样品放在放大镜下（至少放大 2 倍），最好装有光源，以便于测量磨坑，用游标卡尺测量磨坑的长度；

② 在试样表面用铅笔和直尺画出磨坑轮廓线；

③ 用游标卡尺测量时间表面磨坑两边缘及中间的长度，精确到 0.1mm。

若一个试样有两个磨坑，以测试结果中较大者计；取所有试样测试结果中的较大者进行平均值计算，精确到 0.5mm。

（4）测试结果　耐磨度以磨料磨下的体积 V 来表示，单位为 mm^3，精确到 $1mm^3$，见下式：

$$V=\left(\frac{\pi\alpha}{180}-\sin\alpha\right)\times\frac{hd}{8}$$

$$\sin\frac{\alpha}{2}=\frac{L}{d}$$

式中　α——弦对摩擦轮的中心角度；

d——摩擦轮的直径，mm；

h——摩擦轮的厚度，mm；

L——磨坑弦长，mm。

7.3.5 抗冻性测试

该试验方法测定25次冻融循环后试样的抗弯强度与未冻融试样的抗弯强度的比值。一个冻融循环包括：冷冻部分——将饱水样品浸泡冷冻（温度－20℃±5℃）；融化部分——将冰冻试样浸泡在自来水中（温度20℃±5℃）。

主要采用设备仪器是冷冻室，其应具有自动控制系统来自动控制冷冻和融化进程，能够将温度保持在（－20±5)℃；温度记录系统或温度计，精度±0.1℃；精度为0.5mm的线性测量装置（用于弯曲测量）；烘箱，能保持（70±5)℃的温度。

（1）测试说明　选择至少5个试样，表面光洁度、尺寸和公差符合要求，试验需要两组试样，一组经过冻融循环后测定抗弯强度，另一组试样不进行冻融循环试验，同样测定抗弯强度。每组试样应从待测批次中随机选择。

（2）试验

① 试样准备。试样在室温环境(40±5)℃中放置(24±2)h，两次称重间隔(24±2)h，质量差不大于第一次质量的0.1%，即达到恒定质量。干燥后和测试前，试样应保存在(20±5)℃，直至热平衡。测试要在24h之内完成。

② 冻融循环。试样完全浸入（20±5)℃的自来水中，以获得恒定质量，即通过24h连续称重两次，质量差＜0.1%。将饱水试样放入冷冻室。试样应装入冷冻盒，试样与试样、试样与装置内壁互不接触。试样应在冷冻室内(－20±5)℃的温度下冷冻至少4h，将试样取出并浸入(20±5)℃的自来水中。试样在该温度中浸泡至少2h。进行25个冻融循环，最后一个循环结束后，将样品从水中取出。

③ 进行抗弯强度试验。

（3）试验结果　试验结果按下述公式计算：

$$KM_{f25}=\frac{RM_f}{R_f}$$

式中　KM_{f25}——抗冻强度系数（25次冻融循环后）；

RM_f——25次冻融循环试样的抗弯强度平均值，MPa；

R_f——未冷冻试样在干燥状态下的抗弯强度平均值，MPa。

7.3.6 耐热震性

耐热震性一般采用设备仪器：通风容器，温度可维持在（70±5)℃；带冷却系统的水箱，可保持（15±5)℃水温；天平，精度精确到质量的0.01%；干燥器。

（1）选样　待测同一批次水磨石产品，选择两组试样进行试验，每组至少7个试样。一组试样，不进行热震试验，确定质量和抗弯强度；另一组试样进行热震循环试验，试验结束后，确定质量和抗弯强度。记录试样的变化，如裂缝、孔洞等，注意热震循环试验前后试样的变化。

试样从待测批次中随机抽取，表面光洁度、尺寸和偏差需满足规定。

胶凝材料为水泥或者水泥和聚合物的水磨石，干燥温度为(40±5)℃，干燥至质量恒定。两次称重间隔(24±2)h，质量差不大于第一次质量的0.1%，即达到恒定质量。干燥后和测试前，试样应保存在(20±5)℃，直至热平衡。测试要在24h之内完成。

(2) 测试　干燥的试样应进行目视检查，并与参考试样进行比较，应记录所有改变，如裂缝、孔洞等，然后测量它们的质量（m_0），并确定弯曲强度初始值（R_f）。

干燥试样温度变化循环机制如下：

在（70±5)℃的通风烘箱中烘干（18±1)h，然后立即完全浸没在温度为（15±5)℃的蒸馏水或软化水中（6±0.5)h。在烘箱和水箱中，试样应放置在支撑架上，试样间距至少50mm。

在水箱中，试样应放置在容器底部支架上，容器内充满蒸馏水或软化水，水面高出试样上方（60±10)mm。

热震试验进行20个循环。在第20个循环后，试样按要求在（40±5)℃干燥至恒重，称重（m_f）。然后将它们进行目视检查，并与参考试样进行比较，记录所有变化。最后，根据测量质量（m_f）量弯曲强度（R_{sf}）。

(3) 试验结果　通过与参考样品进行比较来描述目视观察的外观、颜色改变、外观斑点、膨胀、开裂、收缩或剥落，计算每个样本的质量变化，然后根据下列公式计算的平均值，精确到0.01%：

$$\Delta m=\frac{m_0-m_f}{m_0}$$

m_0——测试前干燥试样的质量，g；

m_f——测试后干燥试样的质量，g；

Δm——干燥试样的质量变化，%。

计算每个试样的弯曲强度变化，然后根据下列公式计算的平均值，精确到0.01%：

$$\Delta R_{f,20}=\frac{R_f-R_{sf}}{R_f}$$

R_f——测试前干燥试样的抗弯强度，MPa；

R_{sf}——测试后干燥试样的抗弯强度，MPa；

$\Delta R_{f,20}$——20次热冲击循环后试样的抗弯强度变化，%。

7.3.7 抗冲击性

抗冲击性测量是通过钢球从一定高度坠落到试样表面，至试样开裂试验结束的测量方法。

一般采用的设备仪器有钢球（直径6.3cm、质量1.0kg±0.1kg)，带开关的电磁铁吸盘，竖直钢架（量程范围0～120cm)，电磁铁吸盘（可在钢架上滑动)，盒子（平面尺寸大于40cm×40cm、高度大于30cm)，内部铺上厚度不小于20cm的干砂垫层（砂子粒径范围1～1.5mm)。

(1) 选样　尺寸20cm×20cm的试样至少4块，试样与成品厚度相同，厚度范围0.5～

3cm。试样应保留实际产品的装饰面，如喷砂面、哑光面、抛光面等。

（2）测试　将试样放入盒内，并整个埋入砂中，上表面不覆盖砂子。试样放置在能使下落的钢球正好碰撞在试样表面中心的位置，用水平仪检查试样是否水平。电磁铁吸盘完全将钢球吸附住，断开电磁铁开关使钢球垂直下落，撞击试样表面。下落高度为钢球最下端至试样表面的垂直距离。从6cm高度处开始冲击试验，重复冲击试验，每次提高5cm，直至试样破坏。记录钢球冲击造成的损伤，并在报告中给出。

（3）冲击强度　按下述公式计算：

$$L=Mhg$$

式中　L——冲击强度，J；

M——钢球质量，kg；

h——试样破坏时的下落高度，m；

g——重力加速度，取 $9.806\mathrm{m/s^2}$。

冲击试验至少准备4个试样，试验结果取平均值。

7.3.8　耐化学腐蚀性

耐化学腐蚀性是试样表面受化学试剂作用时表现出的特性。化学侵蚀会造成两种不同的效果：一种是化学反应，即化学侵蚀剂与试样表面发生化学反应；一种物理吸收作用，在这种情况下，侵蚀剂能够渗透表面，所以清除是非常难的。这两种作用都造成试样外观的改变，但是在第一种情况下，侵蚀会造成试样本身的物理和力学性质的改变。

（1）耐化学腐蚀试验

① 由盐酸溶液制备水溶性试液，浓度5%（体积分数）；

② 氢氧化钠溶液，浓度5%（体积分数）。

（2）试样准备　对于每一种测试的材料，应准备4个试样，每个试样（尺寸最小70mm×70mm）的抛光面上粘上直径40～50mm的圆环，圆环是用化学材料制成的，如硅树脂。

光泽度仪选用精度为表面亮度的10%，光泽度仪至少配置85°、60°和20°角度的三套光学系统。

试件表面应该足够平整，以便仪器传感器与试样表面充分接触。在试验开始之前清理掉试样表面的蜡等其他材料。

（3）试验

① 试验在室温环境下进行，用60°的光泽度仪测量试样的光泽度，每块试样至少测量5个点，记录各试样的测量值，算出平均值 G_1。

② 在两个试样的圆环内，倒入4～5mL盐酸溶液，避免溢出。用氢氧化钠溶液对其他两个试样重复这个操作。

③ 测试过程中，保持试样放置桌面不动，并用聚乙烯薄膜覆盖保护。

④ 1h±5min后，取盐酸和氢氧化钠的试样各一个，用水清洗干净并移走圆环，最后用纸吸干水分；（8±0.5）h后取出另外两个试样，采用相同的方法清洗并吸干水分。

⑤ 在试样上重复上述试验，每个试样最少测5个点，计算每个试样的平均值 G_2。

(4) 结果计算　试样光泽度保持率按下式计算：

$$\beta=\frac{G_2}{G_1}$$

式中　β——光泽度保持率，%；

G_1——试验前试样平均光泽度；

G_2——试验后试样平均光泽度。

7.3.9　线性热膨胀系数

线性热膨胀系数是温度变化造成的水磨石长度变化，可用热膨胀仪测量试样在冷热循环机制下的相对伸缩值表示。

① 通常采用的设备仪器有热膨胀仪，其由膨胀传感器、试样容器和移动滑块组成；加热炉，温度范围在室温到150℃之间，与膨胀仪移动滑块相匹配，并可连接到电脑上；测量系统，由试样容器和推杆组成，将试样从加热区转移到测量装置；温度传感器，与试样连接测量温度；电脑，与设备相连处理试验数据；手动线性测量装置，精度0.05mm。

② 选样。试样的形状和尺寸必须适合于热膨胀仪试样容器，最大骨料的尺寸为6mm。为了试验的准确性，试样尺寸不得小于10mm。最大骨料范围为2～6mm的水磨石，至少在3个试样间重复进行试验。将试样切割至合适的长度，并确保支撑面光滑，如有需要可用砂纸打磨。用手动线性测量装置测量试样长度，将试样放进试样容器内，并与温度传感器连接。

③ 试验。将室温控制在(20±1)℃，试样置于(55±5)℃的鼓风干燥箱内干燥24h，放入干燥器中，冷却至室温。用游标卡尺测量试样长度L_0，精确到0.02mm，将试样放入热膨胀仪中，记录此时的室温，然后启动热膨胀仪的加热程序，以3℃/min的速度从室温加热到130℃。在全部加热过程中，记录试样的长度，精确到0.01mm。测定温度范围为室温到60℃。

④ 结果计算。填料粒度不大于6mm时，线性热膨胀系数α按以下公式计算，结果精确到小数点后一位：

$$\alpha=\frac{\Delta L}{L_0\Delta T}$$

式中　α——线性热膨胀系数，10^{-5}℃$^{-1}$；

L_0——室温下试样的长度，mm；

ΔL——试样在室温到60℃之间的长度增长量，mm；

ΔT——试样长度增长时的温度升高值，℃。

7.3.10　尺寸稳定性

尺寸稳定性的测试是将承载面持续与水接触，进行变形评价。通常用湿布覆盖试样表面，测量水磨石的一个角与参考面的垂直位移。

在试样相邻三个角下部放置三个支撑，将试样光滑的一面（地板或保护层）放置在底部，然后使用百分表测量第四个角的垂直变形。水磨石板其他可能的变形可以用另外的五个百分表测量，测试装置如图 7-9 所示，该装置也可以用来测试尺寸稳定性。

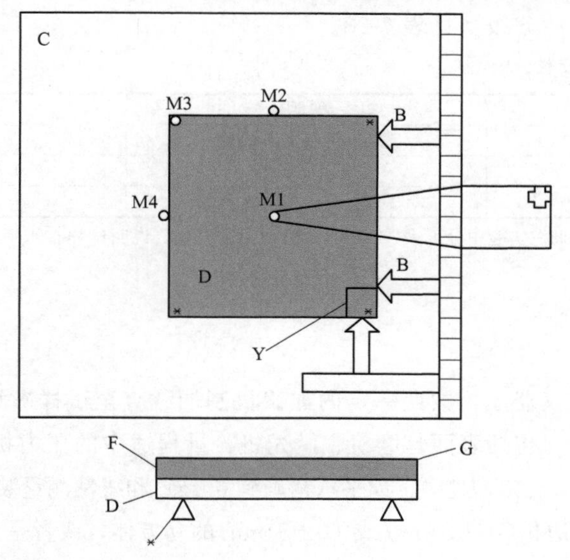

图 7-9 尺寸稳定性测量示意图

M1，M2，M3，M4—分度表；B—侧面定位销；C—基准平面；D—水磨石；
F—毛巾或毛毡；G—聚乙烯薄膜；Y—砝码或重物；*—支撑销

(1) 通常采用设备与仪器　变形测试装置、支撑试样磨光面的支座和变形测量的 6 个百分表，精确到 0.01mm，用于记录试样的变形；一块湿布（毛毡），放置于试样的上表面，用于保持湿度的喷雾机或者湿润的毛毡（室温和水温为 20℃±5℃）；连接百分表的记录系统，用于记录测量数值。

由设备可支撑的尺寸范围，可以测试不同尺寸的试样。建议试件尺寸 300mm×(300mm±0.4mm)，厚度 12mm±0.7mm。

(2) 试验　将试样在温度为 (23±2)℃，相对湿度为 (50±5)%的环境中垂直存放 24h。将试样装饰面朝下，按图 7-5 放置，其中支撑销的中心与试样边的距离为 10mm 左右。用喷水壶将毛巾和毛毡润湿后铺贴在试样底面，盖上聚乙烯薄膜。

用砝码或重物固定试样一角，砝码或重物质量为 100～500g，按图中位置放置 M1、M2、M3、M4 四个分度表，M2、M4 测量点位于侧边中部，用于测量试样水平方向的尺寸变化；M1 测量点位于试样装饰面中心，M3 测量点位于装饰面一角，距边 10mm 左右，测量试样垂直方向上的变化。

对放置好的 M1～M4 四个分度表进行调零记录，开始计时，6h 后记录 M1～M4 四个分度表的示值，试验过程中保持毛巾或毛毡润湿。

(3) 计算结果与分级　经 6h 试验后，试样的垂直位移 D 按下式计算：

$$D=d_3-d_1$$

式中　D——试样试验后垂直位移，mm；

d_3——分度表 M3 示值变化值，mm；

d_1——分度表 M1 示值变化值，mm。

（4）板材尺寸稳定性分级　见表 7-23。

⊡ 表 7-23　水磨石的尺寸稳定性分级

等级	说明	垂直位移(D)
A	稳定，对湿度不敏感	$D<0.3$mm
B	对湿度敏感	0.3mm$\leqslant D<$0.6mm
C	不稳定，对湿度非常敏感	$D\geqslant$0.6mm

注：除了垂直位移外，如果在实验中分度表 M2 和 M4 出现示值变化，说明试样在水平方向出现位移，试样不稳定，对湿度非常敏感，划分为 C 级。

7.3.11　抗压强度

将试样放置在测量仪器上，按照一定的加载机制加载直至试样破坏。

（1）采用设备仪器　包括表面打磨机、抛光机、量程适中的压力机（加载速率可控）、秒表、通风炉（可维持 70℃±5℃温度）、天平（精确到 0.1g）和线性测量装置（精确到 0.05mm）。

（2）选样　试样为边长(70±5)mm 或(50±5)mm 的立方体，或者是直径和高度分别为(50±5)mm 或(70±5)mm 的圆柱体试样，最大粒径超过 5mm 的材料应制备(70±5)mm 的试样。

试样承压面必须保证水平度，误差为 0.1mm，该表面与试样轴线的垂直度不得超过 0.01 弧度或 1%，试样侧面光滑。

为满足上述要求，用车床或打磨机将试样表面打磨平整，必要的话用抛光机抛光。

如果是树脂胶黏剂型的水磨石试样在（70±5）℃环境下烘干至恒重，如果是水泥胶黏剂型的水磨石试样在（40±5）℃环境下烘干至恒重。当间隔（24±2）h 内两次质量测量误差在 0.1%之内，即可认为达到恒重。将试样放置在干燥器中，冷却至室温（20±5）℃后，应在 24h 内完成抗压试验的全部操作。

（3）测量　测量试样受力面尺寸，立方体试样测量受力横截面边长 L，圆柱体试样测量直径 d。上下各测两次，取测量结果平均值，精确到 0.1mm，计算试样横截面面积 A。

把试验机上下压头表面和试样受力面擦拭干净，然后将试样放置在试验机工作台的中心，调整试验机上下压头表面与试样受力面均匀接触。连续以（1±0.5）MPa/s 的速率匀速对试样施加负荷，直至完全破坏。记录试样完全破坏时的负荷，精确不低于 1kN。

（4）结果　试样的抗压强度通过试样破坏时的负荷和试样横截面面积的比值来表示。按以下公式进行计算，精确到 1MPa：

$$R=\frac{F}{A}$$

式中　R——试样的抗压强度，MPa；

F——试样的破坏载荷，N；

A——试样破坏前的横截面积，mm^2。

7.3.12　防静电性能测定

（1）仪器和材料　包括温湿度计；数字兆欧表，测试电压 100V，量程为 1.0×10^3～

$1.0 \times 10^{11} \Omega$，精度等级不低于 2.5 级；柱电极，柱电极直径（63±3）mm，电极材料为不锈钢或铜，电极接触材料导电橡胶，硬度 60±10（邵氏 A 级），厚度（6±1）mm，其体积电阻小于 500Ω，电极单重 2.25～2.5kg；测试电极垫片，采用干燥导电喷胶棉，直径（65±3）mm，厚度（3±1）mm，其体积电阻不应大于 500Ω。

（2）试验方法　防静电性能指标的检验应在水磨石地面固化干燥后进行。用于电子产品制造与应用系统的地面检测，环境温度为 20～25℃，相对湿度为 40%～60%。地面点对点电阻和系统电阻测试，按相关的方法进行。

在单间面积小于 $500m^2$ 时，测试点应不少于 15 个点，在单间面积大约 $500m^2$ 时，测试点应不少于 21 个点。在测试表面两点间电阻时，点对点间距为大于或等于 1000mm 的测试点数量应不少于总测试点数的 2/3。

由于测出的电阻取决于施加的电压，且电阻为未知数，所以应该执行以下程序：初始施加的测试电压为 10V，如果 $R_x \leqslant 1 \times 10^5 \Omega$，则测量值可作为结果；如果 $R_x > 1 \times 10^5 \Omega$，则把电压改为 100V，施加电压为 100V 时，如果 $1 \times 10^5 \Omega < R_x \leqslant 1 \times 10^{12} \Omega$，则测量值为结果；如果 $R_x \leqslant 1 \times 10^5 \Omega$，则测量值可看作为结果。

（3）结果计算　以测试点的平均值表示。

7.3.13　莫氏硬度测定

用已知不同硬度的标准矿石刻划试件表面，以在试件表面刚好，不能产生明显划痕时的标准矿石的硬度值作为试件的莫氏硬度值。标准矿石及其硬度值见表 7-24。

⊡ 表 7-24　标准矿石及其硬度值

矿石名称	滑石	石膏	方解石	萤石	磷灰石	长石	石英	黄玉	刚玉	金刚石
莫氏硬度	1	2	3	4	5	6	7	8	9	10

（1）试件　试件表面应平整光滑。

（2）测试　将标准矿石制出一条新的刃口，试件正面朝上放稳，手持标准矿石竖直地在试件表面顺刃口方向均匀用力刻划约 2cm，所用力量应尽量大，但不应使刃口破碎而导致划出两条或多条划痕。更换不同硬度值的标准矿石进行刻划比较，刚好不能在试件表面产生明显划痕时的标准矿石的硬度值即为该试件的莫氏硬度值。每次刻划均应采用新的刃口，且不应在试件同一划痕处进行。

（3）结果确定　以所有试件莫氏硬度值的最低值作为试验结果。

7.3.14　摩擦系数的测定

（1）仪器和材料　一套测力系统，用于测试在水磨石表面上拉动一个滑块时所需的力，见图 7-10。包括：分度值不小于 0.25kgf 的水平型拉力计；4.5kg 的重块；4S 橡胶，邵氏 A 硬度 90＋2；用一块尺寸为 75mm×75mm×3mm 的 4S 橡胶块粘在一块尺寸为 200mm×200mm×20mm 的胶合板上组成的滑块组件，胶合板的一侧边上固定着一个环形螺钉，用于与拉力计连接；两块厚 6mm 的浮法玻璃板，一块尺寸不小于 150mm×150mm，另一块尺寸为100mm×100mm；220号碳化硅粉末；400号碳化硅砂纸；蒸馏水或去离子水；中性清洁剂。

（2）测试步骤

① 试样准备。试验应在不小于100mm×100mm的水磨石表面上进行。

② 滑块的准备。将一张F400#碳化硅砂纸平铺在台面上，沿水平方向拉动滑块组件，使其表面的4S橡胶在砂纸上移动的距离约为100mm。将滑块在水平面内转过90°再重复上述打磨过程，共计4次。以上步骤为一个完整过程。用软刷刷去碎屑，必要时重复以上过程，直至完全去除4S橡胶表面的光泽。

③ 毛玻璃校正板的准备。将尺寸较大的玻璃板放在可限制其运动的平面上，在其表面上撒2g碳化硅磨粒并滴几滴水。用边长为100mm的玻璃板作为研磨工具，使其在大玻璃板上做圆周运动，直至大玻璃板表面完全变成半透明状态。必要时需要更换新的磨料和水重复以上过程。

④ 用清洁剂清洗半透明毛玻璃板，然后擦净其表面并在空气中干燥。

⑤ 将滑块组件放在已经在工作台面上就位的毛玻璃校正板上，用垫片调整校正板和拉力计的高度，使滑块组件环首螺钉与拉力计的挂钩处于同一水平面上。将质量为4.5kg的重块放在滑块组件中央，沿水平方向拉动滑块组件，测定使滑块组件产生滑动趋势时所需的拉力，记录拉力读数。总共拉动4次，每次拉动方向均与上次相差90°。

摩擦系数校正值计算：

$$\mathrm{COF}=R/(nm)$$

式中 R——4次拉力读数之和，kgf；

n——拉动次数；

m——滑块组件加上4.5kg重块的总重力，kgf；

COF——摩擦系数校正值。

如果4S橡胶面打磨得均匀，4个拉力读数应该基本一致，且校正值应在0.75范围内。在测试3个样品之前和之后均应重复校正过程并记录结果。如果前后的校正值相差超过0.05，则整个测试过程应该重做。操作人员在每测试3个样品之前和之后均应校正测试设备和检查操作过程，以确保获得较高的测试一致性。

（3）测试过程

① 干法。

a. 洗净并烘干每块水磨石的测试表面，将待测水磨石放在工作台面上，并紧靠限制其活动的固定架，刷去所有的碎屑。

b. 将滑块组件放在待测水磨石的测试面上，将4.5kg的重块放在滑块组件上部的中央部位。用拉力计测定沿水平方向使组件产生滑动趋势时所需的拉力，记录拉力读数。

c. 每次测试3个测试面或样品，每个测试面上要拉动组件4次，每次拉动的方向与上次相差90°，总计获得12个计算静摩擦系数所需的读数，并记录所有的读数。

d. 每测试完一个测试面或样品后均应检查4S橡胶面，如果其表面显示出光泽或刮痕，则按上述步骤重复打磨过程。

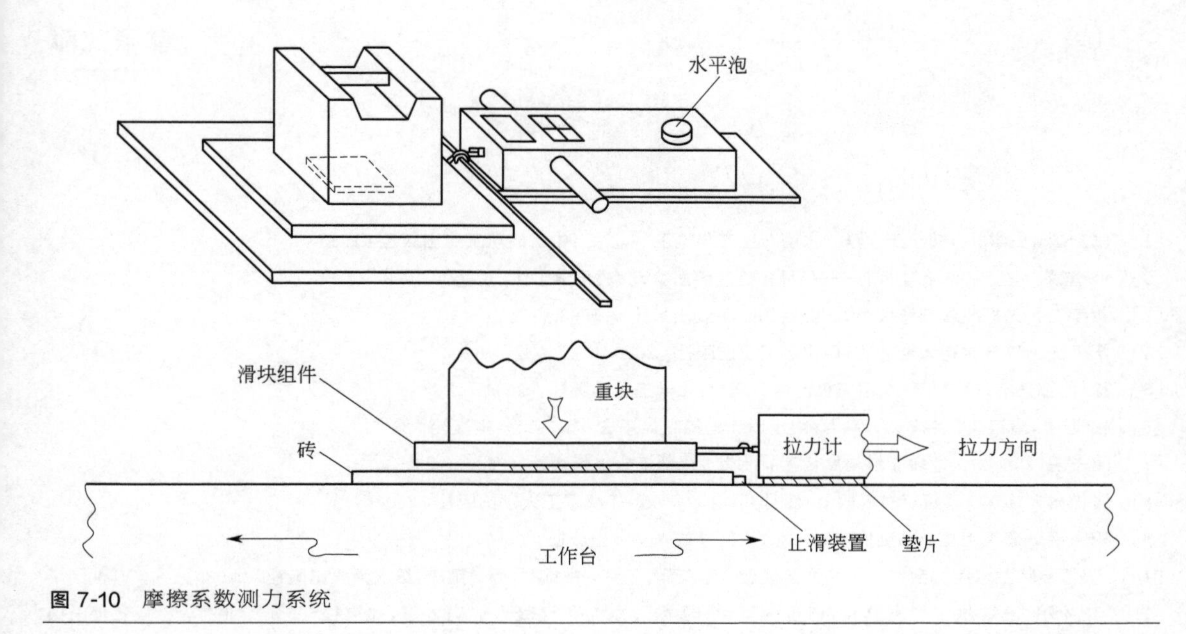

图 7-10 摩擦系数测力系统

② 湿法。是指用蒸馏水液润湿样品表面，重复测试的过程。每一次测试均应保证水磨石面始终湿润。

(4) 结果计算 用下式计算测试面的静摩擦系数值：

$$干法：F_d = R_d/(nm)$$

$$湿法：F_w = R_w/(nm)$$

式中 F_d——干燥表面的静摩擦系数值；

F_w——湿润表面的静摩擦系数值；

R_d——干法下 4 次拉力读数之和，kgf；

R_w——湿法下 4 次拉力读数之和，kgf；

n——拉动次数；

m——滑块组件加上 4.5kg 重块的总重力，kgf。

参考文献

[1] 张新国，史学礼，曹正庚，等．水磨石生产与施工．北京：中国建筑工业出版社，1985.
[2] 钱逢麟，竺玉书．涂料助剂——品种和性能手册．北京:化学工业出版社，1990.
[3] 贺孝先．无机胶黏剂及应用．北京:国防工业出版社，1993.
[4] 沃丁柱．复合材料大全．北京:化学工业出版社，2000.
[5] 徐峰,邹侯招,褚健．环保型无机涂料．北京:化学工业出版社，2004.
[6] 钱觉时，唐祖泉，卢忠远，等．混凝土设计与控制．重庆：重庆大学出版社，2005.
[7] 周子鹄,刘汉杰．地坪涂料与涂装工．北京：化学工业出版社，2006.
[8] 张松榆，刘祥顺．建筑材料质量检测与评定．武汉：武汉理工大学出版社，2007.
[9] 宋小平．建筑用化学品制造技术．北京:科学技术文献出版社，2007.
[10] 美国波特兰水泥协会．彩色装饰混凝土．范英儒，王琴，钱觉时，译．重庆:重庆大学出版社，2008.
[11] 史才军,巴维尔·克利文科,黛拉·罗伊,碱-激发水泥和混凝土．史才军,郑克仁,编译．北京:化学工业出版社，2008.
[12] 侯建华,刘建平,胡云林,等．人造合成石．北京:化学工业出版社，2009.
[13] Edward G N. 美国混凝土工程．唐祖全，贾兴文，宋开伟，等,译．重庆:重庆大学出版社，2009.
[14] 王子明．聚羧酸系高性能减水剂——制备·性能与应用．北京：中国建筑工业出版社，2009.
[15] 孙跃生，仲朝明，谷政学，等．混凝土裂缝控制中的材料选择．北京:化学工业出版社，2009.
[16] 约瑟夫·戴维德维斯．地聚合物化学及应用．王克俭，译．北京：国防工业出版社，2011.
[17] 舒怀珠，黄清林，覃立香．商品混凝土实用技术手册读本．北京：中国建材工业出版社，2012.
[18] 罗纳德·路易斯·勃尼威兹．宝石圣典．张洪波,张晓光,译．北京:电子工业出版社，2013.
[19] 高峰，朱洪波．建筑材料科学基础．上海：同济大学出版社，2016.
[20] 林荣瑞．品质与管理．厦门：厦门大学出版社，2001.
[21] 钟世云，袁华．聚合物在混凝土中的应用．北京：化学工业出版社，2003.
[22] 刘华江,朱小斌．设计师的材料清单 建筑篇．上海：同济大学出版社，2017.
[23] 徐峰,薛黎明，程晓峰．地坪涂料与自流平地坪．北京:化学工业出版社，2017.
[24] 张进生,王日君,王志．饰面石材加工技术．北京：化学工业出版社，2006.
[25] 刘冬梅，于长江，孙玉红．混凝土外加剂基础．北京:化学工业出版社，2013.
[26] 夏寿荣．高性能混凝土外加剂:性能、配方、制备、检测．北京：化学工业出版社，2019.
[27] 弗雷德·司·鲍曼．地板送风设计指南．杨国荣，方伟，任怡雯，等，译．北京:中国建筑工业出版社，2006.
[28] 刘念华．地面装饰工程．北京:化学工业出版社，2008．